U0289484

水行政管理研究

李俊利◎著

中国水利水电出版社
www.waterpub.com.cn
·北京·

内 容 提 要

本书主要研究了水资源使用领域的行政管理工作。从内容上来看,本书主要包括水行政管理主体研究、水行政管理体制研究、水行政行为研究、水行政许可、水资源管理与保护、河道管理与保护、水行政监督与处罚等几个方面。全书在内容体系上较为完整,具有一定的针对性。

图书在版编目 (CIP) 数据

水行政管理研究 / 李俊利著 . -- 北京 : 中国水利
水电出版社 , 2016. 10（2022.9重印）

ISBN 978-7-5170-4780-3

Ⅰ . ①水… Ⅱ . ①李… Ⅲ . ①水资源管理 – 行政管理
– 研究 Ⅳ . ① TV213.4

中国版本图书馆 CIP 数据核字（2016）第 235505 号

责任编辑 : 杨庆川　陈　洁　封面设计 : 崔　蕾

书　　名	水行政管理研究 SHUIXINGZHENG GUANLI YANJIU
作　　者	李俊利　著
出版发行	中国水利水电出版社 （北京市海淀区玉渊潭南路 1 号 D 座　100038） 网址 : www.waterpub.com.cn E-mail : mchannel@263.net（万水） 　　　　 sales@mwr.gov.cn 电话 :（010）68545888（营销中心）、82562819（万水）
经　　售	全国各地新华书店和相关出版物销售网点
排　　版	北京鑫海胜蓝数码科技有限公司
印　　刷	天津光之彩印刷有限公司
规　　格	170mm×240mm　16 开本　21 印张　272 千字
版　　次	2016年10月第1版　2022年9月第2次印刷
印　　数	1501-2500册
定　　价	63.00 元

凡购买我社图书,如有缺页、倒页、脱页的,本社营销中心负责调换

版权所有·侵权必究

前　言

　　水是生命之源、生产之要、生态之基。水作为生物生存的基础，人类生活不可或缺的资源，为一切生命的发展奠定了最首要的条件。它具有根本性、不可替代性和战略性，不仅体现了经济价值，还体现其政治价值，是国家综合实力高低的一个有机组成部分。随着全球发展步伐的加快，水资源对社会各领域的影响日益增大，水的地位日益提高，对水资源的管理越来越显得重要。如何做到科学治水、依法治水、高效治水，是水利改革发展的关键所在，是创新和完善水行政管理体制的核心要务。

　　2014年1月水利部印发了《水利部关于深化水利改革的指导意见》提出：要加快水行政管理职能转变，强调要适应社会主义市场经济体制的要求，必须加快水行政职能转变，建立事权清晰、权责一致、规范高效、监管到位的水行政管理体制，激发市场、社会的活力和创造力，进一步提高水行政管理效率和质量。加快水行政职能转变，破除制约水利发展体制机制弊端，是完善水行政管理体制的核心和重要突破口。

　　习近平总书记2014年4月在中央财经领导小组会议上做了关于保障国家水安全的重要讲话，提出了"节水优先、空间均衡、系统治理、两手发力"的水行政管理思路，赋予了新时期水行政管理的新内涵、新要求、新任务，为强化水行政管理、保障水安全指明了方向，是做好水利工作的科学指南。坚持两手发力，重在深化水行政管理体制机制创新，这就要求必须加快水行政管理职能转变，坚持政府作用和市场机制协同发力，把水行政管理纳入各级政府的主要职责，深化水利改革，建立健全水利科学发展的体制机制。

为了贯彻落实中央及水利部精神,作者在长期从事水行政管理教学中积累了一定的知识,且学习并借鉴相关行政管理、水行政管理等方面专家、学者的文献,为进一步提高水行政管理者的专业知识及能力,全面规范水行政管理工作,在学院领导、同事的鼓励、支持和帮助下,终于完成了这本还不够完善的著作。本著作内容丰富,涵盖了水行政管理工作中各项工作的基础理论,其中包括水行政管理、水行政管理职能、水行政行为、具体水行政行为、水行政许可、取水许可、水行政征收、水资源管理、水资源保护、河道管理、水土流失与保持、水行政监督及水行政处罚。全书共有十三章,由李俊利主持撰写并统稿,其中第五章、第十三章由华北水利水电大学刘艳珍撰写,其他的各章均由华北水利水电大学李俊利所撰写。

在本著作的编写过程中,参考和引用了大量的相关文献,由于时间仓促及有限的篇幅,未在书中一一给予注明,在此向原作者表示衷心感谢。本著作撰写只是在前人艰苦研究的基础上,依据水行政管理的特征,结合日常教学中所形成的逻辑框架体系,梳理整合学术界较分散的内容,限于本著作作者的学识和能力,对有争议的问题也只是结合自己的体会进行了表层的分析。对于本著作存在的不妥之处,还请各位同仁和读者批评指正。

作　者
2016 年 8 月

目　录

目　录

第一章　水行政管理概述

第一节　行政管理概述

一、行政管理的内涵及发展

氏族机构及其人员可以说是行政管理机构及管理人员的萌芽。文明时代的行政管理是自从有了国家组织才开始的。国家是随着社会分工的发展以及阶级的出现才产生的。国家的产生标志着以国家权力基础的行政管理的正式产生。在国家产生以前氏族管理机构对公共事务的管理还只是一种社会职能。国家产生以后,国家作为阶级矛盾不可调和的产物,是阶级统治的工具。行政管理既是国家实施管理的一种社会职能,也是一种政治职能;作为行政管理对象的社会公共事务,既有公共性的一面,也有阶级性的一面。

行政管理是一种以国家权力为基础,以国家组织主要是政府机关为管理主体,以国家事务、社会公共事务以及政府机关内部事务为管理对象的管理活动。

行政,即公共行政,行政管理,就是指政府处理政务,也就是处理社会公共事务。

我国古代行政的含义就是施政、为政,即政府处理政务。

我国的一些有名学者认为:

夏书章教授认为:行政是国家权力机关的执行机关依法行使国家权力,管理国家事务、社会事务和机关内部事务的活动。

竺乾威教授认为:行政是国家行政机构依法管理社会公共

事务的有效活动。

齐明山教授认为：公共行政是指公共组织对公共事务的管理。这里的公共组织是指政府，也可以说行政就是政府行政。

在行政管理学科的历史发展过程中，对行政的理解主要有以下观点。

（一）"三权分立"的观点

这是从权力分配的角度解释行政，认为行政是与立法和司法并立的三种国家权力之一。权力分立制度是西方现代民主制度的核心。孟德斯鸠提出的"三权分立"思想形成了西方发达国家权力的基本结构。从"三权分立"的角度界定公共行政范围，认为国家可以分为立法、行政、司法三种权力，而且三种权力各自独立，互相制约。在西方发达国家，行政权往往高于立法权和司法权，而且行政也参与国家法律的制定。行政不仅仅是执行国家的意志，它也是制定国家法律的主要参与者。随着政府权力的集中和膨胀，随着议行合一制度国家的建立，这种狭义的行政观念失去了实际的指导意义。

（二）"政治与行政二分法"的观点

美国学者威尔逊在 1887 年发表的《行政学研究》一文中，认为国家的权力主要掌握在决定政治的议会和执行政治的行政机关手里，他从结构上否定了"三权分立"的学说，提出了政治与行政二分法的观点。是针对当时的政党分赃制严重地影响行政秩序的情况，提出政治必须与行政相分离。他们认为政治是制定国家政策，行政是执行国家政策。

美国学者古德诺在 1900 年出版的《政治与行政》一书中认为：政府体制中存在着两种主要的或基本的政府职能，即国家意志表达职能和国家意志执行职能，也就是政治与行政。政治是国家意志的表达，行政是国家意志的执行。政治与指导和影响政策相关,而行政与执行政策相关。政治是国家的活动,政治家的活动;行政是事务性的领域,是公务员的行为(世界上没有脱离政治的公共行政,也没有脱离公共行政的政治)。

（三）管理的观点

这是一种广义的行政概念,认为一切管理都是行政。

美国早期的行政学家怀特认为,行政是为了实现某种目的,对许多人所做的指挥、协调与控制。

西蒙、汤姆森、斯密斯堡合著的《行政学》认为,行政即指一切团体处理行政事务的活动。

事实上,管理与行政是有着明显的区别的。

从纵向来看,管理的历史比行政更长。自人类群体活动出现以后,就有了管理,但那时的管理只具有社会属性,不具有政治性,所以不是行政。自从国家出现以后,对国家政务的管理才具有了鲜明的政治性,行政才产生。

从横向看,管理的外延更宽,只要是人迹涉足的地方就有管理的存在,但并非所有的管理都属于行政。一切行政都是管理,但并不是一切管理都是行政。管理是个大系统,行政是这个大系统的一个子系统。

二、行政管理的特点

（一）公共性

在市场经济的条件下,以政府为主体的公共性是公共行政的本质特征。

公共性是指政府以主权在民,实现公共利益为目标。公共性是政府的管理行为,是为了实现国家目标和公共利益行使权力,为公民提供公共物品和公共服务以及创造具有公益精神的意识形态。它是以为社会公众提供服务、实现公共利益为目标,而不是以盈利为目的。

公共性在我国表现为政府全心全意地为人民服务,实现人民群众的根本利益;还表现为以宪法为基础提供公共物品、弥补市场失灵,作为公共信托人实现公民的民主权利。

（二）体现国家的意志

任何一个国家都必须体现和执行国家意志,必须确保政治统治职能。国家的政治统治职能只能由政府来承担。国家的统一、国家的主权和领土完整,都是国家的核心利益。

（三）依法行政

依法行政是指行政机关及其工作人员根据宪法、法律、法规和政策的规定,履行其管理职能,同时,依据行政法律规范约束其行政行为的过程。

行政活动不能违反现有法律,必须按照有关法律应用于相应的情境;行政活动不能违反行政机关自己做出的决定;行政活动不能违背法院的裁决。

行政是在法律制约下的规范性的施政行为,目的是保护公民的权利不受政府行为的损害,主张在法律面前人人平等,不允许任何组织和个人有高于法律的特权。行政管理必须忠于宪法,维护并执行宪法。

（四）民主行政

民主原则是社会主义最根本的原则,不实行民主原则就不可能有社会主义行政。民主行政是民主政治的重要组成部分之一,是人民当家做主的体现。没有民主行政就没有政府的合法性。

（五）公平行政

公平作为行政的价值观是不可动摇的。社会不可能有自发的公平,市场经济只能使社会不公平,社会主义市场经济也不可能自然而然地给社会带来公平。只有政府制定政策,通过必要的社会再分配,才能为社会提供公平的保障。公平是对人最起码权利的保证,是人与人关系的平等准则的体现,是对社会弱势群体的保护,是公正地依法处理社会公共事务的原则,是使社会避免出现贫富悬殊的现象的保证。公平是为了保证公民的权力,公平是为社会发展提供稳定。公平是为了发展。

（六）高效行政

行政效率是指公共组织和行政工作人员从事行政管理工作所投入的各种资源与所取得的成果和效益之间的比例关系。各种资源是指人力、物力、财力和时间以及其他各种有形无形的资源,这里所说的成果,不仅指有形的物质成果,也指无形的精神成果,这里说的效益,既包括社会效益,也包括经济效益。消耗资源少,取得成果多才算是高效。

另外评价社会主义中国的行政效率,就必须看政府提高社会生产力和经济发展的促进作用如何,就必须看政府满足公众的物需求和精神需求的程度如何,就必须看政府实现公共利益和公共目标的程序,同时也必须评价政府对社会的公平、社会的稳定和社会的发展的作用如何。

（七）以人为本

科学发展观,第一要义是发展,核心是以人为本,基本要求是全面协调可持续,根本方法是统筹兼顾。

坚持以人为本,就是要以实现人的全面发展为目标,从人民群众的根本利益出发谋发展、促发展,不断满足人民群众日益增长的物质文化需要,切实保障人民群众的经济、政治和文化权益,让发展的成果惠及全体人民。

以人为本的公共行政必须以人的全面发展作为目标。以人为本必须实行普遍性原则,即每个公民都有发展的权利。

目前我国正在大力推进以人为本的科学发展观,以人为本,从资源浪费、环境污染型变为资源节约、人与自然和谐型。目前我国所倡导的和谐社会、和谐社区也正是以人为本的体现。

中国的公共行政的最大特点是中国共产党领导政府。党中央领导中央政府,各级党委领导同级政府,政府必须是无条件地执行党的方针、路线、政策,党是政策制定者和监督者,政府是执行者。

第二节　水行政管理概述

一、水行政管理内涵

（一）水行政管理含义

水行政管理(public administration in water conservancy)是各级水行政机关依法对全社会水事活动实施的组织领导和监督管理。

水行政管理是国家各级水行政主管部门依照法定的职能对防洪减灾、水资源开发利用和水环境保护行使的行政管理。

水行政管理是指以防治水害,合理开发利用和有效保护水资源,充分发挥水资源的综合效益,以适应国民经济发展和人民生活需要为宗旨,由各级人民政府及其水行政部门依法对全社会各项水事活动实施的组织、指导、协调和监督。此定义有四层含义:

（1）水行政管理宗旨体现了满足国家和人民的根本利益和经济建设的客观需要。水资源属于国家所有,水行政主管部门作为国有水资源的产权代表,对于水资源不仅行使一般的行政管理职权,同时进行所有权的管理。

（2）水行政管理的主体是各级政府及其水行政主管部门,水行政管理的对象是全社会的水事活动。

水利部是我国的国家水行政主管部门,负责我国领土范围内的全部水资源包括地表水和地下水的管理。

水利部设立的各流域机构,在所管辖的范围内行使法律、行政法规规定的和水利部授予的水资源管理与监督的职责。我国的七大流域机构:长江水利委员会;黄河水利委员会;淮河水利委员会;海河水利委员会;珠江水利委员会;松辽水利委员会;太湖流域管理局。

县以上地方人民政府的水利厅(局)是所辖行政区域内的水行政主管部门,负责所辖行政区域内水资源的统一管理与监督工作。

(3)水行政管理的对象是全社会各类水事活动。

(4)水行政主管部门作为国有水资源的产权代表,不仅行使一般的行政管理职能,同时进行权属管理。

一切开发水资源、防治水害的重要活动及由此而产生的重大社会矛盾都要依法纳入水行政管理的范围。

水管理不仅包括水的分配与调度、用水与供水以及水资源保护,而且是一个具有多层次、多元结构的复杂系统,是一个广泛的概念,它是政府的水管理工作、企事业单位的水管理工作与其他一切水管理的总和。

水行政管理是水管理的主导部分,法规、政策、决策、规划、监督是水行政管理的核心。

(二)水行政管理主体

水行政主体是指享有水行政职权,能以自己的名义行使国家水行政职权,做出影响水行政相对人权利义务的行政行为,并能由其本身对外承担实施水行政活动所产生的责任的组织。简而言之,所谓水行政主体,就是水行政职权的享有者、水行政活动的实施者、水行政责任的承担者。

水行政主体具有以下几个特征。

（1）依法享有水行政职权。水行政职权来源于法律法规的直接规定或授权。我国的立法机关、司法机关由于它们不享有行政职权，故不是行政主体。

（2）能以自己的名义独立行使水行政权力。在水行政管理活动中，要告一个水行政行为，谁是被告呢？就要确定该行为以谁的名义独立实施。比如县水利局既是县政府的组成部门，内部又设有办公室、水政科、财务科等科室，水事违法案件处罚一般由水政科做出，如果对此处罚不服，就不能以水政科作为被告，也不能以县政府作为被告，而应以县水利局作为被告。

（3）水行政主体是承担水事行政管理活动的组织。此组织包括各级水行政管理机关的依法授权的组织。个人是不能成为水行政主体的，虽然各级水行政组织和授权的组织的所有职责都是通过具体的个人来完成的，但个人在完成这一职责的过程中必须以所在的组织名义去完成。

（4）能够独立承担水行政活动的法律效果。

（三）水行政管理分类

水行政管理有广义和狭义之分。狭义的水行政管理中的水，仅指水或水资源，此意义下的水行政管理包括水的分配、调度和取水许可，同时还包括水的保护。广义的水行政管理是指水资源及与其相关的物和行为的管理。它不仅是指水或水资源，而且还包括与水资源密切联系的物和行为。这里所说的物是指水（含水量和水质）、水域（江河、湖泊、地下水层及行洪区、蓄滞洪区）和水利工程。这里所说的行为是指防治水害、开发利用水资源、江河整治、航道整治、水土保持以及其他影响水生态的人类活动。广义的水行政管理是个具有多层次多级别多元化结构的复杂系统，它可以按不同的标准划分为若干个子系统。

广义的水行政管理的分类如下。

（1）按管理对象的不同，可分为水资源管理、水政管理、水域管理、水工程管理、水土保持管理、农村水利管理、防汛抗旱管理等。

（2）按管理范围的不同,可分为行业管理、流域管理、区域管理等。

（3）按管理性质的不同,可分为权属管理、监督管理、经营管理、技术管理等。

（4）按管理手段的不同,可分为行政管理、经济管理、法制管理、纪律管理等。

（四）水行政管理的特性

水行政管理与其他部门的行政管理一样,都具有一般行政的共同属性。但是,由于水与其他自然资源相比有其特殊性,所以水行政管理也有其特殊的表现,具体表现如下。

（1）水资源是循环再生的动态资源,从总体上看是相对稳定,但从具体时间空间来看,又是极不稳定的,具有强烈的周期波动性和随机性。因此,水行政管理工作必须要在大量的、全面的、扎实的、长期的水文测验工作基础上,进行复杂的水文计算、水资源评价,才能大体上掌握客观的水文规律。即使这样,人们也只能相对地推算洪水频率和枯水保证率,不可能掌握精确的绝对值。这种特性决定了水行政管理必须尊重客观规律,做好艰苦细致的工作。

（2）防治水害,开发水利,离不开水利工程。水利工程与其他建筑工程相比,具有特殊的复杂性。首先,它的边界条件复杂,施工难度大,风险大。它需要解决大量的工程技术问题,如果再扩大到流域治理,就更加复杂,在某一问题上稍有疏忽或处理不当,都会带来严重后果,因而水行政管理中的重大决策需慎之又慎。

（3）水资源与土地、森林、矿产等自然资源相比有一显著特点,即存在有害与有利的双重性,它既是可开发利用的自然资源,又是洪水灾害的灾害源。因此,水行政管理在任何时候都应把抗洪救灾放在首位,在服从防洪总体安排的前提下举办各项兴利事业,如何恰当处理好兴利与除害的关系,是水行政管理比其他专门行政管理更复杂更困难的重要原因。

（4）水是以流域（水系）为自然单元,上下游、干支流、左右岸、地区之间联系密切。水又具有多功能的特点,防洪、治涝、灌溉、供水、水产、发电、航运、水环境保护等各项事业之间相互依存。水资源的流域性和行政管理体制的区域性的矛盾,决定了水资源管理必须实行流域管理与行政区管理相结合,统一管理与分级管理相结合的制度,这就增加了水行政管理工作的难度。

（5）水事关系通常都会涉及有关地区、部门的利益,水行政主管部门在实施管理时会面临特殊的困难,例如处理水事纠纷的决定,如当事的地方政府持犹豫或保留态度,就难以贯彻执行。

（6）其他特权具有排他性,如一个煤矿归某个矿务局开发,他人没有开发权,而水权不同,因为水是流动的自然资源,突出强调它的公共性、公益性。所以,水资源开发利用排斥垄断,强调水利共享、水害共当,这就使水行政管理工作在协调社会利害关系方面十分艰巨复杂。

（7）在当代社会,水的问题与水环境问题难以分开,水法规与水环境保护法规相互交织,成为现代水法一大特点。因此,水行政管理工作必须体现社会效益、经济效益和环境效益相结合。

（8）水行政主管部门集行政管理、行业管理、产业管理于一身,集管理与建设的功能于一身,这与税收、工商管理等纯行政管理不同,也与其他自然资源的管理部门有区别。其他自然资源的行政管理,主要是对资源的权属管理和对资源开发利用的监督管理。

二、水行政管理体制

水行政管理体制（public administration system in water conservancy）,国家各级人民政府依据水行政管理职能设置的行政组织体系和确定的运行机制,它与国家的行政管理体制相适应（水册,P5）。

国务院水行政主管部门负责全国水资源的统一管理和监督,

防洪减灾体系的运行管理,在国家确定的重要江河、湖泊设立流域管理机构(以下简称流域机构)。流域机构在其所管理的范围内行使法律、行使法规和国务院水行政主管部门授权的水资源管理和监督职责。中国已设立的流域机构有长江、黄河、淮河、海河、珠江、松辽等六个水利委员会和太湖流域管理局。县级以上人民政府水行政主管部门按照分级管理权限,负责本行政区域内水资源的统一管理和监督工作。

中国的水行政管理体制从中央到地方具有明显的连续性和对应性。随着国家政治体制和经济体制的不断改革,水行政管理体制也经历了不断发展、完善的过程。但由于国家管理社会事务的有限性,水行政管理职能也仅涉及防洪、抗旱、治河、灌溉、漕运、建设等几个方面,管理的主体主要为中央政府。除在中央设置了专职的水行政管理部门外,地方政府管理水事务的机构并不系统,有专职的也有兼职的,在全国没有形成完整的水行政管理体系。中华人民共和国成立后,为促进水资源的合理开发,加强水利管理,从中央到地方都设置了水利机构,并按水系先后建立了七大流域机构,并明确了职责划分。1988年《中华人民共和国水法》颁布后,中央和地方人民政府进一步明确了各级水利机构为同级人民政府的水行政主管部门,确立了水利部门在水资源管理和开发中的地位。中国正在逐步健全和完善水利部、流域机构和地方水行政主管部门分层次、分级管理的国家水行政体制。为适应水行政管理的要求,1998年以来,地方在水行政管理方面进行了许多探索,不少地区把涉及水资源开发利用的管理职责并在一起,由一个部门进行全面的综合管理,即水务管理。

在中央一级,根据有关法律、法规和国务院的有关规定,水利部为国务院的水行政主管部门,其他如建设部、交通部、国土资源部、国家环境保护总局、国家海洋局、国家气象局等行政管理部门,按照国务院授予的职责也承担了部分与其主管业务相关的涉及水资源的行政管理职能。

为了对水资源的开发利用进行科学、高效的管理,实行以流域为单元的全面规划、统筹兼顾、综合利用、发挥水资源的综合效益、建立流域管理与区域管理相结合的管理体系,水利部设置了七大流域机构。流域机构为水利部的派出机构,代表水利部在所在流域内行使水行政管理职能。同时地方政府在本行政区域内也设置了流域管理机构。

地方人民政府的水行政管理体制是省(自治区、直辖市)水利(水务)厅(局)、地区(市)水利(水务)局、县(市)水利(水务)局、乡(镇)水利管理站。其中地区行署水利(水务局)是省级人民政府派出机构的水行政主管部门,乡(镇)水利管理站既是县(市)级水行政主管部门在乡镇的延伸,又是服务于当地的具有双重功能的基层水利组织。另外,新疆生产建设兵团也设有水利局,负责新疆生产建设兵团管辖范围内的水行政管理工作。

三、水管理、水政与水行政管理

(一)水管理

水管理有狭义和广义之分。

狭义的水管理中的"水",仅仅指的是水或水资源,这种意义下的水管理包括水的分配、调度和取水许可,同时还包括水的保护。

广义的水管理是指对水资源及与其相联系的物和行为管理。它不仅指的是水或水资源,而且包括与水资源密切联系的物和行为。此处的物主要指水(含水量和水质)、水域(江河、湖泊、地下水层及行洪区、蓄滞洪区)、水工程。此处的行为主要指防治水害、开发利用水资源、江河整治、航道整治、水土保持以及其他影响水态的人类活动。

(二)水政

水政也有广义和狭义之分。

广义的水政就是水的行政管理,也就是水行政管理的同义词

（或简称）。前面所说的水行政管理就是广义的水政的定义。

狭义的水政概念寓于水行政管理之中，其界限难以明确界定。主要从政府法制角度讲，狭义的水政是指水行政主管部门法制工作，包括水行政水立法、水行政执法、水行政司法和水行政保障四个方面。

从政府施政的角度看，水政是指对社会水事活动的行政管理。与林政、渔政、路政、地政一样，都是政府对社会实施行政管理的特殊活动，具有法定的权威性和强制力。通常讲的水政是狭义概念的水政（政府法制角度）。

水行政主管部门具有行政、民事双重主体身份。水行政主管部门与其他部门一样，在社会活动中具有行政、民事双重主体身份，因而其行为也可分为行政行为和民事行为。当它以法人的身份出现在某一个民事法律关系中时，它的行为就成为引起民事法律关系产生、变更和终止的法律事实，所以称之为民事行为，或行政主体的民事行为；当它以法定的行政主管部门的身份出现在水行政法律关系中时，它的行为则能引起行政法律关系的产生、变更和消灭，这时的行为称为行政行为。

水政管理是行政法律行为，其中的立法工作为抽象行政行为，行政执法和行政司法属于具体行政行为。按法的遵守和法的适用划分，水政工作是法的适用，也就是运用法律去直接影响相对人的权利和义务，规范水事秩序，处理水事事务，查个水事违法案件。

（三）水管理、水政与水行政管理关系

水行政管理是水管理的主导部分，而水政工作又是水管理和水行政管理中的核心部分。

四、水利行业管理

行业是以社会生产的专业化分工和在此基础上形成的以专

业化技术为媒介,形成的同类专业化生产经营单位的集合体。

行业管理就是对全行业的企事业单位实行间接、宏观的管理,按照行业规划、产业政策和其他技术经济政策,主要运用经济和法律手段管理行业,解决行业面临的共同问题,通过提供各种服务和制定有关行业的方针、政策、行业规程、技术规则和等级标准等手段对全行业实行统筹、规划、协调、监督和服务,以促进行业经济发展。

行业管理具有两个主要特点。

一是行业管理是国家管理经济活动的一种行政管理模式,行业主管部门运用经济杠杆、法制和行政手段对行业的发展进行宏观调控和分类具体指导。

二是行业管理是一全方位、宏观、间接的管理,不受部门、地区隶属关系的限制,即无论其经济性质和行政隶属关系如何,只要从事同类性质的社会经济活动,都可在行业管理范围以内。

1998年国务院批准的水利部“三定”方案中明确规定:“水利部统一管理水资源(含空中水、地表水、地下水)”,“原地质矿产部承担的地下水行政管理职能交给水利部承担”,“原由建设部承担的指导城市防洪职能、城市规划区地下水资源的管理保护职能交给水利部承担”。新《水法》规定,国务院水行政主管部门负责全国水资源的统一管理和监督工作。水利部既是水行政主管部门,又是水利行业主管部门。

水利行业管理的内容,按照水利部1994年“三定”方案的规定,主要有水文行业管理、水工程建设行业管理、水利工程行业管理、水利综合经营和水库移民行业管理等主要内容。现阶段我国的水利行业管理还是实行水行政管理的单一模式。但随着我国经济体制的进一步深化,社会主义市场经济体制的建立,政府的行业管理方式和手段正处在变革时期。随着改革的深入,水利行业管理模式也在转轨变形,日益强化对水利行业的宏观和分类指导,逐步弱化行业主管部门的直接管理和微观管理,以改变过去管理过细、统得过死的弊端。

第三节　我国水行政管理的历史沿革

　　中国水利的历史与中国的文明史一样悠久。自古以来,我国以农为本,而水利就是农业赖以维持和发展的基础。在几千年的历史中,我国的水利建设和水利管理相辅相成,共同取得了辉煌的成就。总结历史上水行政,可以为今天的水行政提供借鉴。从某一个角度看,今天的水行政,是对历史水行政批判地继承与发展,而水行政管理未来,又是对今天水行政管理的扬弃与发展。因此,在学习现行的水行政管理时,很有必要了解一些我国水行政管理的历史沿革。

一、古代水行政管理

　　中华文明的开端与治水息息相关,中国传说中的第一个奴隶制王朝夏的建立,就与"大禹治水"的神话传说紧密地联系在一起。相传尧时,"汤汤洪水方割,荡荡怀山襄陵,浩浩滔天,下民其咨,有能俾?"尧便派鲧治水,鲧采用"堙"和"障"的办法治水,终于因洪水太大,"九载,绩用弗成"。最后被舜"殛于羽山"。尧让位于舜后,舜命"伯禹作司空",即派鲧的儿子禹去治水。禹吸取了父亲的教训,改用"疏"和"导"的办法,会"天下群神"率万民奋斗十三年,劈山开河,引百川入海,终于消除了水患,平定九州,百姓安居乐业。禹治水有功,受到百姓的拥戴,舜便让位于禹,禹便成了夏朝的开国君主。

　　司空是夏、商、周三代中央主要的行政官,职掌水政工作是其重要的一项职责。春秋战国时期,各诸侯国也多设有司空或相应官吏。管仲著《管子·度地》记载,"除五害之说,以水为始。请为置水官,令司水者为吏。大夫、大夫佐各一人,率部校长官佐各财足,乃取水(官)左右各一人,使为都匠水工,令之行水道、城郭、堤川、沟池、官府、寺舍及州中当缮治者,给卒财足"。说明了设置水官的作用及水官的职责。又记"常令水官之吏,冬时行堤防,可治者,章而上之都。都以春少事作之。已作之后,常案行。堤有毁作,大雨各葆其所,可治者趣治,以徒隶给。大雨,堤防可衣者衣之,冲水可据者据之,终岁以毋败为固。此谓备之常时,祸从何来?"这里对水官的专门职责做了更为详细的记述。

荀况著《荀子·王制》中也明确了司空所管水事的职责:"修堤梁,通沟浍,行水潦,安水藏,以时决塞;岁虽凶败水旱,使民有所耘艾,司空之事也。"

秦汉以后国家对水利的管理逐渐分为行政管理与工程实施两个系统。在中央政府中,工部、水部等机构为行政管理系统,主要是掌管政令,而都水监则为工程修建系统,主管水利建设的计划、施工和管理维护。

隋唐以后,直到清代,中央政府设工部,其长官为尚书,亦通称为司空。隋唐至宋代在工部下设水部,为工部四司之一,主管称为水部郎中,其助理官员为员外郎及主事。元代不设水部,水利归大司农。明清工部属下设都水清吏司,掌管有关的政令。汉代以来,地方水利机构有专职,也有兼职。汉代有郡水令丞,唐各道水利常由营田使兼管,宋各路水利先后归提刑司和常平司管理。明有的省设水利佥事,清代有的省设水利道府,州有水利通判、水利同知等。历代大型农田水利工程一般都设立专职机构和专职官员管理。

都水监是主管修建水利工程(包括水运)的中央机构。它与水部不相隶属,一般都水监与工部平行,掌山、泽、苑池等。秦汉设都水长和都水丞,汉武时设都水使者。晋代的都水机构称为都水台,隋唐以后改称为都水监,主管官称为使者。至金元使者改称为监,副职称为少监。明清农田水利划归地方或专设机构管理,都水监撤销。

此外,自汉至唐还有中央临时派往地方主持河工的官吏称为河堤谒者,又称为河堤使者或河堤都尉。东汉时因都水官划为地方,河堤谒者成为中央的常设水政官员。元代的总治河防使,明初的总督河道基本类似西汉的河堤谒者。

清代还设有河道总督,是主管黄河、运河或海河水系事务的水行政长官。河工虽属工部,但河道总督直接受命于朝廷,与主管省一级或数省地方政务的总督级别相当,并带有兵部尚书右都御使或兵部侍郎副都御史等头衔,简称"总河"。总河所属机构自乾隆以后定为三级:道、厅、汛,分级管理,并有文武官员两个系统。文职专管河务,厅与府、州同级,官为同知、通判等,汛为县级,官为县丞。武职则为河标副将、参将等,汛则设千总以下职。各厅汛有大量夫役。咸丰五年(1855年)后河务归地方管理,河道总督便演变为常设机构,基本类似现在的七大流域机构。

二、近代水行政管理

民国初年,中央主管水行政的是内务部和工商部。

1914年全国水利局成立,主持全国水利工作。

1927年国民政府成立时,水利工作分属各部管理,内政部管防洪,实业部管农田水利,交通部管航道整治,建设委员会管工程建设,水政不统一,水利事业难以发展。

1931年中国水利工程学会曾向国民政府提出统一水政的建议。1934年当时的中央政治会议决议,统一全国水利行政,以经济委员会为全国水利总机关,负责全国水利行政事宜。经济委员会设水利处,主持全国水利,各流域的水利机构也先后成立。

1941年行政院下设水利委员会。1942年由国民政府公布了《水利法》,确立了水利行政的系统,明确了水利行政的主管机关:"在中央为水利委员会,在省为省政府,在市为市政府,在县为县政府。但关于农田水利之凿井、挖塘以及人力兽力或其他简易方法引水灌田与天然水道及水权登记无关者,其在中央之主管机关为农林部。"

1947年成立国民政府水利部。

三、新中国成立后的水行政管理

　　1949 年 10 月,中华人民共和国成立后,设立了中央水利部,并确定了由其主管全国水利行政和水利建设,统一管理水资源,统一管理全国的河流湖泊,统一管理水利规划等。此后,党和政府对水利事业一直十分重视,在经济恢复时期,就动员大量人力、物力、财力,在全国范围内大规模地兴修水利,开创了水利建设的黄金时代。水利工作的组织领导和重大水利决策,都由党政领导亲自负责,水利部门充当"参谋"。正是由于有了这样的政治优势,才有水利建设事业的蓬勃发展。从这个意义上讲,新中国的水行政管理是坚强有力的。但是从各级水利部门发挥水行政主管的作用看,由于受到"重建轻管"倾向的影响,在处理水利建设与水行政管理的关系上,对水政的重要性认识不足,措施不力,水行政管理工作在内部被分散到各业务管理部门,在外部缺乏全面的管理机制,有的事项大权旁落,有的事项放任自流,以至形成了水管理"政出多门"的局面,水利部门的行政职能实际上被削弱了。

　　1962 年提出纠正"重建轻管"的倾向,1981 年提出把水利工作的重点转移到管理上来,但当时人们理解的加强管理,主要是指工程管理,还没有明确提出水政的概念。

　　1978 年党的十一届三中全会提出了加强社会主义民主与法制建设的历史性任务,要求政府工作法制化,依法行政。1988 年《水法》颁布后,明确新成立的水利部是国务院水行政主管部门,水行政管理问题才重新作为一个重要问题列入各级领导的议事日程,并将加强水政作为水利部门职能转变的重要措施。在统一规划下,内河航运、城镇供水和排水分别由交通和建设部门负责行政管理。中国水灾和旱灾频繁,水资源不足,不断加强水政工作至为重要。过去侧重于水利工程管理,20 世纪 80 年代后期已向水资源全面综合管理发展。

　　世界各国水政体制十分复杂,大都采取统一管理与分部门管理相结合的体制,即对水灾防治、水资源的开发利用和保护实行统一立法、统一规划,而对具体的治理开发、运行管理和水资源保护措施,则由不同部门分别负责。20世纪80年代以来,在经济发达国家都十分注意强化法制,制定政策,以提高水资源综合利用程度和重视节约用水。

第二章　水行政职能

第一节　水行政管理职能概述

一、水行政管理的职能

水行政主管部门的法定职能由各级人民政府按照水行政管理的需要以及当地的实际情况拟定并报同级人民代表大会批准后确定。按照水行政管理的职能及精简、效能、统一的原则,各级人民政府都在政府组成部门中设置了水行政主管部门。在行政关系上,各级水行政主管部门隶属于同级人民政府,在业务关系上,各级水行政主管部门间具有指导和被指导的关系。

中国由于水旱灾害频繁,各朝代都把水利作为治国安邦的大事。历代政府多设置水官或管理机构,承担国家的水行政管理事务。历代政府还制定水利法规,用以规范各种水事活动。

中华人民共和国成立后设立了水利部,负责全国水行政管理,由于国家机构调整,其后也分别实施过水利与电力统、分的体制变化。在水利事业上也曾实行政企、政事不分的行业管理体制。

1978年中国共产党十届三中全会提出政府工作法制化,从而奠定了水行政管理职能与水利其他事务相分离的基础。1988年《中华人民共和国水法》颁布后,国家进一步明确水利部是国务院水行政主管部门,行使水行政管理职能,逐步使政企分开。这种改革明确了水资源统一管理,加强了中国水资源的开发、利用、保护、优化配置以及防洪保安工作。

1998年,第9届全国人大第1次会议赋予本届中央政府水行政主管部门的主要职责是：统一管理全国水资源,组织、协调、监督、指导全国防洪工作,组织指导水利设施、水域及岸线的管理和保护,组织指导大江、大河、大湖及河口、海岸、滩涂的治理开发,组织全国水土保持工作,指导农村水利工作等行政职能。

按国务院职能分工,内河航运、水力发电、水污染防治分别由交通部、电力和环境保护部门管理。由于水行政管理体系由中央政府一直延伸到地方各级人民政府,各级水行政主管部门具有相同或相近的职能是统一水行政管理行为的基础,国务院水行政主管部门的职能对地方水行政主管部门职能的确立具有指导意义。

二、水行政管理职能转变

党的十八大报告和《中共中央关于全面深化改革若干重大问题的决定》,对加快转变政府职能做出了全面部署。贯彻落实好中央指示,进一步推进水行政职能转变,切实提高水行政管理科学化水平,为新时期经济社会发展提供更好的水利支撑,是当前水利工作面临的重大挑战。水行政职能作为政府职能的重要组成,是政府职能转变的重要内容,是保障政府职能转变系统性、整体性、协同性的重要环节。 加快水行政职能转变能否取得实质性成果,关系政府职能转变的整体推进,关系法治政府和服务型政府的全面建设,也关系深化改革各项任务的全面完成。

2011 年中央 1 号文件对解决我国水问题、建设民生水利做出了全面部署。 要切实解决我国水问题,完成新时期各项民生水利建设任务,必须进一步解放思想,加快转变政府职能,把不该管的事交给市场和社会,把该管的水利公共服务、社会管理和水环境保护职能管好,把有限的行政资源和时间精力集中用于加强水利发展战略、规划、政策、标准等制定和实施,用于加强各类水利公共服务提供,用于解决人民群众反映强烈的问题,不断提升水利公共服务的水平,不断满足人民群众对民生水利的迫切需求。

当前,我国水行政管理体制机制在不少方面还滞后于水利改革发展需要,一些关键性的体制机制掣肘尚未破题,推进水利改革发展的复杂程度、敏感程度、艰巨程度加大。加快水行政职能转变,破除制约水利发展体制机制弊端,是完善水行政管理体制的核心和重要突破口。只有水行政职能转变到位,才能从根本上解决当前水利改革发展的体制机制问题,才能为水行政管理体制的不断完善扫除障碍,为新时期水利改革发展提供有力的体制机制保障。

要切实做好加快水行政职能转变,需要做的重要工作如下。

（一）进一步简政放权，减少水利行政审批事项

大幅度减少、下放和整合水利行政审批事项,真正向市场、社会和地方政府放权,减少对微观事务的干预,激发经济社会发展活力。2015 年年底前,将水利行政审批事项由 48 项减少到 29 项。今后,一般不再新设水利行政审批事项,对没有纳入国务院公布目录的事项,不能以任何名义搞变相审批,切实防止行政审批事项边减边增、明减暗增。

（二）简化审批环节，提高行政效率

对保留的水利行政审批事项,按照规范、高效、便民的要求,规范行政审批,明确管理层级,简化审批程序,最大限度减少预审和前置审批环节,创新审批方式,明确办理时限,公开办理流程,接受社会监督,不断提高行政审批科学化水平,努力做到让办事人"少跑路,少进门,少盖章"。

（三）改变管理方式，加强行政监督

对取消的水利行政审批事项,转变管理观念,将管理方式由事前审批为主向事中事后监督为主转变,实行"宽准入严监督",使监督重点从规范主体活动资格为主转为规范主体活动行为和评估活动结果为主。采取有力措施,改进工作方式,制定监管办

法,履行管理职责,避免管理缺位,防止"一放就乱",切实加强事中事后监督。

（四）加快事业单位改革,提升水利公益服务能力

按照政事分开、事企分开和管办分离的要求,以促进水利公益事业单位发展为目的,以科学分类为基础,以深化体制机制改革为核心,大力推进部属事业单位分类改革。按照中央有关部门统一安排,重点抓好部属各级事业单位分类工作,并以科学分类为基础,积极稳妥推进承担行政职能事业单位和从事生产经营活动事业单位的改革工作,稳步开展从事公益服务事业单位的各项制度创新工作,不断提高各级事业单位公益服务质量和水平。

（五）推进水利社会团体改革,激发社会团体活力

按照中央关于社会团体改革的总体要求和国务院有关部门的工作安排,加快实施政社分开,有序做好行业协会与行政机关真正脱钩工作,推进水利社会团体明确权责、依法自治、发挥作用。将部机关承担的适合由水利社团提供的水利公共服务和解决的事项,逐步交由社会团体承担;对取消行政审批事项后转由行业自律管理的事项,要有序做好有关水利社会团体承接工作,有效激发水利社会团体活力,使水利社会团体在水利改革发展中发挥应有的作用。

（六）严控机构编制,严肃机构编制纪律

严格机构编制管理,严格按规定职数配备领导干部,严格控制财政供养人员总量,降低行政成本。按照严控总量、盘活存量、优化结构、增减平衡的要求,加强事关水利中心工作、全局工作和重大民生保障方面的机构人员力量。进一步精简和规范各类议事协调机构及其办事机构。加快制定机构编制管理办法,推进机构编制管理科学化、规范化、法制化。加强机构编制管理创新,强

化制度管理,加强机构编制监督检查,严肃机构编制纪律,维护机构编制管理的权威性。[①]

第二节　中华人民共和国水利部及其职责

中华人民共和国水利部(Ministry of Water Resource, PRC)是中华人民共和国国务院组成部门,主管全国水行政管理工作。

1949 年中华人民共和国成立后,设立水利部,部长为傅作义。1958 年 2 月 11 日,水利部和电力工业部合并为水利电力部,部长仍为傅作义。到 1967 年 10 月,水利电力部改为水利电力委员会,主任为张德三。到了 1970 年 6 月,水利电力军管会又改为水利电力革命委员会,主任为张文碧。到了 1975 年 1 月,又改名为水电部,部长为钱正英,1979 年 2 月 15 日,水利电力部撤销,分别成立了水利部和电力工业部,水利部长为钱正英。但是到了 1982 年 3 月 8 日,水利部和电力部又合并为水利电力部,部长仍为钱正英。1988 年 4 月,七届人大一次会议通过了国务院机构改革方案,确定成立水利部。水利部于 1988 年 7 月 22 日重新组建,水利电力部又一次撤销,成立水利部和能源部,水利部部长为杨振怀。从此水利部一直延续至今,1993 年 3 月、1998 年 10 月先后由钮茂生、汪恕诚任水利部部长,到 2007 年 4 月至今,由陈雷担任水利部部长。

一、水利部的主要职责

1998 年国务院机构改革方案确定的水利部主要职责有:
(1)负责保障水资源的合理开发利用,拟定水利战略规划和政策,起草有关法律法规草案,制定部门规章,组织编制国家确定

---

① 侯京民.加快转变水行政职能, 切实提高水行政管理科学化水[J].中国水利, 2013(23)

的重要江河湖泊的流域综合规划、防洪规划等重大水利规划。按规定制定水利工程建设有关制度并组织实施,负责提出水利固定资产投资规模和方向、国家财政性资金安排的意见,按国务院规定权限,审批、核准国家规划内和年度计划规模内固定资产投资项目;提出中央水利建设投资安排建议并组织实施。

（2）负责生活、生产经营和生态环境用水的统筹兼顾和保障。实施水资源的统一监督管理,拟订全国和跨省、自治区、直辖市水中长期供求规划、水量分配方案并监督实施,组织开展水资源调查评价工作,按规定开展水能资源调查工作,负责重要流域、区域以及重大调水工程的水资源调度,组织实施取水许可、水资源有偿使用制度和水资源论证、防洪论证制度。指导水利行业供水和乡镇供水工作。

（3）负责水资源保护工作。组织编制水资源保护规划,组织拟订重要江河湖泊的水功能区划并监督实施,核定水域纳污能力,提出限制排污总量建议,指导饮用水水源保护工作,指导地下水开发利用和城市规划区地下水资源管理保护工作。

（4）负责防治水旱灾害,承担国家防汛抗旱总指挥部的具体工作。组织、协调、监督、指挥全国防汛抗旱工作,对重要江河湖泊和重要水工程实施防汛抗旱调度和应急水量调度,编制国家防汛抗旱应急预案并组织实施。指导水利突发公共事件的应急管理工作。

（5）负责节约用水工作。拟订节约用水政策,编制节约用水规划,制定有关标准,指导和推动节水型社会建设工作。

（6）指导水文工作。负责水文水资源监测、国家水文站网建设和管理,对江河湖库和地下水的水量、水质实施监测,发布水文水资源信息、情报预报和国家水资源公报。

（7）指导水利设施、水域及其岸线的管理与保护,指导大江、大河、大湖及河口、海岸滩涂的治理和开发,指导水利工程建设与运行管理,组织实施具有控制性的或跨省、自治区、直辖市及跨流域的重要水利工程建设与运行管理,承担水利工程移民管理工作。

（8）负责防治水土流失。拟订水土保持规划并监督实施,组织实施水土流失的综合防治、监测预报并定期公告,负责有关重大建设项目水土保持方案的审批、监督实施及水土保持设施的验收工作,指导国家重点水土保持建设项目的实施。

（9）指导农村水利工作。组织协调农田水利基本建设,指导农村饮水安全、节水灌溉等工程建设与管理工作,协调牧区水利工作,指导农村水利社会化服务体系建设。按规定指导农村水能资源开发工作,指导水电农村电气化和小水电代燃料工作。

（10）负责重大涉水违法事件的查处,协调、仲裁跨省、自治区、直辖市水事纠纷,指导水政监察和水行政执法。依法负责水利行业安全生产工作,组织、指导水库、水电站大坝的安全监管,指导水利建设市场的监督管理,组织实施水利工程建设的监督。

（11）开展水利科技和外事工作。组织开展水利行业质量监督工作,拟订水利行业的技术标准、规程规范并监督实施,承担水利统计工作,办理国际河流有关涉外事务。

（12）承办国务院交办的其他事项。

二、水利部的组成及各职能司的职责

水利部设十六个职能司(厅)：办公厅、规划计划司、政策法规司、水资源司(全国节约用水办公室)、财务司、人事司、国际合作与科技司、建设与管理司、水土保持司、农村水利司、安全监督司、国家防汛抗旱总指挥部办公室、直属机关党委、中央纪委监察驻部纪检组监察局、离退休干部局和农村水电及电气化发展局。每个司(厅)的职责如下。

（一）办公厅的职责

协助部领导对部机关政务、业务等有关工作进行综合协调,组织部机关日常工作。负责部领导和总工程师、总规划师的秘书工作。负责部机关公文处理、政务信息、政务公开、档案、保密、机要、密码、信访、督办等工作,并指导水利系统相关工作。负责部召开的综合性的全国性会议、部务会议和部长办公会议的组织工作,负责部机关行政会议计划管理工作。组织部宣传、新闻发布和舆情分析工作,指导水利系统宣传工作。组织部政务信息化规划与建设工作,组织开展部网站及政务内网的建设、运行管理和内容保障工作。组织草拟部综合性重要政务文稿,组织重大水利问题的调研。负责部值班工作,组织部重要接待工作,承担部印章的管理,归口部直属单位的印章管理工作。组织协调全国人大建议和全国政协提案的办理工作。承办部领导交办的其他事项。

（二）规划计划司职责

组织编制全国水利发展战略、中长期发展规划,组织水利发展和改革的重大专题研究。组织编制全国水资源综合规划、国家确定的重要江河湖泊的流域综合规划、流域防洪规划,拟订全国和跨省（自治区、直辖市）水中长期供求规划、归口管理水利专业和专项规划的编制和审批工作。组织指导有关防洪论证工作,负责重大建设项目洪水影响评价和水工程建设规划同意书制度的组织实施。负责中央审批（核准）的大中型水利工程移民安置规划大纲审批和移民安置规划审核工作。组织审查、审批全国重点水利建设项目和部直属基础设施建设项目的项目建议书、可行性研究报告和初步设计,指导河口、海岸滩涂的治理和开发。负责提出中央水利建设投资（含专项资金）的规模、方向和项目安排的意见,负责提出中央水利建设年度投资建议计划,负责审批、核准国家规划内和年度计划规模内水利建设投资项目,负责中央投资水利基建项目、部直属基础设施建设项目投资计划管理和水利前期工作投资计划管理。组织水利规划中期评估工作,指导水利建设项目后评估工作,负责水利统计工作。承办部领导交办的其他事项。

（三）政策法规司职责

拟订水利立法规划和年度立法计划并组织实施。组织起草综合性水利法律、行政法规和部规章草案,指导起草专项水利法律、行政法规和部规章,承办水利法律和行政法规立法中的协调、审查和审议有关工作。负责水利法律、行政法规适用问题的答复工作和部规章的解释、备案、清理,承办法律、行政法规、规章征求意见的答复和立法协调工作。负责立法后评估工作,组织与立法后评估有关的水利法律、行政法规和部规章贯彻执行情况的监督检查;指导流域管理机构和地方水利立法工作。指导水利系统法制宣传教育工作,制定水利普法规划和年度计划并组织实施,承担水利部普法办公室的日常工作。拟订水利政策研究与制度建设规划和年度计划并组织实施,研究拟订综合性水利政策,拟订水权制度建设的行政法规、规章和规范性文件。组织协调水利系统依法行政工作,指导水利行政许可和行政审批工作并监督检查。负责部规范性文件清理工作,承办部机关规范性文件合法性审核和流域管理机构规范性文件备案管理工作,承办部行政复议、行政赔偿和诉讼工作。承办部领导交办的其他事项。

（四）水资源司（全国节约用水办公室）职责

负责水资源管理、配置、节约和保护工作,承担全国节约用水办公室的日常工作。组织指导水资源调查、评价和监测工作,组织编制水资源专业规划并监督实施,组织实施水资源论证制度。负责水权制度建设并监督实施,组织指导水量分配和水资源调度工作并监督实施。组织取水许可制度和水资源有偿使用制度的实施和监督;指导水资源信息发布,组织编制国家水资源公报。组织指导计划用水、节约用水工作,指导全国节水型社会建设,组织编制全国节约用水规划,组织拟订区域与行业用水定额并监督实施。按照有关规定指导城市供水、排水、节水、污水处理回用等方面的有关工作,指导城市污水处理回用等非传统水资源开发工作,指导城市供水水源规划的编制和实施,指导水利行业供水有关工作。组织编制水资源保护规划,组织指导水功能区的划分并监督实施,指导饮用水水源保护和水生态保护工作,指导湿地生态补水;组织审定江河湖库纳污能力,提出限制排污总量的意见;组织指导省界水量水质监督、监测和入河排污口设置管理工作。组织指导地下水资源开发利用和保护工作,指导水利建设项目环境保护、水利规划环境影响评价工作,负责水利建设项目环境影响报告书(表)预审工作。承办部领导交办的其他事项。

（五）财务司职责

编制中央水利部门预决算并负责预算的执行,归口提出中央水利非建设性财政资金安排的意见,研究拟订水利预算项目规划、经费开支定额并组织实施。研究拟订水利预算管理、财务管理、政府采购等水利资金管理方面的制度并组织实施,负责部机关和直属单位财政性资金的支付管理。研究拟订中央水利国有资产监督管理的规章制度,承担中央水利行政事业单位国有资产监督管理工作,办理部直属单位所属企业国有资本经营预算、资产评估管理和产权登记等有关工作。研究提出水利价格、行政事业性收费、信贷政策建议,参与中央直属和跨省(自治区、直辖市)水利工程供水价格及部直属水利枢纽上网电价管理的有关工作,承担部直属单位行政事业性收费管理工作。承担中央水利资金的监督检查和绩效考评工作,负责中央水利项目利用外资的财务管理。指导部直属单位财务管理和会计核算等工作,负责部机关财务和行政经费管理,监管机关国有资产。承办部领导交办的其他事项。

（六）人事司职责

组织拟订水利系统人才规划及相关政策,组织指导部机关和直属单位干部人事制度改革。负责部机关和参照公务员法管理单位的公务员管理工作。负责部直属单位领导班子、部管后备干部队伍建设和干部监督工作,承办部管干部的日常管理工作。组织拟订水利专业技术职务评审标准、水利行业职业技能标准,组织指导部直属单位专业技术职务评聘和专家管理工作,负责水利行业职业资格管理工作。负责部机关和直属单位机构编制管理、机构改革工作,组织指导水行政管理体制改革和水利经济体制改革有关工作,负责水利社团管理有关工作。负责部机关和直属单位工资管理工作,指导部直属单位收入分配制度改革,研究拟订水利行业定岗定员标准。组织指导部直属单位职工劳动保护、卫生保健和疗休养工作,负责水利干部人事统计工作,归口管理部表彰奖励工作。负责部机关和直属单位干部教育培训管理工作,组织拟订水利干部教育培训规划并监督实施。承办部领导交办的其他事项。

(七)国际合作与科技司职责

负责部机关和直属单位外事工作。承办政府间水利涉外事宜,组织开展水利多边、双边国际合作,归口管理涉及港澳台地区水利交流工作。指导水利系统对外经济、技术合作交流及引进国外智力工作。承办国际河流有关涉外事务,研究拟订国际河流有关政策,组织协调国际河流对外谈判。负责水利科技工作,研究拟订水利科技政策与水利科技发展规划,承担水利部科学技术委员会的日常工作。负责水利科技项目和科技成果的管理工作,组织重大水利科学研究、技术引进与科技推广工作。组织指导水利科技创新体系建设,指导部属科研院所的有关工作以及部级重点实验室和工程技术研究中心的建设与运行管理。组织拟订水利行业的技术标准并监督实施,归口管理水利行业计量、认证认可和质量监督工作。承办部领导交办的其他事项。

（八）建设与管理司职责

指导水利设施、河道、湖泊、水域及其岸线的管理和保护,指导江河、湖泊的治理和开发。指导水利工程建设管理,负责水利工程质量监督管理,组织指导水利工程开工审批、蓄水安全鉴定和验收。组织编制水库运行调度规程,指导水库、水电站大坝、堤防、水闸等水利工程的运行管理与确权划界。组织实施具有控制性的或跨省(自治区、直辖市)及跨流域的重要水利工程建设与运行管理。指导大江大河干堤、重要病险水库、重要水闸的除险加固,组织实施中央投资的病险水库、水闸除险加固工程的建设管理。指导水利建设市场的监督管理,负责水利建设市场准入、项目法人组建、工程招标投标、建设监理、工程造价和工程质量检测的监督管理,组织指导水利建设市场信用体系建设。组织指导河道采砂管理,指导河道管理范围内建设项目管理有关工作,组织实施河道管理范围内工程建设方案审查制度。承担水利部援藏工作领导小组办公室的日常工作。承办部领导交办的其他事项。

（九）水土保持司职责

组织协调全国水土保持工作,承担水土流失综合防治和监督管理。组织拟订和监督实施水土保持政策、法律、法规,组织编制水土保持规划、技术标准并监督实施。负责审核大中型生产建设项目水土保持方案并监督实施。负责水土流失监测管理工作,组织水土流失监测、预报并定期公告。负责国家水土流失重点防治区管理工作,指导并监督国家重点水土保持建设项目的实施。协调全国水土保持科技工作,组织推广水土保持科研成果,指导水土保持服务体系建设。承办部领导交办的其他事项。

（十）农村水利司职责

指导农村水利工作,组织拟订农村水利法规、政策、发展规划和行业技术标准并监督实施。组织协调农田水利基本建设,承担水利部农田水利基本建设办公室的日常工作。指导农村饮水安全、村镇供水排水工作,组织实施农村饮水安全工程建设。指导农田灌溉排水工作,组织实施节水灌溉、灌区续建配套与节水改造、泵站建设与改造工程建设,指导灌溉试验工作,指导农村节水工作。指导农村雨水集蓄利用工作,组织实施中央补助的重点小型农田水利工程建设,组织指导国家农业综合开发水利骨干工程建设与管理。指导牧区水利工作,组织实施牧区水利工程建设规划。指导农村水利管理体制改革、农村水利社会化服务体系建设和农村水利技术推广工作。承办部领导交办的其他事项。

(十一)安全监督司职责

指导水利行业安全生产工作,组织开展水利行业安全生产大检查和专项督查,承担水利部安全生产领导小组办公室的日常工作。组织开展水利工程建设安全生产和水库、水电站大坝等水工程安全的监督检查,组织或参与重大水利安全事故的调查处理。组织开展中央投资的水利工程建设项目的稽查,组织调查和处理违规违纪事件。组织指导水政监察和水行政执法。组织水利法律和综合性水行政法规、规章实施情况的监督检查,参与中央有关部门牵头的水利法律、行政法规的执法检查。协调、仲裁跨省(自治区、直辖市)水事纠纷,组织重大涉水违法事件的查处。承办部领导交办的其他事项。

(十二)国家防汛抗旱总指挥部办公室职责

组织、协调、指导、监督全国防汛抗旱工作。组织协调指导台风、山洪等灾害防御和城市防洪工作。负责对重要江河湖泊和重要水工程实施防汛抗旱调度和应急水量调度。编制国家防汛抗旱应急预案并组织实施,组织编制、实施全国大江大河大湖及重要水工程防御洪水方案、洪水调度方案、水量应急调度方案和全国重点干旱地区及重点缺水城市抗旱预案等防汛抗旱应急专项预案。负责全国洪泛区、蓄滞洪区和防洪保护区的洪水影响评价工作,组织协调指导蓄滞洪区安全管理和运用补偿工作。负责全国汛情、旱情和灾情掌握和发布,指导、监督重要江河防汛演练和抗洪抢险工作。负责国家防汛抗旱总指挥部各成员单位综合协调工作,组织各成员单位分析会商、研究部署和开展防汛抗旱工作,并向国家防汛抗旱总指挥部提出重要防汛抗旱指挥、调度、决策意见。负责中央防汛抗旱资金管理的有关工作,指导全国防汛抗旱物资的储备与管理、防汛抗旱机动抢险队和抗旱服务组织的建设与管理。负责组织实施国家防汛抗旱指挥系统建设,组织开展全国防汛抗旱工作评估工作。承办国家防汛抗旱总指挥部和水利部领导交办的其他事项。

(十三)直属机关党委职责

负责部机关及在京直属单位党群工作。宣传贯彻党的路线、方针、政策,组织部机关及在京直属单位党员政治理论学习,编制局处级党员领导干部政治理论培训计划并组织实施。指导所属各级党组织做好党员发展、管理和统战工作,以及党员、群众的思想政治工作。协助部党组管理机关各司局党组织和群众组织的干部,配合干部人事部门对机关行政领导干部进行考核和民主评议,对机关行政干部的任免、调动和奖惩提出意见和建议。负责直属机关纪律检查和党风廉政建设工作;组织协调反腐败工作;受理所属党组织党员的检举、控告和申诉;检查、处理部直属机关党组织和党员违反党纪的案件,按干部管理权限审批党员违反党纪的处理决定。领导部直属机关工会、共青团、妇女工作委员会等群众组织,指导各群众组织依照章程开展工作。指导水利部精神文明建设指导委员会办公室和水利部党风廉政建设领导小组办公室的工作。承办上级领导交办的其他事项。

（十四）中央纪委监察部驻部纪检组监察局职责

监督检查驻在部门及所属系统执行党的路线方针政策和决议，遵守国家法律、法规，执行国务院决定、命令的情况；监督检查驻在部门党组和行政领导班子及其成员维护党的政治纪律，贯彻执行民主集中制，选拔任用领导干部，贯彻落实党风廉政建设责任制和廉政勤政的情况；经批准，初步核实驻在部门党组和行政领导班子及其成员违反党纪政纪的问题；参与调查驻在部门党组和行政领导班子及其成员违反党纪政纪的案件；调查驻在部门司局级干部违反党纪政纪的案件及其他重要案件；协助驻在部门党组和行政领导班子组织协调驻在部门及所属系统的党风廉政建设和反腐败工作；受理对驻在部门党组织、党员和行政监察对象的检举、控告，受理驻在部门党员和行政监察对象不服处分的申诉；完成中央纪委、监察部交办的其他事项。

（十五）离退休干部局职责

贯彻党中央、国务院有关离退休干部工作的方针、政策，组织拟订实施办法。组织落实部机关离退休干部的政治和生活待遇，引导离退休干部发挥积极作用。承担部机关离退休干部经费管理工作，协调流域管理机构参照公务员法管理人员离退休费的发放工作。负责部机关离退休干部日常服务管理工作。负责部机关老干部活动站的建设和管理工作，指导水利部老年大学和老干部活动中心工作，组织部机关离退休干部开展文化体育活动。指导部直属单位的离退休干部工作。承办部领导交办的其他事项。

（十六）农村水电及电气化发展局职责

指导农村水能资源开发工作，拟订农村水能资源开发的政策、法规、发展战略、技术标准和规程规范并组织实施。组织开展水能资源调查工作，负责水能资源信息系统建设和水能资源调查成果的管理。指导农村水能资源开发规划编制及监督实施,指导农村水能资源权属管理工作,研究拟订农村水能资源有偿使用制度。承担中央补助的农村水能资源开发项目审核工作,参与指导水电项目合规性和工程建设方案审查。指导农村水能资源开发工程质量和安全工作,参与重大安全事故的督查。指导农村水电体制改革,指导农村水电工程设施产权制度改革,指导农村水电电网建设与改造有关工作。指导水电农村电气化工作,组织编制水电农村电气化规划并监督实施,指导水电农村电气化县建设及后评价工作。指导小水电代燃料工作,组织编制全国小水电代燃料规划并监督实施,指导小水电代燃料工程建设和管理工作。指导农村水电行业技术进步和技术培训,承担全国农村水能资源开发及水利系统综合利用枢纽电站统计工作。承办部领导交办的其他事项。

第三节　七大流域机构及其职责

长江水利委员会、黄河水利委员会、淮河水利委员会、海河水利委员会、珠江水利委员会、松辽水利委员会、太湖流域管理局为水利部派出的七大流域机构,代表水利部行使所在流域的水行政管理职责。

一、长江水利委员会

（一）长江水利委员会简介

长江水利委员会是水利部派出的七大流域机构之一,代表水利部在长江流域和澜沧江以西（含澜沧江）区域内行使水行政主管职责,为具有行政职能的事业单位。其驻地在湖北省武汉市。

1950年2月成立水利部长江水利委员会,林一山任主任。

在重庆、汉口、南京分别设立长江上、中、下游工程局以及洞庭湖、太湖等工程处。1955年为集中力量进行长江流域综合利用规划，撤销了长江上、中、下游工程局和洞庭湖工程处，将堤防工程交由沿江各省、直辖市负责管理，将规划设计人员集中到长江水利委员会。1956年4月经国务院批准，将水利部长江委员会改名为长江流域规划办公室（简称长办），属国务院建制，业务工作由水利部代管。1989年6月长江流域规划办公室改名为水利部长江水利委员会。

（二）长江水利委员会的主要职责

（1）负责水法等有关法律法规的实施和监督检查，拟订流域性的水利政策法规；负责职权范围内的水行政执法、水政监察、水行政复议工作，查处水事违法行为；负责省际水事纠纷协调处工作。

（2）组织编制流域综合规划及有关的专业或专项规划并负责监督实施；组织开展流域控制性的水利项目，跨省（自治区、直辖市）重要水利项目等中央水利项目的前期工作；按照授权，对地方大中型水利项目的前期工作进行技术审查。

（3）统一管理流域水资源（包括地表水和地下水）并负责组织流域水资源调查评价；组织拟订流域内省际水量分配方案，实施水量统一调度；组织或指导流域内有关重大建设项目的水资源论证工作；在授权范围内组织实施取水许可制度；指导流域内地方节约用水工作。

（4）按照部门分工，负责流域水资源保护工作，组织水功能区的划分；审定水域纳污能力，提出限制排污总量的意见；负责省（自治区、直辖市）界水体、重要水域、直管江河湖库及跨流域调水的水质监测工作。

（5）组织制定或参与制定流域防御洪水方案并负责监督实施；按照规定或授权负责范围内的河段、河道、堤防、岸线及重要水工程的管理和保护；按照规定和授权对重要水利工程实施防汛抗旱调度；指导、协调、监督流域防汛工作；指导、监督蓄滞洪区的管理和运用补偿工作。

（6）指导流域内河流、湖泊及河口、海岸滩涂的治理和开发；负责授权范围内的河段、河道、堤防、岸线及重要水工程的管理和保护；按照规定和授权负责流域控制水利项目、跨省（自治区、直辖市）重要水利项目等中央水利项目的建设与管理。

（7）负责长江干流宜宾至长江河口河道采砂的统一管理和监督检查以及相关的组织、协调、指导工作；组织编制长江河道采砂规划并负责监督实施；负责省际边界重点河段的采砂许可、砂石资源费的征收与管理以及对非法采砂行为的依法查处。

（8）组织实施流域水土保持生态建设重点区水土流失的预防、监督与治理；组织流域水土保持动态监测；指导流域内地方水土保持生态建设工作。

（9）按照规定或授权负责流域性水利工程、跨省（自治区、直辖市）水利工程等中央水利工程国有资产的运营和监督管理；拟定直管工程的水价、电价以及其他有关收费项目的立项、调整方案；负责流域中央水利项目资金的使用、稽查、检查和监督。

根据国家有关法律法规和水利部的授权，长江水利委员会主要负责区域内的水行政执法，水资源统一管理、节约、配置和保护，流域规划，防汛抗旱，河道管理，流域控制性水利工程建设与管理，河道采砂管理，水土保持，水文，科研，以及有关国有资产的运营、监管等工作。

（三）机构设置

机构内设机构：办公室、规划计划局、水政水资源局、财务经济局、人事劳动教育局、国际合作与科技局、建设与管理局、长江河道采砂管理局、水土保持局、防汛抗旱办公室（江务局）、监察局、审计局、离退休职工管理局等职能机构。除上述单位外，还设有长江水资源管理局、水文局、长江科学院、水库渔业研究所、长江勘测技术研究所、网络与信息中心等事业单位。

二、黄河水利委员会

（一）黄河水利委员会概述

根据国务院批准的《水利部职能配置、内设机构和人员编制规定》（国办发〔1998〕87 号）以及国家有关法律、法规，黄河水利委员会是水利部在黄河流域和新疆、青海、甘肃、内蒙古内陆河区域内（以下简称流域内）的派出机构，代表水利部行使所在流域内的水行政主管职责，为具有行政职能的事业单位。驻地在河南省郑州市。

中华人民共和国成立前，晋冀鲁豫边区政府于 1946 年 2 月在山东菏泽县设立冀鲁豫区治河委会，由冀鲁豫行署主任徐达本兼任主任委员，后改称冀鲁豫黄河水利委员会，由王化云任主任。1948 年 9 月冀鲁豫黄河水利委员会受华北人民政府和冀鲁豫行署双重领导，王化云为华北水利委员会副主任兼冀鲁豫黄河水利委员会主任。1949 年 6 月华北、中原、华东三个解放区派代表在山东济南开会，建立了统一的黄河水利委员会，主要负责黄河下游堤防整修，主任王化云。1949 年 11 月改属中华人民共和国水利部领导。1950 年 1 月政务院决定将黄河水利委员会改为流域机构。1951 年 1 月统一的流域性水利机构黄河水利委员会在河南开封正式成立。1953 年由开封迁到郑州。

（二）黄河水利委员会主要职责

（1）负责《水法》等有关法律法规的实施和监督检查，拟订流域性的水利政策法规；负责职权范围内的水行政执法、水政监察、水行政复议工作，查处水事违法行为；负责省际水事纠纷的调处工作。

（2）组织编制流域综合规划及有关的专业或专项规划并负责监督实施；组织开展具有流域控制性的水利项目、跨省（自治区、直辖市）重要水利项目等中央水利项目的前期工作；按照授权,对地方大中型水利项目的前期工作进行技术审查;编制和下达流域内中央水利项目的年度投资计划。

（3）统一管理流域水资源(包括地表水和地下水)。负责组织流域水资源调查评价;组织拟订流域内省际水量分配方案和年度调度计划以及旱情紧急情况下的水量调度预案,实施水量统一调度。组织或指导流域内有关重大建设项目的水资源论证工作;在授权范围内组织实施取水许可制度;指导流域内地方节约用水工作;组织或协调流域主要河流、河段的水文工作,指导流域内地方水文工作;发布流域水资源公报。

（4）负责流域水资源保护工作,组织水功能区的划分和向饮用水水源保护区等水域排污的控制;审定水域纳污能力,提出限制排污总量的意见;负责省(自治区、直辖市)界水体、重要水域和直管江河湖库及跨流域调水的水量和水质监测工作。负责流域内干流和跨省(自治区、直辖市)支流的主要河段、省(自治区、直辖市)界河道入河排污口设置的审查监督。

（5）组织制定或参与制定流域防御洪水方案并负责监督实施;按照规定和授权对重要的水利工程实施防汛抗旱调度;指导、协调、监督流域防汛抗旱工作;指导、监督流域内蓄滞洪区的管理和运用补偿工作;组织或指导流域内有关重大建设项目的防洪论证工作;负责流域防汛指挥部办公室的有关工作。

（6）指导流域内河流、湖泊及河口、海岸滩涂的治理和开发;负责授权范围内的河段、河道、堤防、岸线及重要水工程的管理、保护和河道管理范围内建设项目的审查许可;指导流域内水利设施的安全监管。按照规定或授权负责具有流域控制性的水利项目、跨省(自治区、直辖市)重要水利项目等中央水利项目的建设与管理,组建项目法人;负责对中央投资的水利工程的建设和除险加固进行检查监督,监管水利建筑市场。

（7）组织实施流域水土保持生态建设重点区水土流失的预防、监督与治理;组织流域水土保持动态监测;指导流域内地方水土保持生态建设工作。

（8）按照规定或授权负责具有流域控制性的水利工程、跨省（自治区、直辖市）水利工程等中央水利工程的国有资产的运营或监督管理；拟订直管工程的水价电价以及其他有关收费项目的立项、调整方案；负责流域内中央水利项目资金的使用、稽查、检查和监督。

（9）承办水利部交办的其他事项。

（三）机构设置

机关内设机构：办公室、总工程师办公室、规划计划局、水政局、水资源管理与调度局、财务局、人事劳动教育局、国际合作与科技局、建设与管理局、水土保持局、防汛办公室、监察局、审计局、离退休职工管理局等职能机构。除上述单位外，还设有山东黄河河务局、河南黄河河务局、黄河上中游管理局、黑河流域管理局、水文局、移民局、黄河水利科学研究院、信息中心等事业单位。

三、淮河水利委员会

（一）淮河水利生委员会概述

根据国务院批准的《水利部职能配置、内设机构和人员编制规定》（国办发〔1998〕87号）和中央机构编制委员会办公室《关于印发〈水利部派出的流域机构的主要职责、机构设置和人员编制调整方案〉的通知》（中央编办发〔2002〕39号）精神以及国家有关法律、法规，淮河水利委员会是水利部在淮河流域和山东半岛区域内（以下简称流域内）的派出机构，代表水利部行使所在流域内的水行政主管职责，为具有行政职能的事业单位。驻地在安徽省蚌埠市。

1950年10月，中华人民共和国中央人民政府政务院决定，以淮河水利工程总局为基础，组建治淮委员会，任命曾山为主任，同年 11 月在安徽蚌埠市正式成立。1953 年底,水利部决定将沂河、沭河、汶河、泗河的治理工作划归治淮委员会统一管理。1958 年 7 月,经中共中央书记处批准,撤销治淮委员会,治淮工作由流域各省分别负责。1969 年 10 月,国务院成立治淮规划小组。1971 年 8 月,经国务院批准,成立治淮规划小组办公室,仍设在蚌埠市。1977 年 5 月,国务院批准,在治淮规划小组办公室的基础上,成立水利电力部治淮委员会。1990 年 2 月,水利部批复将治淮委员会更名为水利部淮河水利委员会。

（二）淮河水利委员会的其主要职责

（1）负责《水法》等有关法律法规的实施和监督检查,拟订流域性的水利政策法规;负责职权范围内的水行政执法、水政监察、水行政复议工作,查处水事违法行为;负责省际水事纠纷的调处工作。

（2）组织编制流域综合规划及有关的专业或专项规划并负责监督实施;组织开展具有流域控制性的水利项目、跨省（自治区、直辖市）重要水利项目等中央水利项目的前期工作;按照授权,对地方大中型水利项目的前期工作进行技术审查;编制和下达流域内中央水利项目的年度投资计划。

（3）统一管理流域水资源（包括地表水和地下水）。负责组织流域水资源调查评价;组织拟订流域内省际水量分配方案和年度调度计划以及旱情紧急情况下的水量调度预案,实施水量统一调度。组织或指导流域内有关重大建设项目的水资源论证工作;在授权范围内组织实施取水许可制度;指导流域内地方节约用水工作;组织或协调流域主要河流、河段的水文工作,指导流域内地方水文工作;发布流域水资源公报。

（4）根据国务院确定的部门职责分工,负责流域水资源保护工作,组织水功能区的划分和向饮用水水源保护区等水域排污的控制;审定水域纳污能力,提出限制排污总量的意见;负责省（自治区、直辖市）界水体、重要水域和直管江河湖库及跨流域调水的水量和水质监测工作。

（5）组织制定或参与制定流域防御洪水方案并负责监督实施；按照规定和授权对重要的水利工程实施防汛抗旱调度；指导、协调、监督流域防汛抗旱工作；指导、监督流域内蓄滞洪区的管理和运用补偿工作；组织或指导流域内有关重大建设项目的防洪论证工作；负责流域防汛指挥部办公室的有关工作。

（6）指导流域内河流、湖泊及河口、海岸滩涂的治理和开发；负责授权范围内的河段、河道、堤防、岸线及重要水工程的管理、保护和河道管理范围内建设项目的审查许可；指导流域内水利设施的安全监管。按照规定或授权负责具有流域控制性的水利项目、跨省（自治区、直辖市）重要水利项目等中央水利项目的建设与管理，组建项目法人；负责对中央投资的水利工程的建设和除险加固进行检查监督，监管水利建筑市场。

（7）组织实施流域水土保持生态建设重点区水土流失的预防、监督与治理；组织流域水土保持动态监测；指导流域内地方水土保持生态建设工作。

（8）按照规定或授权负责具有流域控制性的水利工程、跨省（自治区、直辖市）水利工程等中央水利工程的国有资产的运营或监督管理；拟订直管工程的水价电价以及其他有关收费项目的立项、调整方案；负责流域内中央水利项目资金的使用、稽查、检查和监督。

（9）承办水利部交办的其他事项。

（三）机构设置

机关内设机构：办公室、规划计划处、水政水资源局、财务经济处、人事劳动教育处、国际合作与科技局、建设与管理处、水土保持处、防汛抗旱办公室、监察外、审计处、离退休职工管理处等职能机构。除上述单位外，还设有淮河流域水资源保护局、沂沭泗水利管理局、治淮工程建设管理局、水文局等事业单位。

四、海河水利委员会

（一）海河水利委员会概述

根据国务院批准的《水利部职能配置、内设机构和人员编制规定》（国办发〔1998〕87号）和中央机构编制委员会办公室《关于印发〈水利部派出的流域机构的主要职责、机构设置和人员编制调整方案〉的通知》（中央编办发〔2002〕39号）精神以及国家有关法律、法规，海河水利委员会是水利部在海河流域、滦河流域和鲁北地区区域内(以下简称流域内)的派出机构，代表水利部行使所在流域内的水行政主管职责，为具有行政职能的事业单位。驻地在天津市。

1979年11月经国务院批准成立水利部海河水利委员会，陈实为主任，下辖漳卫运河管理局、引滦工程管理局、海河下游管理局、漳河上游管理局。1993年4月水利部决定天津勘测设计研究院归属水利部海河水利委员会领导。

（二）海河水利委员会的主要职责

（1）负责《水法》等有关法律法规的实施和监督检查，拟订流域性的水利政策法规；负责职权范围内的水行政执法、水政监察、水行政复议工作，查处水事违法行为；负责省际水事纠纷的调处工作。

（2）组织编制流域综合规划及有关的专业或专项规划并负责监督实施；组织开展具有流域控制性的水利项目、跨省(自治区、直辖市)重要水利项目等中央水利项目的前期工作；按照授权，对地方大中型水利项目的前期工作进行技术审查；编制和下达流域内中央水利项目的年度投资计划。

（3）统一管理流域水资源（包括地表水和地下水）。负责组织流域水资源调查评价；组织拟订流域内省际水量分配方案和年度调度计划以及旱情紧急情况下的水量调度预案，实施水量统一调度。组织或指导流域内有关重大建设项目的水资源论证工作；在授权范围内组织实施取水许可制度；指导流域内地方节约用水工作；组织或协调流域主要河流、河段的水文工作，指导流域内地方水文工作；发布流域水资源公报。

（4）根据国务院确定的部门职责分工，负责流域水资源保护工作，组织水功能区的划分和向饮用水水源保护区等水域排污的控制；审定水域纳污能力，提出限制排污总量的意见；负责省（自治区、直辖市）界水体、重要水域和直管江河湖库及跨流域调水的水量和水质监测工作。

（5）组织制定或参与制定流域防御洪水方案并负责监督实施；按照规定和授权对重要的水利工程实施防汛抗旱调度；指导、协调、监督流域防汛抗旱工作；指导、监督流域内蓄滞洪区的管理和运用补偿工作；组织或指导流域内有关重大建设项目的防洪论证工作；负责流域防汛指挥部办公室的有关工作。

（6）指导流域内河流、湖泊及河口、海岸滩涂的治理和开发；负责授权范围内的河段、河道、堤防、岸线及重要水工程的管理、保护和河道管理范围内建设项目的审查许可；指导流域内水利设施的安全监管。按照规定或授权负责具有流域控制性的水利项目、跨省（自治区、直辖市）重要水利项目等中央水利项目的建设与管理，组建项目法人；负责对中央投资的水利工程的建设和除险加固进行检查监督，监管水利建筑市场。

（7）组织实施流域水土保持生态建设重点区水土流失的预防、监督与治理；组织流域水土保持动态监测；指导流域内地方水土保持生态建设工作。

（8）按照规定或授权负责具有流域控制性的水利工程、跨省（自治区、直辖市）水利工程等中央水利工程的国有资产的运营或监督管理；拟订直管工程的水价电价以及其他有关收费项目的立项、调整方案；负责流域内中央水利项目资金的使用、稽查、检查和监督。

（9）承办水利部交办的其他事项。

（三）机构设置

机关内设机构：办公室、规划计划处、水政水资源处（水政监察总队）、财务经济处、人事劳动教育处、建设与管理处（水利部水利工程监督总站海河流域分站）、科技外事处、防汛抗旱办公室、监察处、审计处（与监察处合署办公）、离退休职工管理处、直属机关党委、中国农林水利工会海河委员会（与直属机关党委合署办公）等职能机构。除上述单位外，还设有海河流域水资源保护局、漳卫南运河管理局、海河下游管理局、漳河上游管理局、水文局等事业单位。

五、珠江水利委员会

（一）珠江水利委员会概述

水利部珠江水利委员会（简称珠江委）成立于 1979 年。根据国务院批准的《水利部职能配置、内设机构和人员编制规定》（国办发〔1998〕87 号）和中央机构编制委员会办公室《关于印发〈水利部派出的流域机构的主要职责、机构设置和人员编制调整方案〉的通知》（中央编办发〔2002〕39 号）精神以及国家有关法律、法规，珠江水利委员会是水利部在珠江流域、韩江流域、澜沧江以东国际河流（不含澜沧江）、粤桂沿海诸河和海南省区域内（以下简称流域内）的派出机构，代表水利部行使所在流域内的水行政主管职责，为具有行政职能的事业单位。其驻地在广东省广州市。

1956 年设水利部珠江流域规划办公室，1958 年撤销；1979 年 10 月，经国务院批准成立水利部珠江水利委员会，刘兆伦任主任。

（二）珠江水利委员会的主要职责

（1）负责保障流域水资源的合理开发利用。受部委托组织编制流域或流域内跨省（自治区、直辖市）的江河湖泊的综合规划及有关的专业或专项规划并监督实施；拟订流域性的水利政策法规。组织开展流域控制性水利项目、跨省（自治区、直辖市）重要水利项目与中央水利项目的前期工作。根据授权，负责流域内有关规划和中央水利项目的审查、审批以及有关水工程项目的合规性审查。对地方大中型水利项目进行技术审核。负责提出流域内中央水利项目、水利前期工作、直属基础设施项目的年度投资计划并组织实施。组织、指导流域内有关水利规划和建设项目的后评估工作。

（2）负责流域水资源的管理和监督，统筹协调流域生活、生产和生态用水。受部委托组织开展流域水资源调查评价工作，按规定开展流域水能资源调查评价工作。按照规定和授权，组织拟订流域内省际水量分配方案和流域年度水资源调度计划以及旱情紧急情况下的水量调度预案并组织实施，组织开展流域取水许可总量控制工作，组织实施流域取水许可和水资源论证等制度，按规定组织开展流域和流域重要水工程的水资源调度。

（3）负责流域水资源保护工作。组织编制流域水资源保护规划，组织拟订跨省（自治区、直辖市）江河湖泊的水功能区划并监督实施，核定水域纳污能力，提出限制排污总量意见，负责授权范围内入河排污口设置的审查许可；负责省界水体、重要水功能区和重要入河排污口的水质状况监测；指导协调流域饮用水水源保护、地下水开发利用和保护工作。指导流域内地方节约用水和节水型社会建设有关工作。

（4）负责防治流域内的水旱灾害，承担流域防汛抗旱总指挥部的具体工作。组织、协调、监督、指导流域防汛抗旱工作，指导、协调并监督防御台风工作。按照规定和授权对重要的水工程实施防汛抗旱调度和应急水量调度。组织实施流域防洪论证制度。组织制定流域防御洪水方案并监督实施。指导、监督流域内蓄滞洪区的管理和运用补偿工作。按规定组织、协调水利突发公共事件的应急管理工作。

（5）指导流域内水文工作。按照规定和授权，负责流域水文水资源监测和水文站网的建设和管理工作。负责流域重要水域、直管江河湖库及跨流域调水的水量水质监测工作,组织协调流域地下水监测工作。发布流域水文水资源信息、情报预报和流域水资源公报。

（6）指导流域内河流、湖泊及河口、海岸滩涂的治理和开发;按照规定权限,负责流域内水利设施、水域及其岸线的管理与保护以及重要水利工程的建设与运行管理。指导流域内所属水利工程移民管理有关工作。负责授权范围内河道范围内建设项目的审查许可及监督管理。负责直管河段及授权河段河道采砂管理,指导、监督流域内河道采砂管理有关工作。指导流域内水利建设市场监督管理工作。

（7）指导、协调流域内水土流失防治工作。组织有关重点防治区水土流失预防、监督与管理。按规定负责有关水土保持中央投资建设项目的实施,指导并监督流域内国家重点水土保持建设项目的实施。受部委托组织编制流域水土保持规划并监督实施,承担国家立项审批的大中型生产建设项目水土保持方案实施的监督检查。组织开展流域水土流失监测、预报和公告。

（8）负责职权范围内水政监察和水行政执法工作,查处水事违法行为;负责省际水事纠纷的调处工作。指导流域内水利安全生产工作,负责流域管理机构内安全生产工作及其直接管理的水利工程质量和安全监督;根据授权,组织、指导流域内水库、水电站大坝等水工程的安全监管。开展流域内中央投资的水利工程建设项目稽查。

（9）按规定指导流域内农村水利及农村水能资源开发有关工作,指导水电农村电气化和小水电代燃料工作;承办国际河流有关涉外事务,负责开展水利科技、外事和质量技术监督工作;承担有关水利统计工作。

（10）按照规定或授权负责流域控制性水利工程、跨省(自治区、直辖市)水利工程等中央水利工程的国有资产的运营或监督管理;研究提出直管工程和流域内跨省(自治区、直辖市)水利工程供水价格及直管工程上网电价核定与调整的建议。

（11）承办水利部交办的其他事项。

（三）机构设置

办公室、规划计划处、水政水资源处、财务经济处、人事劳动教育处、建设与管理处、水科保持处、防汛抗旱办公室、监察处、审计处、离退休职工管理处等职能机构。除上述单位外，还设有珠江流域水资源保护局、西江局、水文局、科学研究所等事业单位。

六、松辽水利委员会

（一）松辽水利委员会概述

松辽水利委员会是水利派出的流域机构，代表水利部在花江、辽河流域和东北地区国际界河（湖）及独流入海河区域内行使水行政主管职责，为具有行政职能的事业单位。驻地在吉林长春市。

1982 年 10 月经国务院批准成立松辽水利委员会，并与水利电力部勘测设计院合署办公，王志民任主任。1984 年 3 月，松花江水系保护领导小组办公室并入松辽水利委员会，成立松辽水资源保护局，作为松花江水系保护领导小组的办事机构，受水利电力部和城乡建设环境保护双重领导。1988 年 3 月，受水利部和能源部委托，东北勘测设计院归属松辽水利委员会领导。

（二）松辽水利委员会的主要职责

（1）负责保障流域水资源的合理开发利用。受部委托组织编制流域或流域内跨省（自治区、直辖市）的江河湖泊的流域综合规划及有关的专业或专项规划并监督实施；拟定流域性的水利政策法规。组织开展流域控制性水利项目、跨省（自治区、直辖市）重要水利项目与中央水利项目的前期工作。根据授权，负责流域内有关规划和中央水利项目的审查、审批以及有关水工程项目的合规性审查。对地方大中型水利项目进行技术审核。负责提出流域内中央水利项目、水利前期工作、直属基础设施项目的年度投资计划并组织实施。组织、指导流域内有关水利规划和建设项目的后评估工作。

（2）负责流域水资源的管理和监督，统筹协调流域生活、生产和生态用水。组织开展流域水资源调查评价工作，按规定开展流域水能资源调查评价工作。按照规定和授权，组织拟定流域内省际水量分配方案和流域年度水资源调度计划以及旱情紧急情况下的水量调度预案并组织实施，组织开展流域取水许可总量控制工作，组织实施流域取水许可和水资源论证等制度，按规定组织开展流域和流域重要水工程的水资源调度。

（3）负责流域水资源保护工作。组织编制流域水资源保护规划，组织拟定跨省（自治区、直辖市）江河湖泊的水功能区划并监督实施，核定水域纳污能力，提出限制排污总量意见，负责授权范围内入河排污口设置的审查许可；负责省界水体、重要水功能区和重要入河排污口的水质状况监测；指导协调流域饮用水水源保护、地下水开发利用和保护工作。指导流域内地方节约用水和节水型社会建设有关工作。

（4）负责防治流域内的水旱灾害，承担流域防汛抗旱总指挥部的具体工作。组织、协调、监督、指导流域防汛抗旱工作，按照规定和授权对重要的水工程实施防汛抗旱调度和应急水量调度。组织实施流域防洪论证制度。组织制定流域防御洪水方案并监督实施。指导、监督流域内蓄滞洪区的管理和运用补偿工作。按规定组织、协调水利突发公共事件的应急管理工作。

（5）指导流域内水文工作。按照规定和授权，负责流域水文水资源监测和水文站网的建设和管理工作。负责流域重要水域、直管江河湖库及跨流域调水的水量水质监测工作，组织协调流域地下水监测工作。发布流域水文水资源信息、情报预报和流域水资源公报。

（6）指导流域内河流、湖泊及河口、海岸滩涂的治理和开发；

按照规定授权,负责流域内水利设施、水域及其岸线的管理与保护以及重要水利工程的建设与运行管理。指导流域内所属水利工程移民管理有关工作。负责授权范围内河道范围内建设项目的审查许可及监督管理。负责直管河段及授权河段河道采砂管理,指导、监督流域内河道采砂管理有关工作。指导流域内水利建设市场监督管理工作。

(7)指导、协调流域内水土流失防治工作。组织有关重点防治区水土流失预防、监督与管理。按规定负责有关水土保持中央投资建设项目的实施,指导并监督流域内国家重点水土保持建设项目的实施。受部委托组织编制流域水土保持规划并监督实施,承担国家立项审批的大中型生产建设项目水土保持方案实施的监督检查。组织开展流域水土流失监测、预报和公告。

(8)负责职权范围内水政监察和水行政执法工作,查处水事违法行为;负责省际水事纠纷的调处工作。指导流域内水利安全生产工作,负责流域管理机构内安全生产工作及其直接管理的水利工程质量和安全监督;根据授权,组织、指导流域内水库、水电站大坝等水工程的安全监管。开展流域内中央投资的水利工程建设项目稽查。

(9)按规定指导流域内农村水利及农村水能资源开发有关工作,负责开展水利科技、外事和质量技术监督工作;承办国际河流有关涉外事务。承担有关水利统计工作。

(10)按照规定或授权负责流域控制性水利工程、跨省(自治区、直辖市)水利工程等中央水利工程的国有资产的运营或监督管理;研究提出直管工程和流域内跨省(自治区、直辖市)水利工程供水价格及直管工程上网电价核定与调整的建议。

(11)承办水利部交办的其他事项。

(三)机关设置

1.机关内设机构

办公室、规划计划处、水政与安全监督处(水政监察总队)、水资源处、财务处、人事处、国际河流与科技处、建设与管理处（水利部水利工程建设质量与安全监督总站松辽流域分站）、水土保持处、防汛抗旱办公室、监察处、审计处、离退休职工管理处、直属机关党委和中国农林水利工会松辽委员会。

2. 单列机构

松辽流域水资源保护局。

3. 事业单位

水文局（信息中心）、察尔森水库管理局、流域规划与政策研究中心、移民开发中心、松辽流域水土保持监测中心站、水利工程建设管理站、综合服务中心和综合管理中心。

七、太湖流域管理局

（一）太湖流域管理局概述

水利部派出的流域机构，代表水利部在太湖流域，钱塘江流域和浙江、福建（韩江流域除外）区域内行使水行政主管职责，为具有行政职能的事业单位、驻地在上海市。其职责与其他流域机构类似。

1956 年成立太湖工程处，归长江下游工程局领导。1952 年改名为华东军政委员会水利部太湖工程处。1956 年并长江流域规划办公室。1957 年成立太湖流域规划办公室，由治淮委员会领导，1958 年治淮委员会撤销，该办公室停止工作。1963 年成立太湖水利局，由水利电力部及中共中央华东局双重领导，1966 年撤销。1984 年 12 月，经国务院批准，成立太湖流域管理局，由水利电力部和国务院长江口及太湖流域综合治理领导小组双重领导。1988 年划归水利部领导。

（二）太湖流域管理局的主要职责

（1）负责《水法》等有关法律法规的实施和监督检查，拟订流域性的水利政策法规；负责职权范围内的水行政执法、水政监察、水行政复议工作，查处水事违法行为；负责省际水事纠纷的调处工作。

（2）组织编制流域综合规划及有关的专业或专项规划并负责监督实施；组织开展具有流域控制性的水利项目、跨省（自治区、直辖市）重要水利项目等中央水利项目的前期工作；按照授权，对地方大中型水利项目的前期工作进行技术审查；编制和下达流域内中央水利项目的年度投资计划。

（3）统一管理流域水资源（包括地表水和地下水）。负责组织流域水资源调查评价；组织拟订流域内省际水量分配方案和年度调度计划以及旱情紧急情况下的水量调度预案，实施水量统一调度。组织或指导流域内有关重大建设项目的水资源论证工作；在授权范围内组织实施取水许可制度；指导流域内地方节约用水工作；组织或协调流域主要河流、河段的水文工作，指导流域内地方水文工作；发布流域水资源公报。

（4）根据国务院确定的部门职责分工，负责流域水资源保护工作，组织水功能区的划分和向饮用水水源保护区等水域排污的控制；审定水域纳污能力，提出限制排污总量的意见；负责省（自治区、直辖市）界水体、重要水域和直管江河湖库及跨流域调水的水量和水质监测工作。

（5）组织制定或参与制定流域防御洪水方案并负责监督实施；按照规定和授权对重要的水利工程实施防汛抗旱调度；指导、协调、监督流域防汛抗旱工作；指导、监督流域内蓄滞洪区的管理和运用补偿工作；组织或指导流域内有关重大建设项目的防洪论证工作；负责流域防汛指挥部办公室的有关工作。

（6）指导流域内河流、湖泊及河口、海岸滩涂的治理和开发；负责授权范围内的河段、河道、堤防、岸线及重要水工程的管理、保护和河道管理范围内建设项目的审查许可；指导流域内水利设施的安全监管。按照规定或授权负责具有流域控制性的水利项目、跨省（自治区、直辖市）重要水利项目等中央水利项目的建设与管理,组建项目法人;负责对中央投资的水利工程的建设和除险加固进行检查监督,监管水利建筑市场。

(7)组织实施流域水土保持生态建设重点区水土流失的预防、监督与治理;组织流域水土保持动态监测;指导流域内地方水土保持生态建设工作。

(8)按照规定或授权负责具有流域控制性的水利工程、跨省(自治区、直辖市)水利工程等中央水利工程的国有资产的运营或监督管理;拟订直管工程的水价电价以及其他有关收费项目的立项、调整方案;负责流域内中央水利项目资金的使用、稽查、检查和监督。

(9)承办水利部交办的其他事项。

(三)太湖流域管理局的机构设置

1.机关内设机构

办公室、规划计划处、水政水资源处(水土保持处、水政监察总队)、财务经济处、人事劳动教育处、建设与管理处(水利部水利工程质量监督总站太湖流域分站)、防汛抗旱办公室(水文处)、监察处、审计处(与监察处合署办公)、直属机关党总支(含机关工会)。

2.单列机构

太湖流域水资源保护局。

3.事业单位

太湖流域管理局水利发展研究中心、太湖流域管理局综合事业发展中心、太湖流域管理局苏州管理局、太湖流域管理局水文水资源监测局、太湖流域管理局苏州培训中心、太湖流域管理局太湖流域水土保持监测中心站。

八、中国地方水利机构

作为地方各级政府主管水行政部门,其任务和职责范围主要是:

（1）贯彻执行上级和本级人民代表大会及其常设机构、上级和本级人民政府有关水利工作的法规、政策,接受本地区政府的领导和接受上级水利部门的业务指导。起草或制定水利方面的地方性法规、规章和制度,实施水行政执法;

（2）编制并实施本地区水利发展规划、中长期和年度计划;

（3）负责本地区水资源的统一管理、监测、调查评价和保护;

（4）主管本地区河道、水库、湖泊水事;

（5）负责本地区水工程管理、水利基本建设和质量监督、监理工作;

（6）主管本地区防汛抗旱、农村水利、乡镇供水、人畜饮水和水土保持工作;

（7）指导水利行业的水电工作,组织协调农村水电电气化工作;

（8）负责本地区水文工作的行业管理;

（9）配合有关部门制定并实施有关水利的财务政策、信贷等经济调节措施;

（10）主管本地区水利科技、教育、技术合作与交流推广工作。

第三章　水行政行为

第一节　水行政行为的概述

一、行政行为的含义

（一）行政行为的含义

关于行政行为的含义,可以从广义和狭义两个方面来理解。

（1）广义的行政行为。是指合法的行政行为主体依据合法的规定,在法定的职权范围内,按照法定的程序,通过法定的形式,所实施的全部行政管理活动的总称。包括决策行为、组织行为、领导行为、指挥行为、执行行为、监督行为等等。

（2）狭义的行政行为。是指合法的行政行为主体依据法律的规定,在法定的职权范围内,按照法定程序,通过法定形式,在行政管理活动所实施的能够直接发生法律效果的行为。如行政检查、行政许可等等。本章所研究的主要是指狭义的行政行为。

（二）行政行为的构成要素

行政行为构成的要素是指合法的行政行为成立的必要条件,主要有以下五个要素。

（1）行政行为的主体,指行政行为的实施者。主要包括行使国家行政权力的各级行政机关,也包括经法律和国家行政机关授权的其他组织。

（2）行政行为的客体，指行政行为的指向对象，包括公民、法人和其他组织。

（3）行政行为的内容，指行政行为所反映的实质或具体情况。包括赋予权利、设定义务。

（4）行政行为的形式，指行政行为内容的载体。如命令的形式、决定的形式。

（5）行政行为的依据，指行政主体实施行政行为的具体根据。包括事实依据和法律依据两个方面。前者指行政行为主体主要依据具体的事实作意思表示，如公证机关做出公证。后者指行政行为主体主要依据自身的合法权力作意思表示，如工商行政管理部门发布关于企业登记注册的规定。

（三）行政行为的特点

从行政行为的含义和构成要素中可以看出，行政行为有以下特点。

1. 组织性

行政行为的主体主要是国家行政机关，国家行政机关是国家根据有关法律，按照法定程序组建的机关，具有高度的组织性、纪律性。其工作人员是这种具有高度组织性、纪律性机关的组成人员，其权利和义务也由法律授予。因此，他们所实施的行政行为不是某个具体行政机关或某个个人意志的反映，而是国家行政机关整体意志的反映。即行政行为不是个体的行为，而是组织的行为。行政行为的这个特点就要求行政行为主体必须要有强烈的大局意识，要自觉站在国家整体利益的高度实施行政管理活动。

2. 关联性

行政行为虽然是由不同的行政行为主体具体实施，但由于行政行为体现的是国家行政机关的整体意志，因此，行政行为之间存在着内在的关联性，即相互制约、相互影响。一个行政行为主体实施行政行为所产生的后果，也影响其他行政行为主体实施行政行为的后果,甚至对全部国家行政机关都产生一定的影响。行政行为的这个特点就要求每个行政行为主体要善于从全局考虑问题,深入了解相关情况,加强与其他行政行为主体的交流沟通、协调配合,保证行政行为的整体最优。

3. 强制性

行政行为是行政行为主体代表国家实施的管理社会的行为,以国家强制力为后盾,其发生法律效力无须经过行政行为客体的同意。除非经权力机关或上级行政机关或上级行政机关裁决或者有管辖权的法院判决其违法予以撤销,否则,就要假定行政行为具有合法性,国家行政机关及其工作人员有权强制执行,行政行为的客体如果拒不执行将会受到相应的制裁。行政行为的这个特点要求行政行为主体在实施行政行为时,既要考虑合法性,也要考虑可行性,尽量避免采取强制的方式执行行为。

4. 妥协性

行政行为的实施对象是全社会,它所处理的是社会公共事务。从宏观上来看,行政行为能否取得实效,关键在于得到全社会多数人的认可或支持。这种认可或支持不仅仅是依靠权力和法律所能得到的,而是行政行为主体与其他有关方面的沟通、协调的结果。因为不同的组织和个人所处的利害关系不同,对问题的认识程度和角度不同,所主张的解决问题的观点和途径也不同。有的主张维持现状,不同意进行任何变革;有的主张在基本格局不变的状态下,做一定的改进;有的主张进行重大变革,改变现状。而行政行为主体所采取的行政行为,往往不是完全采纳某一主张,而是不同主张妥协的结果。行政行为的这个特点就要求行政行为主体要与社会各阶层的人员相互沟通协调,善于综合、归纳、平衡各种意见,依法采取最适当的行政行为。

5. 适应性

行政行为是针对社会公共事务而实施的管理社会行为,其目的在于促进国家的进步、社会的高度发展和人民生活水平的提高。而社会在不断发展变化,人们的要求在不断提高,因此,行政行为不能是一成不变的,必须适应不断发展的形势的要求。行政行为的这个特点就要求行政行为主体必须有高度的适应性,要善于审时度势,根据时代的发展特点,采取相应的管理行为,符合社会上大多数人的意愿并得到他们的支持,使行政行为有最广泛和坚实的社会基础。

二、水行政行为的概念

水行政行为是指水行政主体在实施水行政管理活动、行使水管理职权过程中所做出的、具有水事法律意义的行为。应从以下几方面正确理解其含义。

水行政行为是水行政主体所做出的行为。这是水行政行为成立的主体要素。水行政行为只能由水行政主体做出才符合水行政行为的主体要件要求,否则便是违法行政。至于是由水行政主体直接做出,还是由水行政主体的工作人员或者其依法委托的其他社会组织或个人做出,均不影响其作为水行政行为的性质。

水行政行为是水行政主体实施水行政管理活动、行使水管理职权的一种行为。这是水行政行为成立的内容要素。为了实现国家对水资源及相关内容的有效管理,水行政主体要根据水资源的不同情况实施不同管理行为,这同时也是代表国家行使水管理职权。但是值得注意的是,并不是在任何情况下,水行政主体所做出的行为都是水行政行为,如水行政主体购买办公用品、租赁房屋等则不是水行政行为。

水行政行为具有水事法律意义的行为。这是水行政行为成为法律概念的法律要素。水行政行为具有水事法律意义并产生相应的法律后果,即水行政主体要对自己所做出的水管理行为承担相应的法律责任。至于水行政行为是否合法,并不影响其存在。

三、水行政行为的特点

（一）服务性

水资源是一种公益性的,属于全民所有的资源。水行政机关代表着公共利益,是服务机关,水行政行为是用于保障国家和个人利益的。因此,水行政主体与水行政相对人关系在状态上是一种利益一致的关系,在行为上是服务与合作的关系,在观念上是一种相互信任的关系。水行政行为是水行政主体和水行政相对人合作下的公共服务行为。要求水行政主体改变高高在上的作风,弱化行政的强制性,增强水行政主体的服务意识。

（二）单方意志性

水行政行为是水行政主体代表国家行使水行政管理职权,在实施过程中,只要是在法律法规规定的职权范围内,即可自行决定、实施,无须与水行政相对从协商或取得水行政相对人的同意。这实际上体现了水行政法律关系中水行政主体和水行政相对人之间的不对等的关系。任何水行政行为对水行政相对人都有拘束力。

（三）效力先定性

效力先定性是指任何水行政行为一经做出,就事先假定其符合水事法律规范,在没有被国家有权机关宣布为违法无效前,对水行政主体和相对人都具有拘束力,其他任何组织和个人都应当遵守和服从。水行政主体的水行政行为并不是一定绝对合法,不可否定,只是只有国家有权机关才能对其合法性予以审查。

（四）强制性

水行政行为是水行政主体代表国家、以国家名义实施的,并以国家强制力作为实施的保障。水行政主体在行使水管理职权的过程中如果遇到障碍,在没有其他有效途径克服障碍的新情况、新问题只能做出原则性、预见性的规定,至于如何处理只能交由水行政主体根据实际情况自由裁量。但是,水行政主体的自由裁量权并不是没有限制的,而应在水事法律法规所规定的范围内,充分发挥主观能动性,准确把握立法目的,制定相关规章和其他规范性文件,积极灵活地适用水事法律规范,实现依法行政的目的。

四、水行政行为的内容

水行政行为的内容是指某一水行政行为对水行政相对人从事权利、义务内容所产生的影响,换句话说,对相对人的权利、义务做出的某种处理、决定。水事法律规范通过赋予水行政主体做出不同内容水行政行为的权力来实现国家对资源的有效管理。水行政行为的主要内容有以下几项。

(一)赋予权利或科以义务

即水行政主体赋予水行政相对人一定的权益或科以一定的义务,事实上是为相对人设定了新的法律地位,使水行政主体与相对人之间以及相对人与他人之间形成了一种新的法律关系,如《防洪法》第三十二条规定"因蓄滞洪区而直接受益的地区和单位,应当对蓄滞洪区承担国家规定的补偿、救助义务。国务院和有关的省、自治区、直辖市人民政府应当建立对蓄滞洪区的扶持和补偿、救助制度"。本条款就是对蓄滞洪区赋予了受益权利,即获得补偿、救助的权利,对因蓄滞洪区而直接受益的地区和单位则科以义务,即承担补偿、救助的义务。这样在水行政主体与蓄滞洪区、因蓄滞洪区而直接受益的地区和单位之间以及蓄滞洪区与因蓄滞洪区而直接受益的地区和单位之间就形成了一种新的受益补偿法律关系。蓄滞洪区主要是指河堤外洪水临时贮存的低洼地区及湖泊等,其中多数历史上就是江河洪水淹没和蓄洪的场所。

赋予权益具体表现为赋予水行政相对人一种水事法律上的权利、利益。但是在大多数情况下,赋予的这种权益是持久的,可以重复、多次行使。但是也有一次性的,如上所述的受益补偿制度就是只有在启用蓄滞洪区时才能享受或承担。

科以义务是指水行政主体通过一定的水行政行为要求水行政相对人一定的行为或不为一定的行为,包括行为上的义务。如取水许可、采砂许可,也包括财产上的义务,如征收水资源费、河道工程维护费等。

（二）剥夺权益或免除义务

剥夺权益或免除义务是指人为终止某种法律关系。

剥夺权益是通过水行政主体做出的水行政行为而使水行政对方原来享有的水事法律上权力和利益的丧失、不复存在,如水行政主体吊销相对方的取水许可或河道采砂许可证,就是剥夺了相对方继续合法取水或采砂的权利。

免除义务则是指通过水行政主体做出的水行政行为而使水行政相对方原来承担的水事法律上义务的解除,不再要求其履行义务,如水行政主体免除相对方应当缴纳的全部或部分水资源费就是对相对方义务的解除。

（三）变更法律地位

变更法律地位是指水行政主体通过水行政行为,使双方原来存在的法律地位不复存在或为新的法律地位所取代。赋予权益或科以义务和剥夺权益或免除义务,一般都会引起双方法律地位的变化。

（四）确认法律事实与法律地位

确认法律事实是指水行政主体对影响某一水事法律关系的

事实是否存在而依法加以确认的行为。如在某河段发生一起用水纠纷事件,水行政主体即对该纠纷存在的事实予以确认,以便明确双方承担的法律责任。

确认法律地位是指水行政主体对影响某一水事法律关系的事实是否存在及其内容而依法加以确认的行为。如对申请人河道内建设项目的批准,就是确认了在河道内建设项目管理法律关系中申请人处于被管理者的地位,即相对人,其内容就是对河道内建设项目实施管理。

五、水行政行为的合法要件

水行政行为的合法要件,是指水行政行为所具有的符合法律规定、不会被有关机关、法院依法宣布撤销或者宣布无效的条件。水行政行为的合法性是水行政行为的核心,只有具备合法要件,水行政行为才能产生预期的法律效果,实现国家的水行政管理职能,保护公民、法人和其他行政组织的合法权益。可以分为实质性要件和形式要件两类。

(一)水行政行为合法的实质要件

水行政行为合法的实质要件是指水行政行为主体所实施的水行政行为具备符合实体法规定的条件,主要包括以下内容。

1. 水行政行为主体合法

即做出水行政行为的当事人必须有水行政行为的主体资格,其产生和存在有合法的依据,其组织方式、职权范围和活动方式都有明确的法律规定。

2. 水行政行为不超越法定权限

即水行政行为主体所做出的水行政行为必须是在法律确认的或者是其他主体授权范围内。水行政行为主体只能在自己的权限范围内做出水行政行为,超越权限的水行政行为不具有法律效力。

3. 水行政行为必须是职务行为

指水行政行为必须是由水行政行为主体依据法定职权做出的行为。行政行为主体的非职务行为不能构成水行政行为。

4. 水行政行为的内容合法

指水行政行为的内容要符合法律规定,也要符合法律的目的,即符合社会公共利益。在羁束水行政行为中,行为内容必须严格符合法定的具体标准;在自由裁量性水行政行为中,行为内容也必须在法定的裁量幅度内。

5. 水行政行为的意思表示真实

指水行政行为的意思表示是内在的真实表示,不是基于误解、胁迫等违反水行政行为主体本意做出的;同时,意思是完整的,不是片面的;而且意思表示是合法的,不能超出法律规定;最后,意思表示还要公平合理,既要考虑当事人的利益,也要考虑公共利益,不能只片面考虑一方面的利益,而忽视另一方面的利益。

（二）水行政行为合法的形式要件

指水行政行为主体所实施的水行政行为具备符合程序法规定的条件,主要包括以下内容。

1. 符合法定的形式要件

对于法律有明确规定的要式水行政行为,必须按照法律规定的形式做出;对于法律没有特别规定的非要式行为,可以采取不同的形式,但是不得违背法律的限制性要求。要式水行政行为是指法律、法规规定必须具备某种方式或形式才能产生法律效力的水行政行为,是必须具备特定形式才能产生法律效果的水行政行为,如颁布行政法规必须以国务院令这种特定形式,水行政处罚须有水行政处罚决定书这种法定形式。还有水行政确认、水行政许可也是。通俗的可以理解为水行政行为必须要一种方式或形式后才能实行。

2. 符合法定的程序要求

一是要符合法定的步骤,即水行政行为要符合法定的过程、阶段和手续;二是水行政行为各步骤要符合法定的顺序。

3. 符合法定的时限要求

即行政行为必须在法定的时限内做出。

(三)水行政行为生效的方式

水行政行为具备合法的要件是其发生法律效力的基本条件,但水行政行为做出后,还需要通过一定的程序才能生效。概括起来,水行政行为生效的方式有以下几种。

1. 即时生效

指水行政行为一经做出后即发生法律效力。如水行政命令。

2. 告知生效

指水行政行为经过当事人做出意思表示后即发生法律效力。其中,对于不特定的多数人所进行的抽象水行政行为,要事先进行宣传、公告;对于特定当事人进行的具体水行政行为,要事先以口头或书面的方式告知当事人。

3. 受领生效

指水行政行为只有满足附加的条款时才能生效。附加条款包括附加条件、期限、权限等。

(四)水行政行为的效力

水行政行为的效力是指水行政行为一旦成立并按法定程序生效,就具有以国家强制力为保障的效力。这种效力通常表现为拘束力、确定力和执行力。

拘束力是指水行政行为一经生效,对水行政主体和相对人均有约束力。

确定力是指水行政行为一经做出,非依法定理由和程序不得变动。它可分为形式确定力和实质确定力。形式确定力主要是指具体水行政行为对相对人的一种法律效力,除无效具体水行政行为外,在复议或诉讼期限届满后相对人不能再要求改变具体水行政行为。实质确定力是指水行政主体不经法定程序不得任意变更或撤销水行政行为。

执行力是指水行政行为具有的依法采用一定手段使行为内容得以实现的效力。水行政行为有需执行和不需执行之分。如果水行政行为是赋予相对人某种权利的,该水行政行为无须执行,相对人可以实际行使水行政行为赋予的权利。如果水行政行为是可以相对人义务的相对人应当按照水行政行为的要求履行义务;如果相对人不履行义务的,则水行政主体可依法直接接触强制执行,或申请人民法院强制执行。

申请行政复议和提起行政诉讼会导致具体水行政行为执行力的停止。我国《行政诉讼法》的第五十六条明确规定:"诉讼期间,不停止行政行为的执行。但有下列情形之一的,裁定停止执行:(一)被告认为需要停止执行的;(二)原告或者利害关系人申请停止执行,人民法院认为该行政行为的执行会造成难以弥补的损失,并且停止执行不损害国家利益、社会公共利益的;(三)人民法院认为该行政行为的执行会给国家利益、社会公共利益造成重大损害的;(四)法律、法规规定停止执行的。当事人对停止执行或者不停止执行的裁定不服的,可以申请复议一次。"也就是说符合行政诉讼四个情形的任一个可以停止执行具体行政行为。另外《行政复议法》第二十一条也明确规定:"行政复议期间具体行政行为不停止执行;但是,有下列情形之一的,可以停止执行:(一)被申请人认为需要停止执行的;(二)行政复议机关认为需要停止执行的;(三)申请人申请停止执行,行政复议机关认为其要求合理,决定停止执行的;(四)法律规定停止执行的。"也就是说符合此条中任何一种情形便可因为申请行政复议而停止具体行政行为的执行。

（五）水行政行为的变更

水行政行为的变更是指在水行政行为做出以后消灭以前,水行政主体按照法定程序改变不当水行政行为内容的活动。

1. 变更发生的时间

水行政行为的变更只能发生于水行政行为做出后,也就是在水行政行为被客体受领之后,以及在水行政行为效力消灭之前。如果客体尚未受领,或是出现如履行完毕、被撤销、客体消灭、权利和义务消失等导致水行政行为的效力消灭情形,则不存在变更的可能性。

2. 变更的原因

导致水行政行为变更的原因只能是水行政行为不当,也就是水行政主体运用自由裁量权不当而导致的水行政行为出现瑕疵。羁束水行政行为和超越裁量范围的水行政行为均不存在变更的问题,这两种水行政行为如果不符合法律规定,就属于违法水行政行为而被撤销。

3. 变更的范围

水行政行为的可变范围仅局限于水行政行为的处理结果。其中,例如出现事实不清,或认定事实不正确,以及适用法律、法规等错误,则会构成违法水行政行为而被撤销,不存在变更问题。

4. 变更的程序

就变更程序而言,至少要与实施该行为的程序是一致的。

（六）水行政行为的消灭

以下几种情形可以导致水行政行为效力消灭。

1. 撤回

水行政行为的撤回是水行政主体发现自己的水行政行为违法或不当，主动纠错，收回自己做出的水行政行为。撤回水行政行为的法律后果，一般情况下应负责将水行政客体的权利和义务恢复原状，无法恢复造成损失的行政主体应给以赔偿；由于水行政客体的违法行为造成水行政行为撤回原，还应当追缴水行政客体因此而获得的利益，并进一步追究其法律责任。

2. 撤销

水行政行为的撤销是指对已经发生法律效力的水行政行为，如发现其违法或不当，由有权的国家机关予以撤销，使其失去法律效力。水行政行为的撤回与水行政行为撤销不同点在于：水行政行为撤回是水行政主体自己发现错误后的主动纠错行为，水行政行为撤销主要是基于当事人的申请。

水行政行为撤销的一般程序是：在行政复议中，由复议机关依行政复议法规定的程序予以撤销；在行政诉讼中，由法院依行政诉讼法规定的程序予以撤销。

被撤销的水行政行为之日起就失去法律效力。水行政行为因水行政主体或水行政相对人的不同过错而有不同的责任后果。若水行政行为是因水行政主体的过错而被撤销的，水行政主体应予以赔偿；若水行政行为是因水行政客体的过错而被撤销的，水行政客体因此所受到的损失自行负责，水行政客体所获得的利益应予以收回。

3. 废止

水行政行为废止是指水行政主体做出水行政行为后，即已发生法律效力的水行政行为，因为客观情况的变化或者法律、法规的修改以及公共利益的需要，使得该水行政行为不再适应新的情况，依职权决定停止该水行政行为的往后效力，或者水行政行为所期望的法律效果已经实现，没有继续存在的必要。

水行政行为废止的原因主要有：一是法律、法规、规章或政策被修改、废止或撤销；二是国家形势发生重大变化；三是原定任务已经执行完毕。

水行政行为自废止之日起水行政行为失去法律效力；因水行政行为废止给水行政相对人带来损失的,水行政主体应予以适当的补偿。

4. 失效

水行政行为失效是指因期限届满、相对人消亡、标的物灭失或履行完毕等事由,水行政行为自然失去效力。其无须经过法定程序,无效状态自出现有关事由时即开始,没有溯用力。

第二节　水行政行为的类别

根据不同的分类标准,可以将水行政行为分为不同的类别。

一、内部水行政行为与外部水行政行为

根据水行政行为适用对象、作用的范围并以此为标准,可以将水行政行为分为内部水行政行为与外部水行政行为。

所谓内部水行政行为是指水行政主体在其内部组织管理过程中所做出的,仅对其内部职能部门、工作人员或上下级之间产生法律效力的水行政行为,如水行政主体对其工作人员的行政处分、上级水行政主体对下级水行政主体所下达的行政命令。

所谓外部水行政行为是指水行政主体在实施水管理过程中针对公民、法人或其他组织等社会上下不特定对象所做出的水事管理行为,如实施取水许可、河道内建设项目许可、水行政处罚。

对于如何区分某一水行政行为,到底是内部水行政行为还是外部水行政行为,法律没有做出规定,但在实践中,通常从以下方面区分把握。

（1）从水行政行为所针对的对象来看,内部水行政行为所针对的对象只是其内部工作人员,或者其上级、下级水行政主体,而外部水行政行为则是针对上不特定的公民、法人或其他组织。

（2）从水行政行为所针对的事项性质和法律依据来看,内部水行政行为针对的是水行政主体内部单纯的组织管理事项,其法律依据一般是组织法,而外部水行政行为针对的是社会上对水资源开发利用和保护等水事活动,属于国家的一般社会职能,其法律依据通常是"水法"和其他水事特别法律、法规与规范性文件。

从水行政行为的内容与法律后果来看,内部水行政行为大多数是关于水行政主体内部组织关系、隶属关系、人事关系等内容,其法律后果通常是影响水行政主体上下隶属关系及其工作人员的职务、职责,而外部水行政行为则是关于社会上不特定的公民、法人或其他组织开发利用和保护水资源活动所实施的水管理行为,其法律后果通常是影响水行政相对方在开发利用和保护水资源中的权利义务。

二、抽象水行政行为与具体水行政行为

根据水行政行为是否针对特定的对象并以此为标准,可以将其分为抽象水行政行为与具体水行政行为。

所谓抽象水行政行为是指水行政主体以不特定的人或事作为管理对象,制定具有普遍约束力的规范性文件的行为,如水利部制定并发布《水行政处罚实施办法》就是属于抽象水行政行为。抽象水行政行为的核心在于水行政主体行为对象的不特定性,或者说对象的普遍性,换句话说,行为对象具有抽象性、不确定性而且能够反复适用。

所谓具体水行政行为是指水行政主体在水事管理活动中,以特定的人或事作为管理对象而采取的某种具体的行为,其法律后果直接及于该特定的人或事。具体水行政行为最大的特征在于行为对象的特定化,即是针对特定的公民、法人或其他组织而实

施的水事管理内容,如在取水许可管理活动中,水行政主体是针对申请人的取水活动而实施的管理行为,不是别的人和其他的活动。

区分抽象水行政行为与具体水行政行为有助于促进水行政主体,或者说所有国家行政机关依法行政,切实维护公民、法人或其他组织的合法权益。在水行政管理活动中,水行政主体的具体水行政行为居多。

三、羁束性水行政行为与自由裁量性水行政行为

以水行政行为受"水法"和其他水事法律规范拘束的程度为标准,可以将其分为羁束性水行政行为与自由裁量性水行政行为。

所谓羁束性水行政行为是指"水法"和其他水事法律规范对水行政行为的适用条件、内容、形式、程度等均作了明确、详细、具体的规定,水行政主体在实施水行政管理活动时只能严格地按照"水法"和其他水事法律规范所规定的适用条件、内容、形式、程序等进行,不得有斟酌、商量或选择的余地,否则便是违法行政。如在实施取水许可管理时,水行政主体只能按照《取水许可制度实施办法》规定的取水许可设条件、程序,根据申请人提交的申请材料审查其是否符合条件,并做出是否准许的决定。在这一管理活动中,水行政主体只能是适用法律而不能有自由裁量行为内容。

所谓自由裁量性水行政行为是指"水法"和其他水事法律规范仅对水行政行为的目的、条件、范围、程序等内容做出原则性的规定,而将水行政行为方式、标准等具体执行内容交由水行政主体自行选择、决定。值得注意的是,水行政主体在实施自由裁量性水行政行为时也应当遵循法律法规规定的程序、形式要件等,否则,相对方可以依法申请行政复议或向人民法院提起撤销行政行为的诉讼。

四、依职权的水行政行为与依申请的水行政行为

以水行政主体是否主动做出某一水行政行为标准可以将水行政行为划分为依职权的水行政行为与依申请的水行政行为。

所谓依职权的水行政行为是指水行政主体只须按"水法"和其他水事法律规范所规定的职责、权限，无须应水行政相对方的申请而主动实施的水行政管理行为，如征收水资源费、河道工程维护费、查处水事违法行为等都属于此类。

所谓依申请的水行政行为是指"水法"和其他水事法律规范所规定的、水行政主体只能根据相对方的申请才能实施的水行政管理行为。在这类水行政行为中，相对方的申请是水行政主体实施水行政管理行为的先行程序和必要条件，非经相对方的申请，水行政主体不能主动做出此类水行政行为。在河道采砂管理中，没有相对方的申请，水行政主体就不能主动为其颁发河道管理范围内采砂许可证。

一般而言，大部分的水行政行为都是水行政主体依职权而为的。

五、单方的水行政行为与双方的水行政行为

以决定水行政行为成立时参与意志表示的双方当事人是否都参加作为标准，可以将其划分为单方的水行政行为与双方的水行政行为。

所谓单方的水行政行为是指按照水行政主体的单方意思表示，无须征得水行政相对方的同意即成立的水行政行为，如水行政主体向相对方征收水资源费就无须征得相对方的同意。

所谓双方的水行政行为是指水行政行为是指水行政主体为实现一定的社会公益目的，与水行政相对方协商一致而成立的水行政行为，如水行政合同行为就是如此。

事实上，大多数的水行政行为属于单方的水行政行为。

六、作为的水行政行为与不作为的水行政行为

以水行政主体的水行政行为是否以作为方式表现出来为划分标准,可以将其划分为作为的水行政行为与不作为的水行政行为。

所谓作为的水行政行为是指水行政主体以积极作为的方式表现出来的水行政管理行为,如水行政处罚行为、强制行为。

所谓不作为的水行政行为是指水行政主体以消极不作为的方式表现出来的水行政管理行为,如在实施取水许可制度中,规定水行政主体收到申请人的取水许可申请应当在六十日内做出是否许可的规定,否则视为许可。我国"行政诉讼法"将由行政机关的不作为行为作为权利人提起行政诉讼的一项理由。

七、水行政立法行为、水行政执法行为与水行政司法行为

以水行政主体行使水行政管理职权、实施水行政行为所形成的法律关系为标准,可以将水行政行为划分为水行政立法行为、水行政执法行为与水行政司法行为。

所谓水行政立法行为是指水行政主体按照法定职权和程序制定带有普遍约束力的水行政管理规范性文件的行为,它所形成的法律关系是以水行政主体为一方,以不确定的水行政相对方为另一方。

所谓水行政执法行为是指水行政主体依法实施的直接涉及相对方权利义务的行为,它所形成的法律关系是以水行政主体为一方,以被采取措施的相对方为另一方。

所谓水行政司法行为是指水行政主体作为争议双方之外的第三人,按照准司法程序对特定的水事纠纷进行审理并加以裁决的行为,它所形成的法律关系是以水行政主体为一方,以发生水事争议的双方当事人各为一方的三方法律关系。从其程序内容来看,应当属于行政仲裁内容,但是目前我国的法律规定没有明确提出此概念,仅在有关法律中做出规定,如"行政复议法"第六

条第四项做出例外规定,即当事人对水行政主体关于水资源所有权或使用权纠纷裁决不服的,可以依法提起行政复议。

对水行政行为作上述的划分的目的在于明确水行政主体的行为性质,有助于社会各界积极参与水事管理活动,监督水行政主体的水事管理行为,促进我国各级水行政主体和其他行政机关依法行政,推进我国的社会主义民主与法制建设。

第三节　抽象水行政行为

一、抽象水行政行为的含义与特征

抽象水行政行为与具体水行政行为相对,是指水行政主体为了实现对水资源的管理而针对不特定的人、不特定的事制定、发布具有普遍约束力的规范性文件的行为,包括制度、发布水事管理法规、规章和其他具有普遍约束力的决定、命令等规范性文件。抽象水行政行为具有以下法律特征。

（一）对象的普遍性

抽象水行政行为是以普遍的、不特定的某一水事活动及其主体作为其规范对象,不像具体水行政行为,是针对具体的、特定的人或事,如以制定、发布"河道管理条例"为例,它是以全国范围内的海产管理作为其规范对象的,具有普遍性和不确定性。

（二）法律效力的普遍性和持续性

首先,由于抽象水行政行为的规范对象具有普遍性和不确定性,因而其法律效力同样具有普遍性,对某一类水事活动及其主体具有约束力。其次,抽象水行政行为的法律效力具有持续性,它不仅适用于规范现实的水事活动及其主体,而且适用于规范将来发生的水事活动及其主体。

（三）准立法性

虽然抽象水行政行为在性质上是属于行政行为范畴，但是水行政主体在组织实施抽象水行政行为时，仍然需要经过起草、征求意见、审查、审议、通过、签署、发布等一系列立法程序。

（四）不可诉性

根据"行政复议法""行政诉讼法"的规定，水行政管理规章、法规不得成为行政复议、行政诉讼的直接对象。如果水行政相对方对抽象水行政行为持有异议，认为侵犯自己的合法权益的，只能向原水行政主体、上级水行政主体或同级人民代表大会及其常务委员会提出意见，而不能向复议机关或人民法院提起行政复议或行政诉讼，即使提出复议申请或提起诉讼请求，复议机关或人民法院也不会受理。对于其他的水行政管理规定，根据"行政复议法"第七条的规定，是可以成为行政复议、行政诉讼的直接对象。

二、抽象水行政行为的分类

按照抽象水行政行为的规范对象和效力层次可以将其划分为以下两类。

（一）水行政立法行为

水行政立法行为是指水行政主体依法制定、发布水事管理法规与规章的行为，包括国务院制定、发布水事管理法规，国家水行政主管部门制定、发布的水事管理规章，以及省、自治区、直辖市人民政府所在地的市和经国务院批准的较大的市的人民政府制定、发布的地方性水事管理规章。实施这些抽象水行政行为的主体及其权限都是法定的，除此之外的其他水行政主体都无权实施上述抽象水行政行为。

（二）水行政立法行为之外的其他抽象水行政行为

这主要是指上述主体之外的其他抽象水行政主体针对不特定的水事管理活动及其主体而制定、发布规范性文件的行为。该行为只是在一定范围或水事行业某专业领域发生普遍约束力，而且能够反复适用。

三、抽象水行政行为的内容

（一）制定、发布水事管理法规、规章和规范性文件的行为

1. 制定、发布水事管理法规的行为

根据"宪法"第八十九条的规定，国务院应当根据国家宪法、法律，制定行政法规，规定行政措施。行政法规是国务院为领导和管理国家各项行政工作，根据宪法、法律，并按照有关规定制定的政治、经济、教育、科技、文化、外事等各类法规的总称。行政法规只能由国务院制定。

根据《行政法规制定程序暂行条例》规定，行政法规的名称为条例、规定和办法。对某一方面的行政工作比较全面、系统的规定，称"条例"；对某一方面的行政工作做部分的规定，称"办法"。国务院各部委和地方人民政府制定的规章不得称"条例"。

水事管理法规当然不例外地具备行政法规的一般特点。实际上，水事管理法规是国务院为领导、管理全国水资源的开发利用和保护工作而根据"宪法"和"水法""水土保持法""水污染防治法""防洪法"等水事法律的规定，依照法定程序制定的有关水事管理的规范性文件的总称，如由国务院制定的关于河道方面综合管理的"河道管理条例"，指导取水许可管理具体工作的"取水许可制度实施办法"。

水事管理法规，通常由水利部根据国务院所编制的制定行政

法规五年规划和年度计划进行起草工作;而对于重要的水事管理法规,其主要内容涉及几个主管部门业务工作的,则由国务院法制局或水利部负责组成的各有关部门参加的起草小组进行起草工作。水事管理法规起草工作完成后,由水利部将经部长签署的水事管理法规草案报送国务院审批,同时附送该水事管理法规草案的说明和相关材料。根据规定,虽然水事管理法规的发布存在两种形式,但是其法律效力均相同:一是经国务院常务会议审议通过或者国务院总理审定的水事管理法规,如《河道管理条例》《水库大坝安全管理条例》;二是经国务院批准,由水利部或与其他有关部门联合发布,如《开发建设晋陕蒙接壤地区水土保持规定》。

从水事管理法规的内容来看,一般是对该法规的制定目的、所规范的对象及其主管部门、具体的管理内容等做出规定。其适用对象不是某一特定的人或事,而是对从事某一类水事活动及其主体都有普遍的约束力,而且能够反复适用。因此,制定水事管理法规的行为应当归属于抽象水行政行为。

2. 制定、发布水事管理规章的行为

根据我国"宪法"、《国务院组织法》、《地方各级人民代表大会和地方各级人民政府组织法》等有关法律的规定,国务院各部委,省、自治区、直辖市及省、自治区、直辖市人民政府所在地的市和经国务院批准的较大的市的人民政府可以根据法律和法规规定制定、发布水事管理规章。

制定、发布水事管理规章的主体有两类:一类是国务院水行政主管部门即水利部(含国家防汛抗旱指挥机构)制定、发布的水事管理规章;另一类是省、自治区、直辖市人民政府所在地的市和经国务院批准的较大的市的人民政府制定、发布的地方性水事管理规章。水利部制定、发布的水事管理规章是指水利部(含国家防汛抗旱指挥机构)及其派出机构或国务院其他部门根据水事管理法律、法规规定在本部门职责权限范围内依法制定、发布的有关水资源开发利用和保护的规定、办法、实施细则等规范性文件的总称，其效力范围通常是在全国或特定的江河、湖泊区域，如水利部制定、发布的《水文管理暂行办法》《水行政处罚实施办法》，水利部黄河水利委员会制定发布的《黄河水文测报设施保护办法》，水利部与财政部、国家物价局联合制定、发布的《河道采砂收费管理办法》。地方性水事管理规章是指省、自治区、直辖市及省、自治区、直辖市人民政府所在地的市和经国务院批准的较大的市的人民政府根据水事管理法律、法规依法制定、发布的，适用于本行政区域的有关水资源开发利用和保护的规定、办法、实施细则等规范性文件的总称，如《青海省河道管理实施办法》《河南省〈大库大坝安全管理条例〉》等。

无论水利部和国务院其他部委制定、发布的水事管理规章，还是省、自治区、直辖市及省、自治区、直辖市人民政府所在的市和经国务院批准的较大的市的人民政府制定、发布的地方性水事管理法规，都要经过规章草案的起草、征求意见以及与相关的部委之间的职责协调、专家论证、审批发布等程序，这些行为对任何单位、个人都不会产生直接的法律后果。因此，也应当属于抽象水行政行为范畴。

3.发布水事管理规范性文件的行为

水事管理规范性文件是指不属于水事管理法律、法规和规章范畴，但又对水事管理中的某一专业具有一定的指导意义，而且还有一定的规范作用的决定、命令、通知等。在水事管理法律、法规、规章没有对水事管理工作中的某一专业做出规范的情况下，有关这方面的规范性文件就成为水行政主体实施水事管理活动的依据，如水利部发布的《关于加强水利工程绿化工作的通知》、国家物价局与财政部联合发布的《关于发布中央管理的水利系统行政事业性收费项目及标准的通知》等。

根据我国宪法和有关的法律规定，能够发布水事管理规范性文件的主体有：国务院所属各部委与各职能部门，县级以上地方各级人民政府及其各职能部门,各流域管理机构。发布水事管理规范性文件仍然需要经过起草、讨论、修改、论证、通过与发布等一系列程序,因此也应属于抽象水行政行为内容。

（二）解释水事管理法规和规章的行为

法律解释分为立法解释、司法解释和学理解释三种。一般的,立法解释权是由制定该法律的权力机关即全国人民代表大会及其常务委员会所享有,但是由于宪法和法律赋予了国务院及其所属各部委、省级人民政府及其所在地的人民政府和经过批准的较大的市级人民政府享有一定的行政立法权,相应地,上述机关享有对自己所制定的行政法规、规章做出解释的权利。这种解释在法律上同样属于立法解释范畴。除此之外,根据1981年全国人民代表大会常务委员会《关于加强法律解释工作的决议》、1993年国务院办公厅《关于行政法规解释权限和程序问题的通知》的规定,上述机关还享有对不属于自己制定的行政法规、地方性法规的如何具体应用进行解释的权利。目前,水利部已经在这方面做了不少的工作,如水利部《关于黄河水利委员会审查河道管理范围内建设项目权限的通知》《关于继续执行〈黄河下游引渠首工程水费收交和管理方法(试行)〉的通知》等。这种解释仍然具有普遍约束力,对水事管理工作起着指导和规范作用。

（三）发布水利行业管理标准的行为

水利行业管理标准是各水行政主体在水事管理实践中所形成的、必要的技术规范要求与尺度,它具有权威性、强制性,具有一定的规范作用。只要按照法定程序发布施行后,任何公民、组织都不得违反,否则就要承担相应的法律责任。目前,对于水利行业管理标准通常是由水利部予以发布。

水利行业管理标准涉及水资源开发利用和保护的各个专业领域,目前水利部发布的水利行业标准很多,其中涉及水环境与水质的有《地面水环境质量标准》《生活饮用水标准》《农田灌溉水质标准》《工业"三废"排放试行标准》等,涉及河道管理的有《河道等级划分办法》等,涉及水利工程管理的有《水闸技术规范》《水利工程管理岗位规范》等,涉及水文管理的有《水文调查规范》《水文巡测规范》《水文仪器产品质量》。

第四章 具体水行政行为

第一节 具体水行政行为概述

一、具体水行政行为含义

具体水行政行为是指水行政主体在水事管理活动中,以特定的人或事作为管理对象而采取的某种具体的行为,其法律后果直接及于该特定的人或事。简单地说具体水行政行为是水行政主体对特定人事或特定事项的一次性处理。

具体水行政行为最大的特征在于行为对象的特定化,即是针对特定的公民、法人或其他组织而实施的水事管理内容,如在取水许可管理活动中,水行政主体是针对申请人的取水活动而实施的管理行为,不是别的人和其他的活动。具体水行政行为可以从以下几个方面来理解。

（一）具体水行政行为是法律行为

具体水行政行为是水行政主体对公民、法人或其他组织做出的水行政意思表示。此意思表示的目的是要发生一定的法律后果,使行政法上的权利和义务得以建立、变更或者消灭。强调具体水行政行为是法律行为,是为了指出它是行政法上的意志行为和有法律约束力的行为,以便与行政事实行为和准备性、部分性水行政行为区分开来。

行政事实行为是不以建立、变更或者消灭当事人法律上权利和义务为目的的行政活动。例如,水利主管部门对公众提出的参考信息、建议或指导，河道管理部门在水利风景区设置的警示标志。此行为既可以是一种意思表示，也可以是一种实际操作。准备性、部分性行政行为是为做出权利和义务安排进行程序性、阶段性的工作行为。它主要会涉及一些水行政监督活动，例如，河道主管部门在河道管理范围内对许可建设项目进行的监督检查活动，行政许可相对人不得拒绝。

（二）具体水行政行为是对特定人或特定事的处理

具体水行政行为是对特定人或者特定事项的一次性处理。

1. 就特定事项对特定人的处理

就特定事项对特定人的处理是人与事两方面特定性的结合，是具体水行政行为的典型形式。例如，给予 A 以取水许可，给予 B 以 200 元的罚款。

2. 就特定事项对可以确定的一群人的处理

就特定事项对可以确定的一群人的处理条件是有确定的时间段与特定事项有关的一群人。例如，在特定的时间段和区域以内禁止河道内采砂。个别性在这里并非体现为人的数量，而在于人的范围和对象在特定的时间段里的可确定性。如果在水行政决定公布的时候，受到该决定约束的人已经可以确定，那么水行政主体对这些人所采取的措施就应当属于具体水行政行为。

3. 就特定事项对不特定人的处理

例如，行政机关发布决定禁止使用有坍塌危险的桥梁。这里涉及的人尚未确定或者无法确定，具体水行政行为个别性特征就只是取决于事项的特定性。事项的特定性是一个现实存在的特定事项或特定事实，而不是仅仅表现为一定标准特征的抽象事实或者事项。

（三）具体水行政行为是单方行政职权行为

具体水行政行为是对公民、法人或者其他组织所安排的权利和义务,是水行政主体依据国家行政法律以命令形式单方面设定的,不需要公民、法人或者其他组织的同意。一是此构成要素指明了具体水行政行为具有命令服从性质,不同于民事行为。二是说明具体水行政行为是一种行政管理行为,需要与公安机关的刑事侦查和其他刑事诉讼行为区分开来。区分的主要根据是执法根据。根据刑事法律进行的侦查、拘留、执行逮捕、预审、拘传、取保候审、监视居住、通缉、搜查、扣押物证书证、冻结存款等行为,不属于具体水行政行为。三是说明具体水行政行为不同于水行政合同和双方性的其他行政协议行为。水行政合同和双方性的其他协议行为的主要特征,是水行政一方与另外一方当事人就合同或者协议事项经过协商达成一致,不包含命令因素。

（四）具体水行政行为是外部性处理

具体水行政行为是对公民、法人或者其他组织的权利和义务的安排,是实现水行政的外部行为措施,而不是水行政机关的内部措施。没有外部法律效力的水行政决定不是具体水行政行为。

水行政机关之间和水行政机关与水行政机关工作人员之间也存在法律关系,上级有权对隶属于他的下级水行政机关或者水行政机关工作人员发布有法律约束力的职务命令和指示。但是,如果这种命令、指示没有规定可以直接影响外部公民、法人或者其他组织权利和义务的内容,那么它只能是一种水行政机关内部的管理措施,不适用于具体水行政行为的法律规则。当然,如果水行政机关内的管理措施设立、变更或者消灭影响了水行政机关工作人员的普通公民权利,就应当被看作是具体水行政行为。

二、具体水行政行为与抽象行政行为的区别与联系

（一）具体水行政行为与抽象行政行为的区别

1. 对象不同

具体水行政行为的对象是特定的,抽象水行政行为的对象是不特定的。

2. 效力不同

一是生效的方向不同。抽象水行政行为是向后生效的,也就是只对该水行政行为做出后的情形产生约束力,一般没有溯及以往的效力;具体的水行政行为是向前生效的,也就是对水行政行为做出前的情形做出处理和安排,是水行政客体此前的情形在法律上的后果。二是产生的效力不同。抽象水行政行为具有普遍的约束力,可以被反复作为处分他人权利义务的依据;具体的水行政行为只能发生一次效力,对水行政客体的权利义务的处分或法律地位的改变一旦实现,其效力就归于消灭。

3. 后果不同

具体的水行政行为无须再次通过任何措施的运用,就可以对被管理者发生实质的后果。抽象水行政行为则不直接改变水行政客体的权利义务或法律地位,而是需要通过一执行性的手段或者措施(通常是具体水行政行为)才能对水行政客体产生影响。

（二）具体水行政行为与抽象行政行为的联系

具体水行政行为与抽象水行政行为之间的联系表现在抽象水行政行为是具体水行政行为的依据,抽象水行政行为对当事人的影响或约束力一般需要具体水行政行为发生实质后果。

具体水行政行为有水行政许可、水行政征收、水行政确认、水

行政指导、水行政处罚、水行政监督、水行政复议、水资源管理、水文管理、河道管理、防洪管理、水土保持管理、水污染防治等,本章要讲的具体水行政行为主要有水行政确认、水行政指导,其他的具体水行政行为将在以后的章节进行详细讲解。

第二节　水行政确认

一、行政确认的概述

(一)行政确认的概念

行政确认是指行政主体对行政相对人的法律地位、法律关系或有关法律事实进行甄别,给予确认、认定、证明(或否定)并予以宣告的具体行政行为。

行政确认根据不同的标准,可以做出不同的分类。按确认内容的不同,可以分为法律地位的确认、对法律关系的确认和对法律事实的确认。对法律地位的确认,如身份证对于公民身份的确认;对法律关系的确认。如房屋产权证对房产权属的确认;对法律事实的确认,如学历、学位证书对于知识和能力的确认。

(二)行政确认的特征和形式

1. 行政确认特征

行政确认具有以下特征。

(1)行政确认的主体是行政主体,包括行政机关和法律、法规授权的组织。非行政主体不能进行行政确认。

(2)行政确认的内容是对与行政相对人的法律地位和权利义务的确定或否定。行政确认行为的直接对象是那些与行政相对人的法律地位和权利义务密切相关的特定法律事实或法律关系。

对这些对象进行法律法规所规定的项目的审核、鉴别,以确定行政相对人是否具备某种法律地位,是否享有某种权利,是否应承担某种义务。

（3）行政确认是依申请的行政行为。行政主体须在行政相对人提出申请时才可能实施行政确认。

（4）行政确认是要式行政行为。行政确认行为必须以书面形式做出,否则将难以产生预期的法律效力。

（5）行政确认是羁束性行政行为。行政确认是对特定法律关系或法律事实是否存在的宣告,而某种法律事实或法律关系是否存在,是由客观事实和法律规定决定的。因此,行政主体的确认行为,没有自由裁量的余地,只能严格按照法律规定和技术鉴定规范进行。

2. 行政确认形式

行政确认一般具有以下几种主要形式。

（1）确定

确定是指行政机关对行政相对人的法律地位、权利义务和法律事实的确定。如颁布土地使用证。

（2）证明

证明是指行政机关向其他人明确肯定行政相对人的法律地位、法律关系和法律事实。如学位证明、学历证明。

（3）登记

登记是指行政主体应行政相对人的申请,在政府有关登记簿中记载行政相对人的某些情况和事。如房屋产权登记。

（4）认定

认定是指行政主体对行政相对人的法律地位、法律关系和有关事实是否符合法律要求所进行的承认和肯定。如交通事故责任认定,自然保护区确认。

（5）鉴证

鉴证是指行政主体对与行政相对人有关的法律关系合法性

进行审查后,确认或者证明其效力的行为,如对劳动合同的鉴证。

(三)行政确认与行政许可的区别

1.行政性质不同

行政许可行为是行政机关的批准行为,而行政确认行为则是行政主体的认定行为。

2.行政结果不同

行政许可行为的结果是赋予当事人某种权利的行为,而行政确认的结果只是对业已存在的事实加以认定的行为,当事人并不能因为行政确认而获得新的权利。

(四)行政确认与行政许可的联系

行政许可与行政确认通常是同一行政行为的两个步骤,一般是确认在前,许可在后;确认是许可的前提,许可是确认的结果。

(五)行政确认的原则

1.依法确认的原则

行政确认必须严格按照法律、法规和规章的规定进行,遵循法定程序,确保法律所保护的公益和行政相对人权益得以实现。行政确认的目的在于维护公共利益,保护公民、法人和其他组织的合法权益。

2.客观、公正的原则

行政确认,是对法律事实和法律关系的证明或者明确,因此必须始终贯彻客观、公正的原则,不允许有任何偏私。故需要建立一系列监督、制约机制,还须完善程序公开、权利告知等有关公正程序。例如《公证法》第 3 条中规定:"公证机构办理公证,应当遵守法律,坚持客观、公正的原则。"

3. 保守秘密的原则

行政确认往往较多地涉及商业秘密和个人隐私,尽管其确认程序要求公开、公正,但同时必须坚决贯彻保守秘密的原则,并且,行政确认的结果不得随意用于行政管理行为以外的信息提供。

二、水行政确认的概念与特征

(一)水行政确认含义

水行政确认是指水行政主体对水行政相对方的法律地位、法律关系和法律事实给予确定、登记、批准、同意等并以公布的一种水行政行为。

(二)水行政确认特征

(1)水行政确认是要式的水行政行为。由于水行政确认是对特定的水行政相对方的法律地位予以界定和对相对方法律关系、法律事实是否存在予以确定并加以公布的一种水行政行为,因此,水行政主体在确认时,必须以书面形式,并按照水事管理的技术规范,参加确认的人员还应当签署自己的姓名并由做出确认的水行政主体加盖公章。

(2)水行政确认是羁束性的水行政行为。水行政确认所确定并公布的水事法律关系、法律事实是否存在以及水行政相对方的法律地位如何是由客观事实、根据法律的规定来确定的,同时还受到水事管理技术规范的约束,因此,水行政主体在做出确认时,只能严格按照水事法律规范和技术管理规范要求进行操作,并尊重客观存在的事实,不能自由裁量。

(3)水行政确认通常以许可证、鉴定书、验收书、同意书等形式表现。

三、水行政确认的内容

水事法律规范所规定的确认内容很多,但根据水行政主体确认对象的不同可以将水行政确认分为能力(资格)确认、法律事实确认、法律关系确认、水事权利归属确认等。

（一）对能力（资格）的确认

对能力(资格)的确认是指水行政主体对水行政相对方是否具有从事某种水事活动的能力、资格的证明,如授予水利工程建设监理工程师资格。

（二）对法律事实的确认

对事实的确认是指水行政主体对某一项水事法律事实的性质、程度、后果等内容的认定,如重要江河的水资源保护机构对超量排污事实的认定,水利执法部门对违法取水、采砂以及破坏水利设施、水利工程等违反水事法律行为性质的认定。这些都是针对事实而进行的水行政确认。

（三）对法律关系的确认

对法律关系的确认是指水行政主体对某一种水事法律上的权利义务关系是否存在、是否合法有效的确认,如对河道内建设项目的同意、对取水与采砂的许可,既是对某项权利的确认,又是对法律关系的确认,即分别形成河道管理法律关系和许可管理法律关系。

（四）对水事权利归属的确认

对水事权利归属的确认是指水行政主体对水行政相对方享有的某一项水事权利的确认,包括以下三方面的内容。

1. 水资源所有权的确认

"水法"第三条明确规定:"水资源属于国家所有,即属于全民所有。农业集体经济组织所有的水塘、水库中的水,属于集体所有。"虽然水法有水资源所有权权属的规定,但是,目前对于水资源所有权的登记、核发所有权证书等项工作尚未开展。随着水资源这一生产和生活要素在国民经济和社会生活中的地位、作用日渐增强,以及国家对水资源、土地等自然资源所有权权属管理工作的重视,水资源所有权确认工作会逐步开展起来。

2. 水资源使用权的确认与变更

水资源使用权的确认是指水行政主体对公民、法人或其他组织开发利用和保护水资源依法颁发使用权证书的行为,并给予相应的法律保护,如水行政主体为取水许可申请人颁发取水许可证书,即是对申请人取水权利的确认。当然,水资源使用权的确认也包含着权利的变更。

3. 与水资源相关的权属的确认

与水资源相关的权属的确认是指水行政主体对公民、法人或其他组织法律依法享有或取得的与水资源相关的权属的确认,如对申请人颁发采砂许可证就是允许申请人在河道管理范围内从事采砂行为。其他的,如河道内建设项目的同意、重要江河湖泊的排污许可等都属于与水资源相关的权属的确认。

四、水行政确认的作用

水行政确认是水事管理活动中的一项重要的水行政行为,对水事管理活动有着不可替代的作用。

(一)水行政确认为水行政复议或人民法院的审判活动提供准确、客观的处理依据

水行政主体对某一合法水事活动的肯定和相对方法律地位

与行为性质的确定,以及对水事法律关系的肯定与维护,为处理、解决当事人之间的水事争议、纠纷提供了准确、可靠的客观依据。况且水行政主体在依法处理水事违法行为时,首先要确定相对方行为性质、行为状态,分清当事人之间的责任大小,否则谈不上对水事法律规范的适用。所以说,水行政确认为水行政复议或人民法院的审判活动提供了准确、客观的处理依据。

(二)水行政确认有利于预防各种纠纷的发生

通过水行政主体的确认活动,可以明确在具体的水事法律关系中各当事人的法律地位、权利义务,不会出现因法律关系不清、不稳定或者权利义务不清而导致纠纷,有助于预防纠纷的发生。实践证明,当事人及时向水行政主体申请、取得水行政主体的确认,对预防、减少水事纠纷起了很大的作用。

(三)水行政确认有助于保护相对方的合法权益

无论是事先对既有法律关系的确认,还是事后对权利归属的确认,都是为维护公民、法人或其他组织的合法水事权益,维护正常的水事管理秩序。水行政主体的事先确认,使公民、法人或其他组织所享有的水事权益及时得到法律的确认,任何人不得侵犯,如事先经过批准的河道采砂行为就是如此。在水事纠纷中,水行政主体依法对某一项水事权利归属予以确认,能够使权利人的既得权益获得法律的追认,从而得到法律的保护,如未经许可而取水的,在向水行政主体补办取水许可手续后就获得了合法取水的权利。

(四)水行政确认有助于促进水行政主体依法行政,科学管理水资源

行政确认是现代行政管理的一个重要手段,水行政确认的本质在于从法律上明确从事水资源开发利用和保护的公民、法人或

其他组织所有的权利义务内容,明确相应的法律关系,并给予权利人法律保护。一方面,通过水行政确认维护了相对方的合法权益;另一方面,也促进了水行政主体依法行政,科学管理水资源及其相关资源。

第三节　水行政指导

一、水行政指导概述

（一）水行政指导概念

水行政指导是指为实现复杂多变的社会发展与经济生活的需要,基于国家水事法律原则的规定,在水行政相对方的协助下,水行政主体在其职责范围内适时采用非强制手段,以有效地实现水资源的开发利用和保护,并不直接产生法律后果的一种水行政行为。

水行政指导是指水行政主体在其权限范围内,为了实现一定的行政目的,基于法律、法规和政策的规定,通过建议、劝告等非强制性的方式引导水行政相对人自愿地采取一定的作为或者不作为的行为。

（二）水行政指导特征

水行政指导具有以下特征。

1. 不产生直接的法律效果

水行政指导是水行政主体实施的一种宏观水事管理行为,并不直接产生法律后果。水行政指导实施不会对水行政相对人的权利或义务产生直接影响。但水行政指导对于作为实施主体的水行政主体具有约束力。水行政指导一经做出,非经法定程序,水行政主体不得撤销。

2.具有专业性与内容的多样性

水行政指导的专业性是指其内容主要涉及水利行业,如1955年第一届全国人大二次会议通过的《关于根治黄河水害和开发黄河水利的综合规划的报告》,以及1997年由国务院审议通过的《水利产业政策》。水行政指导内容的多样性是指其内容是以水资源的开发利用和保护为核心,并涉及其他的与水资源相关的水事管理内容,如水利工程设施的建设与管理、保护,水土保持的防治,节水技术的研究与推广等。

3.不具有法律强制力

与具有强制力的水行政命令不同,水行政指导主要是以指导、建议等非强制的方式进行,并以利益诱导机制对水行政相对方施加影响,从而促使其为一定的行为或者不为一定的行为,以达到水事管理目的。至于水行政相对方是否接受行政指导的内容,则听其自主决定,没有法律强制力。

4.实施具有自愿性

由于水行政指导不具有强制性,因此水行政指导的内容能否实现取决于水行政相对人的协作,水行政相对人可以自愿接受或者拒绝水行政指导。对于水行政指导,水行政相对人没有服从的义务;水行政主体也不得因为水行政相对人的不服从而对其采取不利的行为。水行政指导是现代法治社会的要求,是水行政主体积极行政的体现,弥补了单纯的法律强制手段的不足。

二、水行政指导的种类

(一)促成性水行政指导与限制性水行政指导

以水行政指导的作用为划分标准,可以分为促成性水行政指导和限制性水行政执导。促成性水行政指导是指水行政主体通过采取鼓励性措施促使水行政相对人积极作为的水行政指导。限制性水行政指导是指水行政主体建议水行政相对人不为一定行为的水行政指导。

（二）个别水行政指导和普遍水行政指导

以水行政指导的对象为划分的标准，可以分为个别水行政指导和普遍水行政指导。个别水行政指导是指水行政主体针对特定的对象实施的行政指导。普遍水行政指导是指水行政主体针对不特定的多数对象实施的水行政指导。

（三）有法律根据的水行政指导和无法律根据的水行政指导

根据水行政指导有无具体的法律依据为划分标准，可分为有法律根据的水行政指导和无法律根据的水行政指导。前者是指有法律、法规、规章等明文规定的，后者则是没有明文规定的。不论何种水行政指导均应遵循行政法治的基本原则，做到合法、合理。

（四）规制性水行政指导、调整性水行政指导和助成性水行政指导

根据水行政指导的功能差异为划分标准，可分为规制性水行政指导、调整性水行政指导和助成性水行政指导。规制性水行政指导是指行政机关为了维护和增进公共利益，对妨碍社会秩序、危害公共利益的行为加以预防、规范、制约的水行政指导。调整性水行政指导是指水行政相对方之间发生利害冲突而又协商不成时，由水行政机关出面调停以求达成妥协的水行政指导。助成性水行政指导是指水行政机关为水行政相对方出主意以保护和帮助行政相对方利益的水行政指导。

三、水行政指导的形式

水行政指导的实施具有较大自由裁量性，其形式由水行政主

体根据实际需要灵活采用,因此水行政指导的具体形式是多种多样的。以下是几种比较有代表性的形式。

（一）建议

水行政主体根据水行政管理的需要,利用自己在信息掌握方面的优势,向行政相对人就有关问题提供建议,通过水行政相对人的响应来实现行政管理目标。

（二）宣传

水行政主体通过电视、广播等大众传媒,向不特定的水行政相对人传播其具有倾向性的行政意见的指导形式。如水法宣传。

（三）奖励

奖励水行政主体通过给予一定的物质或精神鼓励的方式,引导水行政相对人实施有助于实现水行政管理目标行为的指导形式。物质鼓励是水行政机关给予水行政相对人一定数量的奖金或者奖品。精神鼓动是水行政机关给予水行政相对人一定的名誉。水行政指导中的奖励方式是基于人从事社会活动具有谋利的本性。通过物质或者精神的刺激满足人的需要,可以使人从事某种特定的活动。

（四）劝告

水行政主体通过陈述情理希望水行政相对人接受行政指导的一种方式。劝告是以水行政主体说理为前提,虽然水行政行为也要求水行政主体说理,但水行政行为总是与人强制联在一起的。由于水行政指导没有国家强制力为后盾,因此,要使水行政相对人接受水行政指导的重要方式之一就是水行政机关应当以理服人。

（五）帮助

帮助是水行政机关通过为水行政相对人提供某种便利的条件，引导水行政相对人实施符合水行政机关达成水行政管理目标的活动。在现代社会中，水行政机关因其所处的优越地位使其掌握水事方面的资讯，而水行政相对人因处于行政被管理的地位，具有天然的被动性。如果水行政机关在水行政相对人从事水事活动时给予必要的帮助，必然可以引导水行政相对人的行为朝水行政机关确定的管理目标方向发展。

四、《水利产业政策》的内容

水行政指导是水行政主体在水事管理活动实施的一种水行政行为，其表现形式很多，有全国性的水行政指导文件，如1997年经国务院审议通过的《水利产业政策》，也有区域性的水行政指导文件，如1955年第一届全国人大二次会议通过的《关于根治黄河水害和开发黄河水利的综合规划的报告》。这里仅对《水利产业政策》予以详细阐述。

（一）正确界定水利行业性质以及在我国国民经济和社会发展中的地位

在过去的几十年里，水利行业重点在于工程建设，管理工作十分薄弱，当然没有把水利作为一种产业来进行经营与管理。自1993年第七届全国人大第四次会议审议通过的《国民经济和社会发展十年规划和第八个五年计划纲要》中指出"要把水利作为国民经济的基础产业，放在重要战略地位"后的几年，我国的水利工作出现了前所未有的好形势，虽然对水利行业性质与地位仍然没有予以明确定性，但此次通过的《水利产业政策》则是完整、系统地对水利行业予以界定，在第二条明确规定："水利是国民经济的基础设施和基础产业"，并要求各级人民政府要采取有力措施落实其内容,同时着重强调了流域综合规划与区域规划的法律地位,以及如何实施与监督。

(二)提出了明确的政策目标

水利产业政策是在我国建立、完善社会主义市场经济体制下对水利行业实施宏观调控的重要手段,因此,水利产业政策首先应当从国民经济和社会发展的需要出发,改变水利基础严重滞后的状况,有效防治水旱灾害,保护好水资源,以满足人民生活和经济建设对水资源的需求,促进我国水资源的合理开发利用,实现可持续发展需要;其次是在不断提高水利行业综合经济效益的同时,努力提高水利管理部门的经济效益,建立起与基础产业相适用的水资源管理体制与运行机制,促进水利产业化。

(三)明确水利项目的分类标准及其资金筹措

水利产业政策将水利建设项目根据其性质划分为甲、乙两类,其中甲类是指公益性较强的水利项目,主要包括防洪除涝、农田灌排骨干工程、城市防洪、水土保持、水资源保护等以社会效益为主的项目;乙类是指供水、水力发电、水库养殖、水上旅游以及水利综合经营等能够直接产生经济效益并具有一定社会效益的水利项目。甲类项目的建设资金主要由中央和地方预算内资金、水利建设基金以及其他可用于水利建设的财政性质资金中安排,乙类项目则主要是通过非财政性的资金渠道筹集,必须实行项目法人责任制和资本金制度。

此外,为了明确中央和地方在水利建设项目中的事权,水利产业政策还将项目划分为中央和地方两类。中央项目是指跨省(自治区、直辖市)的大江水河的骨干治理工程,跨省(自治区、直辖市)、跨流域的引水、水资源综合利用等对国民经济全局有重大影响的项目;地方项目是指局部受益的水利项目。水利产业政策对这两种不同的建设项目规定了不同的投资负担原则,同时规定中央要通过多种渠道对少数民族地区和贫困地区的重要水利建设项目给予适当补助,并要求中央和地方政府逐步增加对水利建设的投入。

为了弥补水利建设资金的不足,国家先后建立水利建设基金制度,允许重要江河的洪水频发地区的地方政府,为建设江河治理和防洪除涝工程制定的集资方案和审批程序等,采取水利设施优先列入计划,并安排相应的资金等制度和增加政策性贷款等措施,以促进、加快水利行业建设。

（四）运用市场经济杠杆调整水利行业的经济活动

多年来我国在水利行业实行的是政府包揽政策,没有引入市场经济规律,使得我国的水资源领域的问题日渐突出,如黄河断流的时间、里程在 1997 年均有了新发展,南方的水质性缺水问题已严重影响国民经济建设和社会发展。因此,水利产业政策加强了对水利行业价格、收费与管理方的规范力度,其中最大的特点就是实行有偿使用水资源原则。其具体体现在以下几个方面。

（1）对水资源费的征收和使用在国务院没有出台统一制度前,仍然暂按照省(自治区、直辖市)的规定执行。

（2）对水事法律规范所规定的各项水利规费,如河道工程修建维护管理费、水土流失防治费、河道采砂管理费、占用农业灌溉水源和灌排设施补偿费等,应采取各种措施在两年内做到足额征收。

（3）合理确定供水、水力发电和其他水利产品与服务的价格,促进水利产业化。水利产业政策区分不同的情况予以分别规定:新建水利工程的供水价格按照满足运行成本、费用、缴纳税金、归还贷款和获得合理利润的原则制定;原有水利工程根据供水成本变化并区别不同的用途,在"九五"期间逐步提高。

（五）加强水资源的保护，积极进行节水技术的研究与推广工作

水资源是一种有限的自然资源，我们在开发利用时要加强水资源的保护与水污染的治理,开源与节流并重。《水利产业政策》第四章较多提及节约用水问题,要求国民经济的各行各业和全国各个地区都要认真贯彻用水管理制度,大力普及节水技术,节约各类用水,尤其是对农业节水项目,应当优先立项,增加投入,如优先安排政策性贷款、财政补贴等。国家鼓励对节水项目的开发、引进、消化和推广,并逐步增加其技术含量。

（六）《水利产业政策》的适用范围与期限

水利产业政策适用于中华人民共和国境内但不包括香港、澳门和台湾地区的所有江河湖泊综合治理、防洪除涝、灌溉、水资源保护、水土保持、河道疏浚、海堤防建设、水力发电等开发水利、防治水害的活动。该政策到 2010 年为止。

五、水行政指导的作用

在健全、完善我国社会主义市场经济体制的过程中,水行政指导对我国的水事管理活动起着重要作用。水行政指导在水行政管理过程中能够发挥如下作用。

（一）补充法律作用

在现阶段,虽然我国加快了立法的步伐,但是由于社会飞速发展,社会关系也处于不断变化之中,难免出现法律规范跟不上的情况,存在着法律空白现象,这就要求水行政主体运用有效的水行政管理方式来满足社会需求。为了弥补法律手段的不足,水行政主体有必要及时、灵活地采取水行政指导措施规范、调整相

关的社会关系,以更好的实现水行政管理。以黄河可供水量为例,1987 年国务院办公厅转发的《国家计委和水电部〈关于黄河可供水量分配方案报告〉的通知》,对沿黄河各省、自治区、直辖市从黄河的可引水量进行分配。该通知实际上就是一个关于沿黄河各省、自治区、直辖市引用黄河水资源的水行政指挥,它弥补了法律手段的不足。

（二）引导和促进作用

为了更好地指导社会对水资源的开发利用和保护,水行政主体利用其所掌握的知识、信息、政策等优越性,及时地制定有关水行政指导,阐述国家或地方政府在一定时期内的水事管理方向、积极发展或限制的专业等内容,对水行政相对方进行辅助、服务、引导,通过实施水行政指导来引导和影响水行政相对人的行为选择,从而达到水行政相对人对水资源的有效利用,水行政指导起到引导和促进的效果,避免风险扩大化,保持正常的水事管理秩序。如 1997 年颁布的《水利产业政策》就是证明。

（三）预防和抵制作用

在水事管理活动中,一些单位和个人往往存在一种为谋取自身利益而不惜损害国家和社会公共利益的倾向,如河流的工矿企业和城市超量排放污染物或未经处理即排入河流从而损害下游沿岸居民和单位的利益等,对于这种情况,水行政主体就应在其尚未出现或萌芽之初及时运用水行政指导采取非强制措施予以干预,起到防患于未然的效果。实践证明,水行政指导对于可能发生损害社会经济秩序和社会公共利益的行为可以起到预防作用,对于已经出现的损害社会经济秩序的行为可以起抑制作用。

第五章　水行政许可

第一节　水行政许可概述

一、行政许可概述

（一）行政许可的概念

2003 年 8 月 27 日第十届全国人民代表大会第四次会议通过并于 2004 年 7 月 1 日起施行的《中华人民共和国行政许可法》（以下简称《行政许可法》）第 2 条规定："行政许可，是指行政机关根据公民、法人或者其他组织的申请，经依法审查，准予其从事特定活动的行为。"根据此规定可以看出行政许可具有如下特征。

1. 行政许可是依申请的行政行为

行政相对人针对特定事项向行政主体提出申请，是行政主体实施行政许可的前提条件。行政主体不能主动赋予行政相对人某种资格或者权利，这与行政征收、行政处罚明显不同；行政相对人的申请也仅仅具有启动的作用，行政主体有权对行政相对人是否符合法律、规章规定的特定条件进行审查，然后决定是否对行政客体颁发行政许可证或执照，并不是只要行政客体提出申请，就一定能获得相应的权利或义务。

2. 行政许可的内容是国家一般禁止的活动

行政许可是在国家一般禁止的前提下，对符合特定条件的行政客体解除禁止，使其享有特定的资格或权利，能够实施某项特定行为。例如,国家出于公共安全的及交通秩序考虑,在机动车驾驶方面实行一般禁止,同时又通过考试的方式对符合条件的个人颁发驾驶证,赋予其驾驶机动车的资格。

3. 行政许可是具体行政行为

行政许可是行政主体赋予行政客体某种法律资格或者法律权利的具体行政行为。它能使行政客体直接获得实施某种行为或从事某种活动的法律资格或权利,是针对特定的人、特定的事项做出的一种具体行政行为。它具有授益性,不同于行政处罚和行政强制,它们是对行政客体科以义务或予以处罚。

4. 行政许可是一种外部行政行为

行政许可是行政机关针对行政相对人的一种管理行为,是行政机关依法管理经济和社会事力的一种外部行为。至于行政机关对其他行政机关,或者对行政机关直接管理的事业单位的人事、财物、外事等事项审批,则属于内部管理,不属于行政许可。

5. 行政许可是一种要式行政行为

行政相对人申请行政许可,必须以书面形式提出。行政许可赋予行政相对人某种法律资格或者法律权利,也必须以一定的形式出现,现实中最常见的许可证和执照。行政许可应当是明示的书面许可,应当有正规的文书、印章等予以认可和证明。

（二）行政许可的种类

根据不同的划分标准,可将行政许可划分为如下几种。

1. 行为许可和资格许可

以许可的性质为划分标准,可分为行为许可和资格许可。行政许可是指允许符合条件的申请人从事某项活动的许可,如生产、经营许可。这类许可在内容上仅限于许可被许可人从事某种行为活动,不包含资格权能的特别证明内容,也无需对被许可进行资格能力方面的考核。资格许可是指行政主体应申请人的申请经过一定的考核程序核发一定的证明文书,允许其享有某种资格或具备某种能力的许可,如教师资格证、会计资格证、驾驶资格证等。一般来说,资格许可中同时也包含了对被许可人的行为许可。

2. 独立的许可和附文件的许可

以许可的书面形式及其能否单独使用为划分标准,可分为独立的许可和附文件的许可。独立的许可,是指单独的许可证便已包含了许可的全部内容,无须其他文件补充说明的许可,如林木采伐许可证、特种刀具购买证、护照等。明确的范围、事项、时间等是独立许可的工业显著特点。附文件的许可,是指除许可证本身外,还需附加对许可的内容加以补充说明的许可。这种许可在申请、审批或使用时,均应将附加文件附在许可证后作补充说明,如专利许可、商标许可等,否则许可证将无法使用。

3. 权利性许可和附义务许可

以许可是否为附加义务为划分标准,可分为权利性许可和附义务许可。权利性许可,是指被许可人可以根据自己的意志来决定是否行使该许可所赋予的权利和资格的许可,如律师资格证、驾驶证等。附义务许可,是指被许可人必须同时承担一定时期内从事该项活动的义务,否则要承担一定法律责任形式的行政许可。如专利许可,专利权人自取得专利之日起满 3 年,无正当理由,不履行在中国制造其专利产品、使用其专利方法或者许可他人在中国制造其专利产品、使用其专利方法,专利局可以实施专利强制许可。也即专利权人负有 3 年内在中国实施其专利的义务。

4. 排他性许可和非排他性许可

以许可享有的程度为划分标准,可分为排他性许可和非排他性许可。排他性许可又称独占许可,是指某行政相对人获得某种许可后,其他任何人均不能再获得该项许可。排他性许可的相对人对此事项有独占的权利,所以也称为独占性许可,如专利许可、商标许可等。非排他性许可,又称共存许可,是指凡符合条件的相对人均可申请而获得的许可,如颁发司法资格,颁发营业执照等。大部分行政许可是非排他性许可。

5.一般许可和特殊许可

以许可的范围为划分标准,可分为一般许可和特殊许可。一般许可,是指只要申请人依法向主管行政许可机关提出申请,经有权行政许可机关审查核实符合法定条件的,申请人就能获得从事某项活动的权利或资格的许可。如驾驶许可、营业许可等大多数许可都属于一般许可。一般许可对申请人无特殊限制,只要申请人符合法律规定的条件,行政许可机关就有义务发放许可证或执照。特殊许可,是指除必须符合一般条件外,还对申请人予以特别限制的许可,如持枪许可。

6.长期许可和短期许可

以许可的有效期长短为划分标准,可分为长期许可和短期许可。长期许可是指行政许可机关赋予申请人许可证的有效期较长的一种许可。行政许可机关根据申请人条件和法律而赋予其许可证的有效期较短,则称其为短期许可或临时许可。

7.一般许可、特许、认可、核准和登记

从《行政许可法》规定的内容可以看出,行政许可法把行政许可分为五类。

（1）一般许可

一般许可,是指只要申请人依法向主管行政许可机关提出申请,经有权行政许可机关审查核实符合法定条件的,申请人就能获得从事某项活动的权利或资格的许可。一般许可是对"直接涉及国家安全、公共安全、经济宏观调控、生态环境保护以及直接关系人身健康、生命财产安全等特定活动"设定的许可。

（2）特许

特许是基于社会或经济的发展需要,将本来属于国家或者某行政主体的某种权力赋予私人行使的行政许可。特许是对"有限自然资源开发利用、公共资源配置以及直接关系公共利益的特定行业的市场准入等"设定的许可。特许的主要功能是分配稀缺资源,一般有数量控制。特许事项,行政机关应当通过招标、拍卖等公平竞争的方式决定是否予以特许。

（3）认可

认可是行政许可机关对申请人是否具备特定技能的认定。认可是对"提供公众服务并且直接关系公共利益的职业、行业,需要确定具备特殊信誉、特殊条件或者特殊技能等资格、资质的事项"设定的许可。认可的目的是提高从业者从业水平或从业技能,认可没有数量限制。认可事项,行政机关一般应当通过考试、考核方式决定是否予以许可。具体来说,赋予公民某种特定资格,依法应当举行国家考试的,行政机关根据考试成绩和其他法定条件做出行政许可决定;赋予法人或其他组织特定的资格、资质的,行政相关根据申请人的专业人员构成、技术条件、经营业绩和管理水平的考核结果做出行政许可决定。

（4）核准

核准是行政机关对某些事项是否达到特定的技术标准和技术规范的判断确定。核准是对"直接关系公共安全、人身健康、生命财产安全的重要设备、设施、产品、物品,需要按照技术标准、技术规范,通过检验、检测、检疫等方式进行审定的事项"设定的许可。核准的主要目的是防止社会危险、保障安全。对于核准事项,没有数量限制,行政机关要依据技术标准、技术规范进行检验、检测和检疫,并根据结果做出是否许可的决定。

（5）登记

登记是由行政机关确定企业或者某种组织是否符合特定主体资格的许可形式,对企业或者其他组织的设立等,需要确定主体资格的事项设定的许可。登记的目的是确定申请人是否符合市场主体资格,如公司登记、个体工商户登记等。登记没有数量限制,只要申请人提供的申请材料齐全、符合法定的形式,行政机关应当予以登记。

（三）行政许可的原则

1. 法定原则

《行政许可法》第4条规定："设定和实施行政许可,应当依照法定的权限、范围、条件和程序。"第一,按照法定的权限设定行政许可。行政许可的设定只能由全国人大、国务院、有权制定地方性法规的省、市人大及其常委会、有权制定地方政府规章的省级人民政府按照立法规定的权限和《行政许可法》的规定设定行政许可。第二,按照法定的范围设定行政许可。设定的行政许可要符合《行政许可法》规定可以设定行政许可的事项范围。《行政许可法》规定了四个大的方面的事项可以设定行政许可,主要是国家安全、公共安全、人身健康、生命财产安全;自然资源的开发利用和公共资源的配置及特定行业的市场准入;公民、法人或者其他组织的资格资质;确定企业或者其他组织的主体资格等方面的事项。第三,按照法定的程序设定行政许可。设定行政许可是一种立法行为。设定行政许可按照法定程序,就是要遵守有关的立法程序。

2. 公开、公平、公正原则

《行政许可法》第5条规定："设定和实施行政许可,应当遵循公开、公平、公正的原则。有关行政许可的规定应当公布;未经公布的,不得作为实施行政许可的依据。行政许可的实施和结果,除涉及国家秘密、商业秘密或者个人隐私的外,应当公开。符合法定条件、标准的,申请人有依法取得行政许可的平等权利,行政机关不得歧视。"公开、公平和公正是现代行政程序中的三项重要原则,行政许可作为行政行为中的一种,其设定和实施,也要遵循这三项原则。

公开的本意是不加隐蔽。行政程序中的公开,其基本含义是政府行为除依法应当保密的以外,应一律公开进行;行政法规、规章、行政政策以及行政机关做出影响行政相对人权利、义务的行为的标准、条件、程序应当依法公布，允许相对人依法查阅、复制；有关行政会议、会议决议、决定以及行政机关及其工作人员的活动情况应允许新闻媒介依法采访、报道和评论。公平、公正的基本精神是要求行政机关及其工作人员办事公道，不徇私情，合理考虑相关因素；要求行政机关及其工作人员平等对待相对人，即同样情况，同样对待；不同情况，不同对待；不因相对人的不同身份、民族、种族、性别或者不同宗教信仰而予以歧视。公开、公平和公正是相互联系的。公开是一种手段，公平、公正是目的，公开促进公平、公正的实现；公平、公正必然要求行政行为公开，反对"暗箱操作"。我国《行政许可法》明确规定了公开、公平、公正的原则，并确立了相应的制度。

3. 便民高效原则

《行政许可法》第 6 条规定："实施行政许可，应当遵循便民的原则，提高办事效率，提供优质服务。"

行政许可实施中的便民即方便公民、法人或者其他组织申请和获得行政许可，降低行政许可的成本。便民原则的具体要求有：一是方便公民、法人或者其他组织申请。除依法应当由申请人到行政机关办公场所提出行政许可申请外，申请人可以委托代理人提出行政许可申请。行政许可申请可以通过信函、电报、电传、传真、电子数据交换和电子邮件等方式提出。对行政许可申请还应当尽量做到当场受理、当场决定。申请人提交的申请材料存在可以当场更正错误的，行政机关应当允许申请人当场更正，不得以此为由拒绝受理行政许可申请。二是公开办事程序和制度。行政机关应当将法律、法规、规章规定的有关行政许可的事项、依据、条件、数量、程序、期限以及需要提交的全部材料的目录和申请书示范文本等在办公场所公示。三是推行集中受理和统一受理。行政许可需要行政机关内设的多个机构办理的，应当确定一个机构统一受理行政许可申请，统一送达行政许可决定。实行"一个窗口"对外，防止多头受理、多头对外。依法应当由地方人民政府两个以上部门分别实施的行政许可,本级人民政府可以确定由一个部门受理行政许可申请并转告有关部门分别提出意见后统一办理,或者组织有关部门联合办理、集中办理。其目的是尽量减少"多头审批"。四是相对集中行政许可权。省级人民政府经国务院批准,可以将几个行政机关行使的行政许可权相对集中,由一个行政机关行使有关行政机关的行政许可权。这些都是方便人民群众申请行政许可的重要措施。

效率原则的基本含义是:行政机关在行使其职能时,要力争以尽可能短的时间,尽可能少的人员,尽可能低的经济耗费,办尽可能多的事,取得尽可能大的社会、经济效益。行政机关实施行政许可,贯彻效率原则,提高办事效率,最重要的是要在法定的期限内尽快做出行政许可决定。《行政许可法》对行政许可的期限作了专门规定,主要内容如下。

(1)行政机关审查决定行政许可,能够当场决定的,尽量当场决定;不能当场决定的,也要以尽快的时间完成。

(2)除当场决定的行政许可外,行政机关应当自受理行政许可申请之日起 20 日内做出是否准予行政许可的决定;20 日内不能做出的,可以延长 10 日。

(3)采取集中办理、联合办理或者统一办理的,由于涉及多个部门和单位,办理时间可以相对放宽。办理的时间不超过 45 日;45 日内不能办结的,可以延长 15 日。

(4)行政机关做出准予行政许可决定后,应当自做出决定之日起 10 日内向申请人颁发、送达行政许可证件,或者加贴标签、加盖检验、检测、检疫印章。过去在行政审批的实践中,有的由于没有时限上的要求,有的行政机关对申请人递交的行政许可申请,采取拖延战术,久拖不决或者是根本没有回应。既影响当事人的权益,也影响经济社会的发展,助长官僚主义作风。

对期限的规定,将大大提高行政机关实施行政许可的效率。行政机关在法定期限内不能办结的,要承担拖延的责任。对于某些行政许可,行政机关逾期不作答复的,就视为行政机关已经准予许可。

4. 权利保障原则

《行政许可法》第 7 条规定："公民、法人或者其他组织对行政机关实施行政许可,享有陈述权、申辩权;有权依法申请行政复议或者提起行政诉讼;其合法权益因行政机关违法实施行政许可受到损害的,有权依法要求赔偿。"

陈述权就是有权陈述自己的观点和主张。在行政许可的申请过程中,陈述权是指申请人有权说明取得许可的理由、依据和事实;与申请的行政许可有利害关系的第三人有权说明不应当批准申请人的许可申请的理由、依据和事实。在对被许可人的处罚过程中,陈述权是指当事人对行政机关给予行政处罚所认定的事实及适用法律是否准确、适当,陈述自己对事实的认定以及主观的看法、意见,同时也可以提出自己的主张、要求。申辩权是申述理由、加以辩解的权利。在行政许可的申请过程中,是指当事人有权对行政机关及第三人提出的不利于申请人获得批准的理由、事实和问题等进行解释、说明、澄清和辩解。在对被许可人的处罚过程中,申辩权是指当事人对行政机关的指控、证据,提出不同的意见和质问,以正当手段驳斥行政机关的指控以及驳斥行政机关提出的不利证据的权利。行政复议是指公民、法人或者其他组织认为具体行政行为侵犯其合法权益,向行政机关提出申请,要求行政机关重新考虑其决定的一种活动。行政诉讼是指公民、法人或者其他组织认为行政机关及其工作人员的具体行政行为,侵犯其合法权益,请求法院审查行政机关的具体行政行为是否合法,以维护自己的合法权益的一种诉讼行为。行政赔偿是指行政机关及其工作人员在执行职务的过程中,侵犯相对人人身权、财产权所承担的赔偿责任。

5. 依赖保护原则

《行政许可法》第 8 条规定："公民、法人或者其他组织依法取得的行政许可受法律保护,行政机关不得擅自改变已经生效的行政许可。行政许可所依据的法律、法规、规章修改或者废止，或者准予行政许可所依据的客观情况发生重大变化的，为了公共利益的需要，行政机关可以依法变更或者撤回已经生效的行政许可。由此给公民、法人或者其他组织造成财产损失的，行政机关应当依法给予补偿。"

信赖保护原则起源于早期的"不准翻供"原则，二战以后在世界许多国家行政法治实践中得到广泛认可和运用，其中德国是推行这一原则的代表。信赖保护原则的基本含义是：行政决定一旦做出，就被推定为合法有效。法律要求相对人对此予以信任和依赖。相对人基于对行政决定的信任和依赖而产生的利益，也要受到保护。禁止行政机关以任何借口任意改变既有的行政决定甚至反复无常，即便是自我纠正错误，也要受到一定的限制。如确实基于明显重大公共利益的需要而收回该项权利或者利益，也必须给予受益相对人补偿，以免让行政相对人承担政府自身违法的责任。信赖保护的具体要求如下。

（1）行政行为具有确定力，行为一经做出，未有法定事由和经法定程序不得随意撤销、废止或改变；

（2）对行政相对人的授益性行政行为做出后，事后即使发现违法或者对政府不利，只要行为不是因为相对人的过错所造成的，亦不得撤销、废止或改变；

（3）行政行为做出后，如事后发现有较严重违法情形或可能给国家、社会公共利益造成重大损失的，必须撤销或改变此种行为时，行政机关对撤销或改变此种行为给无过错的相对人造成的损失应给予补偿。行政许可法体现了这一原则精神。公民、法人或者其他组织已取得的行政许可受法律保护，行政机关不得擅自改变已经生效的行政许可决定。

（四）行政许可的作用

1. 有利于加强国家对社会经济活动的宏观调控。

行政许可将直接涉及与国家安全、公共安全、经济宏观调控、生态环境保护、公民权益保护等重大事项纳入国家统一管理体系中,是现代国家行政管理的重要手段之一,是国家宏观调控的重要形式。通过实施行政许可,国家对参与市场活动的企业数量、产业结构、产品种类、从业人员等有了详细地掌握,从而为宏观调控提供了充足的证据,引导社会经济沿着正确的轨道发展。

2. 可有利于保护人民群众的合法权益

通过行政许可,行政主体对许可申请人的生产条件、经营能力等进行审查,能有效地防止不具备该项生产、经营条件的经济组织从事该项经营活动,制止不法经营,有效地保护广大消费者及人民大众的合法权益。同时,通过行政许可的实施,也可以促进生产企业之间的公平竞争,促进企业组织等合法经营,从而更好地保护了广大人民群众的利益。

3. 有利于保护有限的自然资源

行政许可法规定,对有限自然资源开发利用、公共资源配置以及直接关系公共利益的特定行业的市场准入等行为必须设定许可,相对人只有取得一定的许可证才能从事对这些资源的利用,这有利于保护有限的自然资源。如法律规定的取水许可、采砂许可、森林采伐许可、矿山开采许可等制度,可以促使人们合理、经济地利用有限的国力资源,优化资源配置。

4. 有利于消除危害社会公共安全的因素

行政机关通过运用行政许可制度,对影响社会公共安全的行为进行有效的控制,不仅保护人民群众的合法权益,而且为社会经济发展提供一个良好的治安环境。如国家对武器、爆炸物和其他危险物品的生产、运输、保管、持有、销售等进行控制,只允许符合条件者从事该行业,从而更好地保证公共安全。

二、水行政许可概念

水行政许可,是指水行政许可实施机关根据公民、法人或者其他组织的申请,经依法审查,准予其从事特定水事活动的行政行为。水行政许可除具有行政许可的特征外,还具有如下特征。

第一,水行政许可实施机关,是指县级以上人民政府水行政主管部门、法律法规授权的流域管理机构或者其他经国务院水行政主管部门授权行使水行政许可权的组织。

第二,水行政许可依据的法律主要有《水法》《防洪法》《水土保持法》《水污染防治法》《取水许可和水资源费征收管理条例》《水行政许可实施办法》等。

第三,特定水事活动主要包括取水许可、河道采砂许可、河道管理范围内建设项目许可等类型。

三、水行政许可的种类

根据现行的《水法》《防洪法》《水土保持法》《水污染防治法》和《取水许可和水资源费征收管理条例》等法律法规的规定,水利部公告(2005年第2号)公布了法律和行政法规设定的水利行政许可项目共23项。

（一）取水许可

取水许可的设定依据是《水法》和《取水许可和水资源费征收管理条例》。实施机关为县级以上水行政主管部门或流域管理机构。《水法》第7条规定:"国家对水资源依法实行取水许可制度和有偿使用制度。"《水法》第48条规定:"直接从江河、湖泊或者地下取用水资源的单位和个人,应当按照国家取水许可制度和水资源有偿使用制度的规定,向水行政主管部门或者流域管理机构申请领取取水许可证,并缴纳水资源费,取得取水权。但是,家庭生活和零星散养、圈养畜禽饮用等少量取水的除外。"《取水许可和水资源费征收管理条例》第2条规定:"本条例所称取水,是指利用取水工程或者设施直接从江河湖泊或者地下取用水资源。取用水资源的单位和个人,除本条例第四条规定的情形外,都应当申请领取取水许可证,并缴纳水资源费。"

（二）水工程建设项目流域综合规划审查许可

设定依据是《水法》,实施机关为县级以上水行政主管部门或流域管理机构。《水法》第 19 条规定:"建设水工程,必须符合流域综合规划。在国家确定的重要江河、湖泊和跨省、自治区、直辖市的江河、湖泊上建设水工程,其工程可行性研究报告报请批准前,有关流域管理机构应当对水工程的建设是否符合流域综合规划进行审查并签署意见;在其他江河、湖泊上建设水工程,其工程可行性研究报告报请批准前,县级以上地方人民政府水行政主管部门应当按照管理权限对水工程的建设是否符合流域综合规划进行审查并签署意见。水工程建设涉及防洪的,依照防洪法的有关规定执行;涉及其他地区和行业的,建设单位应当事先征求有关地区和部门的意见。"

（三）农村集体经济组织修建水库批准

设定依据为《水法》,实施机关为县级以上地方人民政府水行政主管部门。《水法》第 25 条规定:"农村集体经济组织修建水库应当经县级以上地方人民政府水行政主管部门批准。"

（四）入河排污口许可

设定依据为《水法》和《水污染防治法》,实施机关为有管辖权的水行政主管部门、流域管理机构、水利工程管理部门及环境保护行政主管部门。《水法》第 34 条规定:"禁止在饮用水水源保护区内设置排污口。在江河、湖泊新建、改建或者扩大排污口,应当经过有管辖权的水行政主管部门或者流域管理机构同意,由环境保护行政主管部门负责对该建设项目的环境影响报告书进行审批。"《水污染防治法》第 13 条第 2 款规定:"在运河、渠道、水库等水利工程内设置排污口,应当经有关水利工程管理部门同意。"

（五）河道管理范围内建设项目工程建设方案许可

设定依据为《水法》《防洪法》及《河道管理条例》,实施机关为有管辖权的水行政主管部门或河道主管机关。《水法》第38条规定:"在河道管理范围内建设桥梁、码头和其他拦河、跨河、临河建筑物、构筑物,铺设跨河管道、电缆,应当符合国家规定的防洪标准和其他有关的技术要求,工程建设方案应当依照防洪法的有关规定报经有关水行政主管部门审查同意。"《防洪法》第27条第1款规定:"建设跨河、穿河、穿堤、临河的桥梁、码头、道路、渡口、管道、缆线、取水、排水等工程设施,应当符合防洪标准、岸线规划、航运要求和其他技术要求,不得危害堤防安全,影响河势稳定、妨碍行洪畅通;其可行性研究报告按照国家规定的基本建设程序报请批准前,其中的工程建设方案应当经有关水行政主管部门根据前述防洪要求审查同意。"《河道管理条例》第11条规定:"修建开发水利、防治水害、整治河道的各类工程和跨河、穿河、穿堤、临河的桥梁、码头、道路、渡口、管道、缆线等建筑物及设施,建设单位必须按照河道管理权限,将工程建设方案报送河道主管机关审查同意后,方可按照基本建设程序履行审批手续。"

（六）河道采砂许可

设定依据为《水法》及《河道管理条例》,实施机关为河道主管部门。《水法》第39条规定:"国家实行河道采砂许可制度。河道采砂许可制度实施办法,由国务院规定。"在国务院规定没有出台之前,1988年国务院3号令颁布的《河道管理条例》第25条规定:"在河道管理范围内进行下列活动,必须报经河道主管机关批准;涉及其他部门的,由河道主管机关会同有关部门批准:(一)采砂、取土、淘金、弃置砂石或者淤泥;(二)爆破、钻探、挖筑鱼塘;(三)在河道滩地存放物料、修建厂房或者其他建筑设施;(四)在河道滩地开采地下资源及进行考古发掘。"

（七）围垦河道许可

设立依据为《水法》，实施机关为有管辖权的水行政主管部门或及本级政府。《水法》第40条规定："禁止围湖造地。已经围垦的，应当按照国家规定的防洪标准有计划地退地还湖。禁止围垦河道。确需围垦的，应当经过科学论证，经省、自治区、直辖市人民政府水行政主管部门或者国务院水行政主管部门同意后，报本级人民政府批准。"

（八）不同行政区域边界水工程批准

设定依据为《水法》，实施机关为有关人民政府水行政主管部门或者流域管理机构。《水法》第45条规定："在不同行政区域之间的边界河流上建设水资源开发、利用项目，应当符合该流域经批准的水量分配方案，由有关县级以上地方人民政府报共同的上一级人民政府水行政主管部门或者有关流域管理机构批准。"

（九）水工程建设项目防洪规划同意书

设定依据为《防洪法》，实施机关为相关水行政主管部门。《防洪法》第17条规定："在江河、湖泊上建设防洪工程和其他水工程、水电站等，应当符合防洪规划的要求；水库应当按照防洪规划的要求留足防洪库容。前款规定的防洪工程和其他水工程、水电站的可行性研究报告按照国家规定的基本建设程序报请批准时，应当附具有关水行政主管部门签署的符合防洪规划要求的规划同意书。"

（十）护堤护岸林木采伐许可

设定依据是《防洪法》，实施机关是河道、湖泊管理机构及其他相关主管单位。《防洪法》第25条规定："护堤护岸的林木，由河道、湖泊管理机构组织营造和管理。护堤护岸林木，不得任意砍伐。采伐护堤护岸林木的,须经河道、湖泊管理机构同意后,依法办理采伐许可手续,并完成规定的更新补种任务。"

（十一）河道管理范围内建设项目位置和界限审查许可

设定依据是《防洪法》,实施机关是有管辖权的水行政主管部门。《防洪法》第27条第2款规定:"前款工程设施需要占用河道、湖泊管理范围内土地,跨越河道、湖泊空间或者穿越河床的,建设单位应当经有关水行政主管部门对该工程设施建设的位置和界限审查批准后,方可依法办理开工手续;安排施工时,应当按照水行政主管部门审查批准的位置和界限进行。"

（十二）非防洪建设项目洪水影响评价报告审批

设立依据为《水法》,实施机关为有管辖权的水行政主管部门及相关部门。《防洪法》第33条规定:"在洪泛区、蓄滞洪区内建设非防洪建设项目,应当就洪水对建设项目可能产生的影响和建设项目对防洪可能产生的影响做出评价,编制洪水影响评价报告,提出防御措施。建设项目可行性研究报告按照国家规定的基本建设程序报请批准时,应当附具有关水行政主管部门审查批准的洪水影响评价报告。在蓄滞洪区内建设的油田、铁路、公路、矿山、电厂、电信设施和管道,其洪水影响评价报告应当包括建设单位自行安排的防洪避洪方案。建设项目投入生产或者使用时,其防洪工程设施应当经水行政主管部门验收。"

（十三）城市建设填堵水域、废除防洪围堤许可

设立依据为《水法》,实施机关为有管辖权的水行政主管部门或及本级政府。《防洪法》第34条规定:"城市建设不得擅自填堵原有河道沟叉、贮水湖塘洼淀和废除原有防洪围堤;确需填堵或者废除的,应当经水行政主管部门审查同意,并报城市人民政府批准。"

（十四）开垦荒坡地批准

设定依据是《水土保持法》，实施机关为县级人民政府水行政主管部门或者其所属的水土保持监督管理机构以及地方人民政府设立的水土保持机构。《水土保持法》第 15 条规定："开垦禁止坡度以下，五度以上的荒坡地，必须经县级人民政府水行政主管部门批准后，方可向县级以上人民政府申请办理土地开垦手续。"

（十五）开发建设项目水土保持方案及验收许可

设立依据是《水土保持法》，实施机关为有管辖权的水行政主管部门及相关部门。《水土保持法》第 19 条规定："在山区、丘陵区、风沙区修建铁路、公路、水工程，开办矿山企业、电力企业和其他大中型工业企业，在建设项目环境影响报告书中，必须有水行政主管部门同意的水土保持方案。水土保持方案应当按照本法第十八条的规定制定。在山区、丘陵区、风沙区依照矿产资源法的规定开办乡镇集体矿山企业和个体申请采矿，必须持有县级以上地方人民政府水行政主管部门同意的水土保持方案，方可申请办理采矿批准手续。建设项目中的水土保持设施，必须与主体工程同时设计、同时施工、同时投产使用。建设工程竣工验收时，应当同时验收水土保持设施，并有水行政主管部门参加。"

（十六）水利计量认证审核

设定依据是《计量法实施细则》第 33 条，实施机关为国家计量认证水利评审组。

（十七）堤顶、戗台兼作公路批准

设定依据为《河道管理条例》第 15 条，实施机关为县级以上人民政府水行政主管部门或者流域管理机构。

（十八）河道管理范围内有关活动批准

设定依据为《河道管理条例》第 25 条,实施机关为县级以上人民政府水行政主管部门或者流域管理机构。

（十九）江河故道、旧堤、原有水利工程设施填堵、占用、拆毁批准

设定依据为《河道管理条例》第 29 条,实施机关为县级以上人民政府水行政主管部门或者流域管理机构。

（二十）坝顶兼作公路批准

设定依据为《水库大坝安全管理条例》第 16 条,实施机关为大坝主管部门。

（二十一）开发建设项目水土保持方案验收审批

设定依据为《水土保持法实施条例》第 14 条,实施机关为县级以上人民政府水行政主管部门或者地方人民政府设立的水土保持机构。

（二十二）水利水电建设项目环境影响报告书（表）预审

审批依据为《建设项目环境保护管理条例》第十条,实施机关为县级以上人民政府水行政主管部门。

（二十三）长江河道采砂审批

审批依据为《长江河道采砂管理条例》,实施机关为沿江有关省、直辖市人民政府水行政主管部门或者长江水利委员会。

以上行政许可项目中《水法》设定的有 8 项,《防洪法》设定的有 5 项,《水土保持法》设定的有 2 项,《河道管理条例》设定的

有3项,其他行政法规设定的有5项。实施机关方面,县级以上(含县级)水行政主管部门13项,省级水行政主管部门1项,有关水行政主管部门5项,大坝主管部门1项,国家计量认证水利评审组1项,河道、湖泊管理机构1项,沿江有关省、直辖市人民政府水行政主管部门或者长江水利委员会1项。

此外,根据2004年6月29日《国务院对确需保留的行政审批项目设定行政许可的决定》,有13项许可由水行政主管部门直接行使。这13项许可项目是:县级以上人民政府水行政主管部门实施的蓄滞洪区避洪设施建设审批;水利部实施的水利水电建设工程蓄水安全鉴定单位资质认定;省级人民政府水行政主管部门及流域管理机构实施的水文资料使用审批;水利部及省级人民政府水行政主管部门实施的水文、水资源调查评价机构资质认定;水利部、省级人民政府水行政主管部门及流域管理机构实施的水利工程质量检测单位资格认定;水利部实施的启闭机使用许可证核发;水利部实施的水土保持生态环境监测单位资质认定;各级人民政府水行政主管部门及流域管理机构实施的建设项目水资源论证报告书审批;水利部及省级人民政府水行政主管部门实施的建设项目水资源论证机构资质认定;各级人民政府水行政主管部门及流域管理机构实施的占用农业灌溉水源、灌溉工程设施审批;水利部实施的水利工程建设监理单位资格认定;县级以上人民政府主管部门实施的水利基建项目初步设计文件审批;县级以上人民政府水行政主管部门实施的水利工程开工审批。

从上述类型看,法定水行政许可事项并不多,但事关责任重大,有直接关系到国家安全、公共安全、生态环境保护,涉及人身健康、生命财产安全等特定活动,也有直接关系到有限水资源的开发利用,优化配置,节约保护,支撑经济社会可持续发展,都是需要按照法定条件予以批准并赋予特定权利的事项。这就要求各级政府水行政主管部门和工作人员在实施水行政许可中,必须依照行政许可法及相关法律法规规定作为许可依据。

四、水行政许可的实施机关

（一）水行政许可的实施机关

（1）县级以上人民政府水行政主管部门。包括县级人民政府水行政主管部门、设区的市级人民政府水行政主管部门、省、自治区、直辖市人民政府水行政主管部门及国务院水行政主管部门，分别在各自的职权范围内实施行政许可。

（2）国务院水行政主管部门在国家确定的重要江河、湖泊设立的流域管理机构以及其他法律法规授权的组织。国务院水行政主管部门在长江流域、黄河流域、淮河流域、海河流域、松辽流域、珠江流域、太湖流域分别设有流域管理机构，它们以自己的名义实施行政许可。

（3）受委托机关。水行政许可实施机关在其法定职权范围内，依照法律、法规、规章的规定，可以委托其他县级以上人民政府水行政主管部门等行政机关实施水行政许可。委托机关应当将受委托机关和受委托实施水行政许可的内容予以公告。委托机关对受委托机关实施水行政许可的行为应当负责监督，并对该行为的后果承担法律责任。受委托机关在委托范围内，以委托机关名义实施水行政许可；不得再委托其他组织或者个人实施水行政许可。

（二）集中许可

水行政许可需要水行政许可实施机关内设的多个机构办理的，应当确定一个机构统一受理水行政许可申请、统一送达水行政许可决定，或者设立专门的水行政许可办事机构，集中办理水行政许可事项。

第二节　水行政许可的设定及程序

行政许可设定权包括行政许可的创设权与规定权。行政许可的创设权指享有国家立法权的机关制定、认可、修改、废止行政许可事项的权力。行政许可的规定权是对法律、法规已经设定的行政许可事项，为实施的需要，就行政许可的条件、标准、程序等进行具体的解释和适用的权力，即对已有的行政许可事项加以具体化的权力，以便使行政许可更具有可操作性。前者使行政许可从"无"到"有"，后者使行政许可从"粗"到"细"。水行政许可的设定权包括水行政许可的创设权与水行政许可的规定权。

一、水行政许可创设权

（一）行政许可的创设权

行政许可的创设权，解决的是由哪一级国家机关设定行政许可、以何种形式设定、设定行政许可有哪些限制以及设定行政许可需要遵循哪些规则。

1. 行政许可的设定主体

即哪些国家机关有权设定行政许可。行政许可法规定，全国人大及其常委会，国务院，省、自治区、直辖市人大及其常委会，较大的市的人大及其常委会，省、自治区、直辖市人民政府，依照行政许可法规定的权限可以设定行政许可。其他国家机关，包括国务院部门，一律无权设定行政许可。

2. 行政许可的设定形式

即什么样的规范性文件才能设定行政许可。行政许可法规定,法律,行政法规,国务院的决定,地方性法规,省、自治区、直辖市人民政府规章,在行政许可法规定的权限范围内可以设定行政许可;其他规范性文件,包括国务院部门规章,一律不得设定行政许可。

3. 行政许可的设定权限

行政许可法对设定行政许可的权限作了三个方面的规定:第一,凡行政许可法规定可以设定行政许可的事项,法律都可以设定行政许可;第二,对可以设定行政许可的事项,尚未制定法律的,行政法规可以设定行政许可。必要时,国务院可以通过发布决定的方式设定行政许可,实施后,除临时性行政许可事项外,应当及时提请全国人大及其常委会制定法律,或者自行制定行政法规;第三,对于可以设定行政许可的事项,尚未制定法律、行政法规的,地方性法规可以设定行政许可;尚未制定法律、行政法规和地方性法规,因行政管理需要,确需立即实施行政许可的,省、自治区、直辖市人民政府可以设定临时性的行政许可。临时性行政许可实施满一年需要继续实施的,应当提请本级人大及其常委会制定地方性法规。但是,地方性法规、地方政府规章不得设定应当由国家统一确定的有关公民、法人或者其他组织的资格、资质的行政许可,不得设定企业或者其他组织的设立登记及其前置性行政许可。其设定的行政许可,不得限制其他地区的个人或者企业到本地区从事生产经营和提供服务,不得限制其他地区的商品进入本地区市场。

4. 设定行政许可应当遵循的规则

为了提高设定行政许可的合理性、可行性,行政许可法规定设定行政许可必须遵循下列规则。

（1）设定行政许可,应当明确规定行政许可的实施机关、条件、程序、期限;

（2）起草法律草案、法规草案和省级人民政府规章草案,拟设定行政许可的,起草单位应当采取听证会、论证会等形式听取

意见,并向制定机关说明设定该行政许可的必要性、对经济和社会可能产生的影响以及听取和采纳意见的情况;

（3）行政许可的设定机关应当定期对其设定的行政许可进行评价,对于随着形势的发展不再需要实施行政许可的,应当对设定该行政许可的规定及时予以修改或者废止。

（二）水行政许可的创设权

水行政许可的设定主体、设定形式、设定权限及遵循的规则也要遵守行政许可法的相关规定。需要说明的是:

（1）水行政许可的设定主体。在我国,有权设定行政许可的机关只有制定法律的全国人大及其常委会,制定行政法规的国务院,有地方性法规制定权的地方人大及其常委会,省、自治区、直辖市人民政府。国务院的部委办局,除省级人民政府以外的其他地方各级人民政府及其工作部门,以及没有地方性法规制定权的地方各级人大及其常委会,都无权通过制定规范性文件设定行政许可。

（2）水行政许可的设定形式。法律,行政法规,国务院的决定,地方性法规,省、自治区、直辖市人民政府规章,在行政许可法规定的权限范围内可以设定行政许可。同样,国务院水行政主管部门的规章不得设定水行政许可。我国设定水行政许可的法律主要有《水法》《防洪法》《水土保持法》等;行政法规主要有《河道管理条例》《取水许可和水资源费征收管理条例》等;国务院的决定如 2004 年 6 月 29 日《国务院对确需保留的行政审批项目设定行政许可的决定》;地方性法规如《贵州省水利工程设施管理条例》设定的在水利工程管理范围内进行其他建设和经营活动许可等。省、自治区、直辖市人民政府可以设定临时性的水行政许可。临时性水行政许可实施满一年需要继续实施的,应当提请本级人大及其常委会制定地方性法规。

（3）起草法律草案、法规草案和省、自治区、直辖市人民政府规章草案,拟设定水行政许可的,承担起草任务的水行政主管部门应当采取听证会、论证会等形式听取意见,全面评价设定该水行政许可的必要性、可行性、对经济和社会可能产生的影响,并向制定机关说明评价意见以及听取和采纳意见的情况。水行政许可实施机关应当对水行政许可的实施情况及存在的必要性适时进行评价,并将评价意见报送该水行政许可的设定机关。

二、水行政许可的规定权

(一)行政许可的规定权

行政许可的规定是对已经设定的行政许可进行具体化的权利。《行政许可法》规定,行政法规可以在法律设定的行政许可事项范围内,对实施该行政许可做出具体规定;地方性法规可以在法律、行政法规设定的行政许可事项范围内,对实施该行政许可做出具体规定;规章可以在上位法设定的行政许可事项范围内,对实施该行政许可做出具体规定。

1.行政法规的规定权

根据宪法和立法的规定,行政法规是国务院根据宪法和法律或者法律的授权制定的规范性文件,它的法律位阶比较高,既可以设定行政许可,也可以对法律设定的行政许可进行具体化。目前,由于一些领域全国人大及其常委会没有立法,行政法规进行创设的立法比较多,大量的行政许可是由行政法规设定的,行政法规对法律设定行政许可做出具体规定的比较少。这是由于我国法制建设初期的任务和特点决定的。随着全国人大及其常委会的立法越来越多,法律的空白越来越少,行政法规的创制性立法空间相对变小。但全国人大及其常委会制定的法律一般比较概括、抽象,对拿不准的东西往往授权行政法规去规定,因此,行政法规对法律作进一步具体化的空间还比较大。所以,《行政许可法》规定行政法规可以在法律设定的行政许可事项范围内,对实施该行政许可做出具体规定。行政法规对法律设定的行政许可作具体规定,要注意与其创设性立法的区别,也就是说在对法律规定的行政许可作具体规定时,不能创设新的行政许可。

2. 地方性法规的规定权

地方性法规是省、自治区、直辖市和较大的市的人大及其常委会在不同宪法、法律、行政法规相抵触的情况下制定的规范性文件,不需要有上位法作为"依据",有自主立法的性质。但实际情况是,地方法规创设性的立法比较少,实施性的立法比较多。尤其我国各地区经济发展不平衡,国家在制定法律时,往往规定得比较"粗",给地方立法留下一定的"空间",实践中地方性法规主要以实施法律为主。因此,《行政许可法》规定地方性法规可以在法律、行政法规规定的行政许可事项范围内,对实施该行政许可做出具体规定。根据这一规定,地方性法规既可以对法律设定的行政许可做出具体规定,也可以对行政法规设定的行政许可做出具体规定。同样需要注意的是,地方性法规在对法律、行政法规设定的行政许可作具体化时,不能增设新的行政许可。

3. 规章的规定权

这里的规章包括国务院部门规章和地方人民政府规章。国务院部门规章是根据法律、行政法规制定的规范性文件;地方政府规章是根据法律、行政法规和地方性法规制定的规范性文件。无论是国务院部门还是地方人民政府,其主要职能还是执行法律、法规,进一步落实法律、法规的规定。有时法律、法规制定得比较"粗",如果不进一步细化,执法人员不好掌握,执行起来可能会乱,因此,需要规章进一步具体化。《行政许可法》规定规章可以在上位法设定的行政许可事项范围内,对实施该行政许可做出具体规定,赋予规章行政许可规定权,以保证法律、法规的贯彻实施。

需要强调的是,《行政许可法》规定国务院部门规章有行政许可的规定权,但没有行政许可的设定权。取消部门规章的行政许可设定权是在起草行政许可法过程中国务院所做出的重大决策,是放松行政管制,治理行政许可太多、太滥的必要措施。考虑到国务院各部门主要任务是执行法律、行政法规,是执法部门,不宜自我授权,以防止为本部门和本系统设定和扩大权力。虽然取消规章的设定权会有一些问题,但是没有行政许可并不是放弃监管,对一些必要的行政许可,可以通过国务院发布决定的方式予以保留,因此,取消规章的设定权不会有太严重的后果。

同时,对行政许可规定权还应当注意以下两点。

一是法规、规章对实施上位法设定的行政许可做出的具体规定,不得增设行政许可。如法律规定设立某类企业需要某个部门批准后,就可以到工商局登记注册,行政法规在作具体规定时,规定还要另外一个部门批准,这就属于增设了行政许可。对于上位法做出规定的管理事项,如果需要设定行政许可,应当由上位法设定,上位法没有设定,应当理解不需要用设定行政许可的方式管理,下位法不能增设新的行政许可。这样规定是为了防止不同立法主体重复设定行政许可。

二是法规、规章对行政许可条件做出的具体规定,不得增设违反上位法规定的其他条件。上位法在设定行政许可时,有时没有规定条件,有时条件规定得比较概括,出现这两种情况,都需要法规、规章进一步具体规定,但不得增设违反上位法规定的其他条件。如何理解是对许可的条件进行具体化还是增设新的条件,实践中往往难以区分。应当结合设定行政许可的目的来判断。如烟草专卖法第十五条规定:"经营烟草制品批发业务的企业,必须经国务院烟草专卖行政主管部门或者省级烟草专卖行政主管部门批准,取得烟草专卖批发企业许可证,并经工商行政管理部门核准登记。"没有对取得"烟草专卖批发企业许可证"的条件作规定,需要法规或者规章做出具体规定。如果法规、规章规定必须经营指定的烟厂生产的卷烟,就属于增设了违反上位法规定的条件。再比如计量法第十二条第一款规定:"制造修理计量器具的企业、事业单位,必须具备与所制造、修理的计量器具相适应的设施、人员和检定仪器设备,经县级以上人民政府计量行政部门考核合格,取得《制造计量器具许可证》或者《修理计量器具许可证》。"但对必须具备什么样的设施、人员和检定仪器设备没有规定。国务院计量主管部门可以作具体规定,如果计量主管部门规定生产规模必须达到多少才发证,也属于增设新的条件。

（二）水行政许可的规定权

（1）行政法规可以对法律设定的行政许可做出具体的规定。如国务院的《取水许可和水资源费征收管理条例》对《水法》中的取水许可做出了具体的规定。

（2）地方性法规可以对法律、行政法规设定的行政许可作具体化的规定。如《河南省实施〈中华人民共和国水法〉办法》《河南省实施〈中华人民共和国防洪法〉办法》《河南省节约用水管理条例》等是对法律、行政法规设定的行政许可进行具体化的规定。

（3）国务院水行政主管部门及地方政府可以制定规章,对实施该水行政许可的程序、条件、期限、须提交的材料目录等做出具体规定。如水利部《水行政许可实施办法》是对水行政许可做出的具体规定;水利部《取水许可管理办法》及河南省政府《河南省取水许可和水资源费征收管理办法》是对《水法》和《取水许可和水资源费征收管理条例》做出具体规定。

（4）县级以上地方人民政府水行政主管部门或者流域管理机构认为需要增设新的在全国统一实施的水行政许可,或者认为法律、行政法规、国务院决定设定的水行政许可不必要、不合理,需要修改或者废止的,可以向国务院水行政主管部门提出意见和建议。国务院水行政主管部门认为需要增设新的水行政许可,或者认为法律、行政法规、国务院决定设定的水行政许可不必要、不合理,需要修改或者废止的,可以向国务院提出立法建议。

行政法规、地方性法规及规章对实施上位法规定的行政许可做出的具体规定,不得增设水行政许可和增设违反上位法的其他条件。

三、水行政许可的程序

水行政许可程序,是指享有行政许可决定权的机关或组织做出行政许可决定的具体方式、方法和步骤。

（一）一般程序

一般程序,又称普通程序,是指除法律规定应当适用听证程序的以外,行政许可通常所应适用的程序。

1. 申请

水行政许可是依申请的水行政行为,其启动权在公民、法人或者其他组织。申请是指公民、法人或者其他组织向水行政机关提出拟从事依法需要取得水行政许可的活动的意思表示。

申请水行政许可,可以由申请人到水行政许可实施机关的办公场所,以书面形式提出,也可以通过信函、电报、电传、传真、电子数据交换和电子邮件等方式提出。以电报、电传、传真、电子数据交换和电子邮件等方式提出的,申请人应当自提交申请之日起三日内提供能够证明其申请文件效力的材料;逾期未能提供的,视为放弃本次申请。

申请人可以委托代理人提出水行政许可申请。但是,依照法律、法规、规章应当由申请人本人到水行政许可实施机关的办公场所提出水行政许可申请的除外。申请人委托代理人提出水行政许可申请的,应当出具授权委托书。委托人为自然人的,应当在授权委托书上签名;委托人为法人或者其他组织的,应当由法定代表人或者主要负责人在授权委托书上签名并加盖公章。

申请人应当按照有关法律、法规、规章要求如实提交申请书、有关证明文件和其他相关材料,并对其申请材料实质内容的真实性负责。水行政许可实施机关不得要求申请人提交与其申请的水行政许可事项无关的技术资料和其他材料。

2. 初步审查

水行政许可实施机关收到水行政许可申请后,应当对下列事项进行审查:第一,申请事项是否依法需要取得水行政许可;第二,申请事项是否属于本机关的职权范围;第三,申请人是否具有依法不得提出水行政许可申请的情形;第四,申请材料是否齐全、符合法定形式。

水行政许可实施机关对水行政许可申请审查后,应当根据下列情况分别做出处理。

(1)申请事项依法不需要取得水行政许可的,应当即时制作《水行政许可申请不受理告知书》,告知申请人不受理;

(2)应当即时制作《水行政许可申请不予受理决定书》。其中,申请事项依法不属于本机关职权范围的,应当告知申请人向有关行政机关申请;

(3)申请材料存在文字、计算、装订等非实质内容错误的,应当允许申请人当场更正,但应当对更正内容签字或者盖章确认;

(4)申请材料不齐全或者不符合法定形式的,应当当场或者在五日内制作《水行政许可申请补正通知书》,一次告知申请人需要补正的全部内容,逾期不告知的,自收到申请材料之日起即为受理;

(5)申请事项属于本机关职权范围,申请材料齐全、符合法定形式,或者申请人按照要求提交全部补正申请材料的,应当制作《水行政许可申请受理通知书》。

水行政许可实施机关做出的《水行政许可申请受理通知书》《水行政许可申请不受理告知书》和《水行政许可申请补正通知书》等文书,应当加盖本机关专用印章和注明日期。

3. 实质审查

水行政机关接到申请后及时核实申请人的条件,采用书面审查和实地核查相结合的方式进行审查。书面审查的内容如下。

（1）审查申请材料反映的申请人条件的适用性；

（2）审查申请材料反映的实质内容的真实性。必要时进行实地核查，实地核查时水行政机关工作人员应当主动出示工作证件、表明身份。法律、法规、规章或许可机关认为应征求其他行政机关意见方能决定核发许可证的，水行政许可机关应在审查的期限内，及时征询意见。

水行政许可实施机关审查水行政许可申请时，发现该水行政许可事项直接关系他人重大利益的，应当告知申请人和利害关系人。其中，对于申请人和能够确定的利害关系人，应当直接送达《水行政许可陈述和申辩告知书》；利害关系人为不确定多数人的，应当公告告知。

告知书或者公告应当确定申请人和利害关系人陈述和申辩的合理期限，并说明该水行政许可的有关情况，但涉及国家秘密、商业秘密或者个人隐私的部分除外。申请人、利害关系人要求陈述和申辩的，应当听取，并制作笔录。申请人、利害关系人提出的事实、理由经审核成立的，应当采纳。

水行政许可实施机关可以根据法律、法规、规章的规定和水行政许可的需要，对水行政许可事项进行专家评审或者技术评估，并将评审或者评估意见作为水行政许可决定的参考依据。水行政许可实施机关可以根据法律、法规、规章的规定和水行政许可的需要，征求有关水行政主管部门或者其他行政机关的意见。

4. 决定

水行政许可实施机关审查水行政许可申请后，除当场做出水行政许可决定的外，应当在法定期限内按照法律、法规、规章和本办法规定的程序做出如下水行政许可决定。

（1）水行政许可申请符合法律、法规、规章规定的条件、标准的，依法做出准予水行政许可的书面决定，制作《准予水行政许可决定书》，并应当在办公场所、指定报刊或者网站上公开，公众有权查阅；

（2）水行政许可申请不符合法律、法规、规章规定的条件、标准的,依法做出不予水行政许可的书面决定,制作《不予水行政许可决定书》,应当说明理由,并告知申请人享有依法申请行政复议或者提起行政诉讼的权利和复议机关、受诉法院、时效等具体事项。

（二）期限

水行政许可的期限,是指水行政机关受理行政许可的申请至做出是否予以许可的决定的时限。

1.普通决定期限

（1）一般期限。除可以当场做出水行政许可决定的,水行政许可实施机关应当自受理水行政许可申请之日起 20 日内做出水行政许可决定。

（2）延长期限。因水行政许可事项重大、复杂或者具有其他正当理由,20 日内不能做出决定的,经本机关负责人批准,可以延长 10 日,并应当制作《水行政许可延期告知书》,将延长期限的理由告知申请人。

（3）特别期限。法律、法规另有规定的,依照其规定。

水行政许可实施机关做出准予水行政许可的决定,需要颁发水行政许可证件、证书的,应当自做出水行政许可决定之日起 10 日内向申请人颁发、送达。

2.统一办理或者联合办理、集中办理水行政许可的办理期限

（1）一般期限。水行政许可采取统一办理或者联合办理、集中办理的,办理时间不得超过 45 日。

（2）延长期限。45 日不能办结的,经本级人民政府负责人批准,可以延长 15 日,并应当将延长期限的理由告知申请人。

3.下级机关的审查期限

依法应当经下级水行政机关审查后上报上级水行政机关决

定的行政许可,下级水行政机关应当自其受理行政许可申请之日起 20 日内审查完毕。但是法律、法规另有规定的,依照其规定。

4.颁发、送达水行政许可证件,或者加贴标签、加盖检验、检测、检疫印章的期限

水行政机关做出准予行政许可的决定,应当自做出决定之日起 10 日内向申请人颁发、送达。

（三）听证程序

听证是指水行政许可机关为了合理、有效地做出行政许可决定,公开举行由全部利害关系人参加的听证会。听证的目的在于广泛听取各方面的意见,通过公开、合理的程序形式,将行政许可建立在合法适当的基础上,避免违法或者不当的行政许可决定给行政相对人及利害关系人带来不利或者不公正的影响。根据《水行政许可实施办法》第 29 条规定,法律、法规、规章规定实施水行政许可应当听证的事项,或者水行政许可实施机关认为需要听证的其他涉及公共利益的重大水行政许可事项,水行政许可实施机关应当向社会公告,并举行听证。水行政许可直接涉及申请人与他人之间重大利益关系的,水行政许可实施机关在做出水行政许可决定前,应当制作《水行政许可听证告知书》,告知申请人、利害关系人享有要求听证的权利。为了规范水行政听证程序,2006年水利部专门制定了《水行政许可听证规定》。

1.听证程序的适用范围

根据《行政许可法》《水行政许可实施办法》《水行政许可听证规定》及相关规定,听证程序适用的情形主要包括以下三方面内容。

（1）法律、法规及规章规定实施水行政许可应当听证的事项。

（2）涉及公共利益的下列水行政许可事项,应当举行听证:第一,涉及江河、湖泊和地下水资源配置的重大水行政许可事项;第二,涉及水域水生态系统保护的重大水行政许可事项;第

三，涉及水工程安全的重大水行政许可事项；第四，涉及防洪安全的重大水行政许可事项；第五，涉及水土流失防治的重大水行政许可事项；第六，涉及不同行政区域边界河段或者跨界河段的重大水行政许可事项；第七，需要听证的其他涉及公共利益的重大水行政许可事项。

（3）直接涉及申请人与他人之间重大利益关系的水行政许可事项。

2. 听证程序的组织

（1）听证的申请与决定

对于适用听证程序的前两种情形，水行政许可实施机关应当在举行听证二十日前，向社会公告听证内容；对于适用听证程序的最后一种情形，申请人或者利害关系人应在被告知听证权利之日起五日内要求听证，并提交听证申请书；逾期不申请的，视为放弃听证。水行政许可实施机关收到听证申请后，应当在五日内对申请材料进行审查。申请材料不齐备的，应当一次告知申请人、利害关系人需要补正的全部内容；申请材料符合形式和内容要求的，应当自收到申请材料之日起二十日内组织听证。

（2）听证通知

水行政许可实施机关应当于举行听证的七日前将举行听证的时间、地点、听证主持人和其他听证工作人员名单通知听证参加人。

（3）听证形式

除涉及国家秘密、商业秘密或者个人隐私的，听证应当公开举行。水行政许可实施机关应当于举行听证的三日前，向社会公告，公民、法人或者其他组织的代表持居民身份证可以旁听。

（4）听证的主持人与参加人

听证主持人、其他听证工作人员由水行政许可实施机关审查该水行政许可申请的工作人员以外的人员担任，负责听证的主持、记录等组织工作。涉及重大、复杂或者争议较大的水行政许可事项的听证,可以由水行政许可实施机关法制工作机构的工作人员担任听证主持人。听证主持人由水行政许可实施机关的负责人指定,其他听证工作人员由听证主持人指定。听证参加人包括水行政许可审查人、申请人、利害关系人、听证代表人、申请人或者利害关系人的代理人等。申请人、利害关系人可以委托一至两名代理人参加听证。代理人参加听证的,应当提交由委托人签名或者盖章的授权委托书。授权委托书应当载明委托事项及权限。听证参加人认为听证主持人、其他听证工作人员与该水行政许可事项有直接利害关系的,有权申请其回避;听证主持人、其他听证工作人员也可以自行回避。

（5）听证的程序

举行听证时,首先由听证主持人宣布听证事由、听证纪律及其他相关事项,然后由水行政许可申请的审查人员提出审查意见、理由和证据,接着由水行政许可的申请人、利害关系人、听证代表人发表意见;最后经过听证参加人各方申辩、质证及最后陈述后,听证结束。

（6）听证笔录

对于听证会中听证参加人提出的意见、理由和证据,以及申辩、质证和陈述情况,应当制作笔录。笔录应当向听证参加人宣读听证笔录或者交其阅读,听证参加人确认无误后签字或者盖章。听证参加人认为笔录有错误或者疏漏的,有权要求改正;听证参加人拒绝签名或者盖章的,应当在听证笔录中载明情况。

（7）听证费用

水行政许可机关组织听证,目的在于充分听取当事人的意见,保障水行政许可行为的合法性、科学性与公正性,保护公民、法人和其他组织的合法权益。因此,组织听证的费用,由水行政许可实施机关承担,申请人、利害关系人和听证代表人不承担听证费用。

（四）变更和延续程序

1. 变更程序

被许可人要求变更水行政许可事项的,应当向做出水行政许可决定的行政机关提出申请;符合法定条件、标准的,水行政机关应当依法办理变更手续。

2. 延续程序

被许可人需要延续依法取得的水行政许可的有效期的,应当在该行政许可有效期届满 30 日前向做出水行政许可决定的水行政机关提出申请,但是法律、法规、规章另有规定的,依照其规定。水行政机关应当根据被许可人的申请,在该水行政许可有效期届满前做出是否准予延续的决定,逾期未作决定的,视为准予延续。

四、水行政许可费用

水行政机关实施水行政许可和对水行政许可事项进行监督检查,禁止收取任何费用。

对于水行政机关提供的水行政许可申请书格式文本,也不得收费。

申请人、利害关系人不承担水行政机关组织听证的费用。

水行政机关实施水行政许可和对水行政许可事项进行监督检查收取费用的,必须由法律、行政法规作特别规定,规章和地方性法规都无权规定。并且应当遵守以下规则:一是按照公布的法定项目和标准收费;二是所收取的费用必须全部上缴国库;三是财政部门不得向水行政机关返还或者变相返还实施水行政许可所收取的费用。

《行政许可法》第七十五条规定:行政机关实施行政许可,擅自收费或者不按照法定项目和标准收费的,由其上级行政机关或者监察机关责令退还非法收取的费用;对直接负责的主管人员和其他直接责任人员依法给予行政处分。截留、挪用、私分或者变相私分实施行政许可依法收取费用的,予以追缴;对直接负责的主管人员和其他直接责任人员依法给予行政处分;构成犯罪的,依法追究刑事责任。

《水行政许可实施办法》第四十二条第三款规定:水行政许可实施机关实施水行政许可所需经费,应当列入本机关年度预算,实施预算管理。

第三节　水行政许可监督检查及法律责任

一、水行政许可的监督检查概述

在行政许可的监督检查方面,实践中存在的主要问题有两个方面:一是行政机关重许可,轻监督检查,一些行政机关甚至只许可,不监管。使得行政机关对于行政许可,只有实施许可的权力,却不承担监督检查的责任,实际使行政许可失去了本来意义,直接导致了各种违法现象的发生,引起了市场的混乱。二是行政机关对行政许可的监督检查没有纳入制度化轨道。一些行政机关要么不监督检查,要么就不分情况地搞突击检查、运动检查、重复检查,检查的程序和手段都很不规范,执法扰民的现象比较严重。一些行政机关在监督检查活动中存在吃、拿、卡、要以及乱收费、乱摊派、乱罚款的现象,引起被许可人的不满。一些行政机关及其工作人员在监督检查中发现行政许可实施过程中的违法行为,以及被许可人违法从事行政许可事项活动的违法行为,不及时纠正,甚至滥用职权、徇私舞弊,严重影响了行政机关的正常管理活动,影响了经济、社会生活的稳定,影响了市场经济的健康发展。总之,对行政许可的监督检查没有制度约束,使得一些行政机关的各种检查随意性很大,程序比较乱,效果并不好,甚至滋生了腐败现象。针对行政许可监督检查中存在的上述问题,《行政许可法》及《水行政许可实施办法》规定了具体的监督检查制度和措施。

（一）上级水行政主管部门对下级水行政许可实施机关实施水行政许可的监督检查制度

《水行政许可实施办法》第44条规定：上级水行政主管部门应当采取执法检查、处理投诉、责任追究或者个案督办等方式加强对下级水行政许可实施机关实施水行政许可的监督检查，及时纠正水行政许可实施中的违法行为。

（二）水行政许可实施机关自身建立健全监督制度

《水行政许可实施办法》第45条规定，水行政许可实施机关应当建立健全监督制度，按照管理权限和职责分工，对公民、法人或者其他组织从事水行政许可事项的活动履行监督检查责任。省、自治区、直辖市人民政府水行政主管部门应当依法明确本行政区域内各级水行政主管部门的具体监督检查职责，流域管理机构应当依法明确其下属管理机构的具体监督检查职责。

（三）行政机关对被许可人的生产经营等活动实施抽样检查、实地检查的制度

检查应采用书面检查为主的制度、检查记录归档的制度、通过互联网实施监督检查的制度以及检查结果公开的制度。如《水行政许可实施办法》第46条规定，监督检查一般采用核查反映被许可人从事水行政许可事项活动情况的有关材料进行。可以根据监督检查的需要对被许可人生产经营场所依法进行实地检查。检查时，可以依法查阅或者要求被许可人报送有关材料；被许可人应当如实提供有关情况和材料。水行政许可实施机关依法实施监督检查时，应当将监督检查的情况和处理结果予以记录，由监督检查人员签字后归档，公众有权查阅。

（四）规定行政机关监督检查活动中廉洁制度及保护被许可人合法利益原则

如《水行政许可实施办法》第 47 条规定,水行政许可实施机关实施监督检查,不得妨碍被许可人正常的生产经营活动,不得索取或者收受被许可人的财物,不得谋取其他利益,并应当保守与此有关的国家秘密、商业秘密和个人隐私。

（五）规定了行政机关之间在监督检查活动中的抄告制度

如《水行政许可实施办法》第 48 条规定,被许可人在做出水行政许可决定的水行政许可实施机关管辖区域外违法从事水行政许可事项活动的,由违法行为发生地的水行政许可实施机关按照管辖权限依法进行处理,并于五日内将被许可人的违法事实、处理结果抄告做出水行政许可决定的水行政许可实施机关。

（六）规定了行政机关在监督检查活动中发现各种违法行为的处理制度

如《水行政许可实施办法》第 50 条规定,水行政许可实施机关或者其上级水行政主管部门发现有违法行为时,可以撤销水行政许可。

二、水行政许可的监督检查的内容

水行政许可的监督检查的内容主要包括以下三个大的方面。

（一）对水行政许可机关的监督检查

对水行政许可机关的监督检查,它是指上级水行政主管部门对下级水行政许可实施机关实施水行政许可的监督检查,目的是及时发现水行政许可实施中的水行政违法行为。对水行政许可机关监督检查的主要内容有以下几个方面。

（1）是否有违法设定建设项目水行政许可和无法定依据实施建设项目水行政许可；

（2）对被许可人从事的项目活动是否进行监督管理；

（3）对违法从事建设项目活动的行为是否依法处理；

（4）实施建设项目水行政许可的主体是否合法；

（5）将有关建设项目水行政许可的依据、数量、程序、期限以及需要提交的全部材料的目录等是否予以公示；

（6）收到建设项目申请后是否依法制作、出具法律文书，按照程序办理和归档；

（7）在法定期限内实施了建设项目水行政许可和将建设项目水行政许可决定是否予以公示；

（8）是否超越法定权限做出建设项目水行政许可决定；

（9）涉河建设项目防洪补偿工程项目法人是否落实了准予许可时确定的补救措施及其他要求；

（10）在实施建设项目水行政许可过程中擅自收费，或者不按法定项目和标准收费。

（二）对被许可人的监督检查

对被许可人的监督检查是指水行政许可机关实施准予水行政许可行为后，应当建立健全监督制度，通过核查反映被许可人从事水行政许可事项活动情况的有关材料，履行监督责任。对被许可人的监督检查的具体内容如下。

（1）被许可人从事许可事项的活动是否按照准予许可时所设定的条件、标准、地点、范围、期限、数量、方式等进行开展活动。

（2）被许可人是否有影响防洪安全的行为。

（3）被许可人是否落实了准予许可时设定的补救措施及其他要求。

（4）被许可人是否落实了准予许可时设定的施工防汛方案，是否存在违反方案内容和要求，另外做出了影响防洪安全的其他行为。

（5）被许可人是否缴纳了应当缴纳的有关行政事业性收费。

（6）被许可人有没有落实安全警示标志和公示内容。

（7）被许可人是否履行规定及法定义务。

（8）被许可人是否有其他违反水事法律、法律的行为。

（9）被许可人涉及取用水资源的建设项目是否在施工许可前办理了取水许可手续。

水行政机关依法对被许可人从事水行政许可事项的活动进行监督检查时，应当将监督检查的情况和处理结果予以记录，由监督检查人员签字后归档。水行政机关可以对被许可人生产经营场所依法进行现场检查。水行政机关实施监督检查时，不能影响被许可人正常的生产经营活动不得索取或者收受被许可人的财物，不允许谋取其他利益。

（三）水行政许可的撤销和注销

1. 水行政许可的撤销

由于主观或客观因素影响，已经做出的水行政许可决定存在违法的情形，做出水行政许可决定的水行政机关或者上级水行政机关，根据利害关系人的请求或者依据职权，可以对水行政许可予以撤销。

（1）水行政机关及其工作人员违法实施的水行政许可

水行政机关工作人员滥用职权、玩忽职守做出准予水行政许可决定的；超越法定职权做出准予水行政许可决定的；违反法定程序做出准予水行政许可决定的；对不具备申请资格或者不符合法定条件的申请人准予水行政许可的；依法可以撤销水行政许可的其他情形。依照以下情形撤销水行政许可，被许可人合法权益受到损害的，水行政机关应依法给予赔偿。

（2）被许可人以欺骗、贿赂等不正当手段取得水行政许可

被许可人以欺骗、贿赂等不正当手段取得水行政许可的，应

当撤销,且被许可人基于该水行政许可取得的利益不受保护。

依照以上情形撤销水行政许可,可能对公共利益造成重大损害的,不予撤销。

2. 水行政许可的注销

水行政许可的注销是指水行政机关基于特定情况的出现,依法消灭已颁发的水行政许可的效力的行为。

《行政许可法》第七十条规定,有下列情形之一的,行政机关应当依法办理有关行政许可的注销手续。

(1)行政许可有效期届满未延续的;

(2)赋予公民特定资格的行政许可,该公民死亡或者丧失行政能力的;

(3)法人或者其他组织依法终止的;

(4)行政许可依法被撤销、撤回的,或者行政许可证件依法被吊销的;

(5)因不可抗力导致行政许可事项无法实施的;

(6)法律、法规规定的应当注销行政许可的其他情形。

注销应当由做出行政许可的原水行政机关输注销手续。

三、水行政许可的法律责任

长期以来,水行政许可活动中的法律责任没有引起应有的重视,主要表现为法律责任的不明确或者缺位。使水行政机关及其工作人员在行政许可的设定、实施和监督检查活动中,以及被许可人在从事行政许可事项的活动中,出现了不少问题。

在水行政机关及其工作人员方面,其问题主要是:一些水行政机关及其内设机构大量设定行政许可,使行政许可有泛滥之势;一些水行政机关及其工作人员在实施水行政许可的活动中,违反法定程序,官僚主义作风严重;一些水行政机关及其工作人员在实施水行政许可过程中,擅自收费或者不按照法定项目和标准收费,甚至出现截留、挪用、私分或者变相私分实施水行政许可依法收取的费用;一些水行政机关及其工作人员在办理水行政许可或者实施监督检查中索取或者收受他人财物,存在各种腐败现象;一些水行政机关及其工作人员对被许可人的违法活动,不依法履行监督检查职责或者监督检查不力,造成严重后果;一些水行政机关违法实施行政许可,给当事人的合法权益造成损害的,不依照国家的有关法律予以救济等。

在被许可人方面,其主要问题是:一些水行政许可申请人在申请行政许可时隐瞒有关情况或者提供虚假材料;一些被许可人在取得行政许可后涂改、倒卖、出租或者以其他非法方式转让许可证,或者超越行政许可的范围从事违法活动;一些被许可人以隐瞒有关情况、提供虚假材料或者拒绝提供反映其活动情况的真实材料等方式,逃避行政机关的监督检查;一些公民、法人或者其他组织未取得行政许可而擅自从事依法应当取得行政许可的活动等。

为了保证水行政许可的设定、实施和监督检查活动都在法律规定的范围内进行,保证公民、法人或者其他组织依法从事行政许可事项的活动,必须对水行政机关及其工作人员,以及有关的公民、法人或者其他组织规定相应的法律责任。结合《行政许可法》及《水行政许可实施办法》规定,水行政许可的法律责任主要有以下两个方面。

（一）水行政许可实施机关承担的法律责任

（1）改正或者撤销违法设定的行政许可。《水行政许可实施办法》第52条规定,县级以上地方人民政府水行政主管部门,违反《行政许可法》第17条规定设定水行政许可的,有关机关应当责令其限期改正或者依法予以撤销。流域管理机构违反规定设定水行政许可的,由国务院水行政主管部门责令其限期改正或者依法予以撤销。

（2）水行政许可实施机关及其工作人员违法实施水行政许可的,依照《行政许可法》分别承担行政责任或刑事责任。

（3）水行政许可实施机关违法实施水行政许可,给当事人的合法权益造成损害的,应当依照国家赔偿法的规定给予赔偿。

（二）水行政许可相对人应承担的法律责任

（1）水行政许可申请人隐瞒有关情况或者提供虚假材料申请水行政许可的,水行政许可实施机关应当不予受理或者不予水行政许可,并给予警告;水行政许可申请属于直接关系防洪安全、水利工程安全、水生态环境安全、人民群众生命财产安全事项的,申请人在一年内不得再次申请该水行政许可。

（2）被许可人以欺骗、贿赂等不正当手段取得水行政许可的,除可能对公共利益造成重大损害的,水行政许可实施机关应当予以撤销,并给予警告。被许可人从事非经营活动的,可以处一千元以下罚款;被许可人从事经营活动,有违法所得的,可以处违法所得三倍以下罚款,但是最高不得超过三万元,没有违法所得的,可以处一万元以下罚款,法律、法规另有规定的除外。取得的水行政许可属于直接关系防洪安全、水利工程安全、水生态环境安全、人民群众生命财产安全事项的,申请人在三年内不得再次申请该水行政许可;构成犯罪的,依法追究刑事责任。

（3）被许可人有《行政许可法》第八十条规定的行为之一的,水行政许可实施机关根据情节轻重,应当给予警告或者降低水行政许可资格（质）等级。被许可人从事非经营活动的,可以处一千元以下罚款;被许可人从事经营活动,有违法所得的,可以处违法所得三倍以下罚款,但是最高不得超过三万元,没有违法所得的,可以处一万元以下罚款,法律、法规另有规定的除外;构成犯罪的,依法追究刑事责任。

　　（4）公民、法人或者其他组织未经水行政许可,擅自从事依法应当取得水行政许可的活动的,水行政许可实施机关应当责令停止违法行为,并给予警告。当事人从事非经营活动的,可以处一千元以下罚款;当事人从事经营活动,有违法所得的,可以处违法所得三倍以下罚款,但是最高不得超过三万元,没有违法所得的,可以处一万元以下罚款,法律、法规另有规定的除外;构成犯罪的,依法追究刑事责任。

第六章　取水许可

第一节　取水许可概述

取水许可是目前我国水法规体系中最重要的一种行政许可行为。取水许可的设定依据是《水法》和《取水许可和水资源费征收管理条例》。《水法》第7条规定："国家对水资源依法实行取水许可制度和有偿使用制度。"《水法》第48条规定："直接从江河、湖泊或者地下取用水资源的单位和个人,应当按照国家取水许可制度和水资源有偿使用制度的规定,向水行政主管部门或者流域管理机构申请领取取水许可证,并缴纳水资源费,取得取水权。但是,家庭生活和零星散养、圈养畜禽饮用等少量取水的除外。"

为加强取水许可管理,规范取水的申请、审批和监督管理,水利部于2008年3月13日规定了《取水许可管理办法》。此外,各省市结合自己的实际情况又制定了具体的管理办法,如河南省人大常委会制定的《河南省实施〈中华人民共和国水法〉办法》、河南省政府制定的《河南省取水许可制度和水资源费征收管理办法》等法规规章。由此,我国的取水许可制度已经形成包括法律、行政法规、地方性法规、部门规章、地方政府规章在内的比较完善的法律体系。

取水许可制度贯穿于水资源规划、开发利用、保护和监督的过程,是水行政管理的核心,被世界各国普遍采用。如日本《河川法》规定,占有河川水流,必须从河川管理单位领取许可证,对不领取许可证而取水者要予以罚款或处徒刑,并规定用水者的有关事业必须有益于国民经济发展和人民生活,用水权是一种具有不稳定性的权利,主管部门有权调整用水量并对取用水情况进行监督和检查。

在美国,有些州的水权的获得,须经州政府主管部门的批准,并按开发次序的先后和自然条件的不同,采取了两种地表水水权制度。一种是沿岸使用权,即所有的沿岸土地所有者在不妨碍别的水权拥有者用水情况下,有权利用邻近水体的水,但在缺水时,大家都要同等地减少用水量。一种是优先使用权,即"谁占用水的时间越久,并加以有效益的利用,谁的水权等级就越高,谁不能有效益的用水,谁就会丧失水权,当水源不足时,先削减用水权低的用户"。东欧许多国家规定,用水户必须严格按照水许可证所规定的用途、地点取水,转让取水许可证必须经国家批准。用水户获证后,必须履行节约用水和防止浪费水资源的义务。

一、取水许可的概念

取水许可,是指水行政许可实施机关根据公民、法人或者其他组织的申请,经依法审查,通过颁发取水许可证形式,准予其从事取水活动的行政行为。取水许可的法律特征如下。

(1)水行政许可实施机关包括县级以上人民政府水行政主管部门及国务院水行政主管部门授权的流域管理机构;

(2)取水许可依据的法律主要有《水法》《取水许可和水资源费征收管理条例》《取水许可管理办法》及各省市颁布的地方性法规和政府规章;

(3)取水是指利用取水工程或者设施直接从江河、湖泊或者地下取用水资源。取水工程或者设施指闸、坝、渠道、人工河道、虹吸管、水泵、水井以及水电站等。

(4)下列几种情形不需要申请领取取水许可证。

①农村集体经济组织及其成员使用本集体经济组织的水塘、水库中的水的;

②家庭生活和零星散养、圈养畜禽饮用等少量取水的；

③为保障矿井等地下工程施工安全和生产安全必须进行临时应急取(排)水的；

④为消除对公共安全或者公共利益的危害临时应急取水的；

⑤为农业抗旱和维护生态与环境必须临时应急取水的。

二、取水许可的范围

取水许可的范围是指在生产生活中哪些取水行为需要获得许可后才能进行。《取水许可和水资源费征收管理条例》第2条规定："本条例所称取水,是指利用取水工程或者设施直接从江河湖泊或者地下取用水资源。取用水资源的单位和个人,除本条例第四条规定的情形外,都应当申请领取取水许可证,并缴纳水资源费。"这里所说的取水工程或者设施,是指闸、坝、渠道、人工河道、虹吸管、水泵、水井以及水电站等。之所以对利用取水工程或者设施的取水者要求,在获得取水许可证的前提下方可进行取水,是因为该种取水方法属于大量取水,对江河、湖泊或地下水资源的水量与相关因素影响较大,且取水的目的属于生产需要,故水行政主管部门有必要对其取水行为进行审批与监督管理。同时又基于水资源的归属、生产生活的特殊需要等具体原因,有一些情形不需办理取水许可证即可取水,这些情形如本节第一部分的第4条所示。

三、取水许可的主管部门

取水许可的主管部门是指哪些机关有权接受取水申请,进行取水许可的审批与相关的管理。我国现行取水许可管理实行的是一般取水许可管理与重点流域取水许可管理相结合的水行政许可体制。即一般取水许可由当地县级以上水行政主管部门分级进行管理;特殊流域的取水许可由重点流域管理机构在国务院水行政主管部门授权下进行管理。根据《取水许可和水资源费征收管理条例》的规定：第一，县级以上人民政府水行政主管部门按照分级管理权限，负责取水许可制度的组织实施和监督管理。第二，国务院水行政主管部门在国家确定的重要江河、湖泊设立的流域管理机构，依照本条例规定和国务院水行政主管部门授权，负责所管辖范围内取水许可制度的组织实施和监督管理。只有有权受理取水许可的机关才能对申请人的申请进行受理。

取水许可机关在审批取水申请之前，要核定本流域内水资源可利用量，统筹规划取水许可的总量，做到流域内批准取水的总耗水量不得超过本流域水资源可利用量。《取水许可和水资源费征收管理条例》规定：行政区域内批准取水的总水量，不得超过流域管理机构或者上一级水行政主管部门下达的可供本行政区域取用的水量；其中，批准取用地下水的总水量，不得超过本行政区域地下水可开采的，并应当符合地下水开发利用规划的要求。制定地下水开发利用规划应当征求国土资源主管部门的意见。

四、取水许可的原则

取水许可制度是国家对开发利用水资源实施统一管理的一项重要法律制度。无论是当前还是长远，取水许可对于发挥水资源在国民经济和社会发展的最大整体利益具有重要意义。特别是在缺水地区，取水许可对于制止乱开滥采水资源，控制不合理取水和耗水量过大企业的兴建，推动城乡节约用水，计划用水，缓解我国水资源的紧缺状况有十分重要的意义。《取水许可和水资源费征收管理条例》贯彻的基本原则有：

（一）城乡居民生活用水优先原则

取水许可应当首先满足城乡居民生活用水，并兼顾农业、工业、生态与环境用水以及航运等需要。

（二）符合规划，统筹考虑的原则

实施取水许可必须符合水资源综合规划、流域综合规划、水中长期供求规划和水功能区划，遵守依照《水法》规定批准的水量分配方案；尚未制定水量分配方案的，应当遵守有关地方人民政府间签订的协议。水资源是循环再生的动态资源，地表水、地下水转化，不可分割，因此，实施取水许可应当由各级水行政主管部门统一管理，坚持地表水与地下水统筹考虑的原则。

（三）总量控制与定额管理相结合的原则

总量控制指标是水资源管理的宏观控制指标，是对各流域、各行政区域、各行业、各企业、各用水户可使用的水资源量进行控制的水计划指标。定额管理是水资源管理的微观控制指标，是确定生产单位产品或提供一项服务的具体用水量的指标，是确定水资源宏观控制指标总量的基础。《取水许可和水资源旨费征收管理条例》第 7 条规定，实施取水许可应当坚持开源与节流相结合、节流优先的原则，实行总量控制与定额管理相结合。流域内批准取水的总耗水量不得超过本流域水资源可利用量。行政区域内批准取水的总水量，不得超过流域管理机构或者上一级水行政主管部门下达的可供本行政区域取用的水量；其中，批准取用地下水的总水量，不得超过本行政区域地下水可开采量，并应当符合地下水开发利用规划的要求。

（四）开发利用与节约保护并重原则

取水是开发利用水资源的重要手段。为了保证水资源良性循环和永续利用，必须取之有度，不能造成水源枯竭。超过合理的限度取水就是对大自然的掠夺，最终必将受到大自然的惩罚。《取水许可和水资源旨费征收管理条例》第 9 条规定，任何单位和个人都有节约和保护水资源的义务。第 12 条规定，申请取水时除了说明申请理由、取水的起始时间及期限、取水目的、取水量、年内各月的用水量、取水地点、取水方式外,还必须说明节水措施、退水地点和退水中所含主要污染物及污水处理措施等内容,以加强对水资源的保护。

　　水资源是一种公共资源,除家庭生活和零星散养、圈养畜禽饮用等少量取水的以及农村集体经济组织及其成员使用本集体经济组织的水塘、水库中的水等以外,作为自然人、法人和其他组织需要直接从江河、湖泊或地下水取水的都应当向当地人民政府申请取水许可证。取得取水许可证之后,方可按照规定的时间、地点、方式以及限额取水,并接受水行政管理主管理部门的监督。

第二节　取水许可程序

一、取水许可的申请与受理

（一）申请条件

　　申请取水的单位或者个人,应当向具有审批权限的审批机关提出申请。申请取水应当提交下列材料:第一,申请书;第二,与第三者利害关系的相关说明;第三,属于备案项目的,提供有关备案材料;第四,国务院水行政主管部门规定的其他材料。建设项目需要取水的,申请人还应当提交由具备建设项目水资源论证资质的单位编制的建设项目水资源论证报告书。论证报告书应当包括取水水源、用水合理性以及对生态与环境的影响等内容。其中申请书应当包括申请人的名称(姓名)、地址;申请理由;取水的起始时间及期限;取水目的、取水量、年内各月的用水量等;水源及取水地点;取水方式、计量方式和节水措施;退水地点和退水中所含主要污染物以及污水处理措施等。

（二）受理机关

申请利用多种水源，且各种水源的取水许可审批机关不同的，应当向其中最高一级审批机关提出申请。

申请在地下水限制开采区开采利用地下水的，应当向取水口所在地的省、自治区、直辖市人民政府水行政主管部门提出申请。

取水许可权限属于流域管理机构的，应当向取水口所在地的省、自治区、直辖市人民政府水行政主管部门提出申请。其中，取水口跨省、自治区、直辖市的，应当分别向相关省、自治区、直辖市人民政府水行政主管部门提出申请。省、自治区、直辖市人民政府水行政主管部门，应当自收到申请之日起 20 个工作日内提出意见，并连同全部申请材料转报流域管理机构；流域管理机构收到后，应当依照本条例第十三条的规定做出处理。申请利用多种水源，且各种水源的取水审批机关为不同流域管理机构的，接受申请材料的省、自治区、直辖市人民政府水行政主管部门应当同时分别转报有关流域管理机构。

（三）受理

县级以上地方人民政府水行政主管部门或者流域管理机构，应当自收到取水申请之日起 5 个工作日内对申请材料进行审查，并根据下列不同情形分别做出处理：申请材料齐全、符合法定形式、属于本机关受理范围的，予以受理；提交的材料不完备或者申请书内容填注不明的，通知申请人补正；不属于本机关受理范围的，告知申请人向有受理权限的机关提出申请。

二、取水许可的审查与决定

（一）取水许可审批权限划分

1. 流域管理机构审批的取水

（1）长江、黄河、淮河、海河、滦河、珠江、松花江、辽河、金沙江、汉江的干流和太湖以及其他跨省、自治区、直辖市河流、湖泊的指定河段限额以上的取水；

（2）国际跨界河流的指定河段和国际边界河流限额以上的取水；

（3）省际边界河流、湖泊限额以上的取水；

（4）跨省、自治区、直辖市行政区域的取水；

（5）由国务院或者国务院投资主管部门审批、核准的大型建设项目的取水；

（6）流域管理机构直接管理的河道（河段）、湖泊内的取水；

（7）由国务院或者国务院投资主管部门审批、核准的大型建设项目取用地下水限制开采区地下水。

2. 国务院水行政主管部门审批的取水

流域管理机构审批的指定河段和限额以及流域管理机构直接管理的河道（河段）、湖泊的取水。

3. 省、自治区、直辖市人民政府水行政主管部门审批的取水

申请在地下水限制开采区开采利用地下水的，由取水口所在地的省、自治区、直辖市人民政府水行政主管部门负责审批。

县级以上地方人民政府水行政主管部门按照省、自治区、直辖市人民政府规定的审批权限审批取水。

（二）取水量审批的主要依据

（1）取水审批机关审批的取水总量，不得超过本流域或者本行政区域的取水许可总量控制指标。在审批的取水总量已经达到取水许可总量控制指标的流域和行政区域，不得再审批新增取水。

取水单位或个人应在每年 12 月 31 日前向审批机关报送本年度的取水情况和下一年的度取水计划建议。审批机关应按照年度将取用地下水的情况抄送同级国家土地资源主管部门，将取用城市规划区地下水的情况抄送同级城市建设主管部门。

（2）按照行业用水定额核定的用水量是取水量审批的主要依据。行业用水定额，是指在水平衡测试的基础上，确定各行各业各种单位产品和服务项目的具体用水定额。取水审批机关应当根据本流域或者本行政区域的取水许可总量控制指标，按照统筹协调、综合平衡、留有余地的原则核定申请人的取水量。所核定的取水量不得超过按照行业用水定额核定的取水量。

（3）省、自治区、直辖市人民政府水行政主管部门和质量监督检验管理部门负责指导制定本行政区域内的行业用水定额并负责组织实施。

（4）对省、自治区、直辖市尚未制定本行政区域行业用水定额的，可以参照国务院有关行业主管部门制定的行业用水定额执行，确保审批取水量时有据可依。

（三）取水许可审查内容

审批机关受理取水申请后，应当对取水申请材料进行全面审查，并综合考虑取水可能对水资源的节约保护和经济社会发展带来的影响，决定是否批准取水申请。审查事项包括取水目的的正当性、取水水量的合理性、取水水源的可靠性、取水用水的可行性、节水措施的有效性及污水处理的合法性等。

（四）取水许可听证程序

审批机关认为取水涉及社会公共利益需要听证的,应当向社会公告,并举行听证。取水涉及申请人与他人之间重大利害关系的,审批机关在做出是否批准取水申请的决定前,应当告知申请人、利害关系人。申请人、利害关系人要求听证的,审批机关应当组织听证。

（五）取水许可决定

审批机关应当自受理取水申请之日起4、5个工作日内决定批准或者不批准。决定批准的,应当同时签发取水申请批准文件。决定不批准的,应书面告知申请人不批准的理由和依据。

1. 取水申请批准文件应当包括下列内容

（1）水源地水量水质状况,取水用途,取水量及其对应的保证率;

（2）退水地点、退水量和退水水质要求;

（3）用水定额及有关节水要求;

（4）计量设施的要求;

（5）特殊情况下的取水限制措施;

（6）蓄水工程或者水力发电工程的水量调度和合理下泄流量的要求;

（7）申请核发取水许可证的事项;

（8）其他注意事项。

申请利用多种水源,且各种水源的取水审批机关为不同流域管理机构的,有关流域管理机构应当联合签发取水申请批准文件。

2. 不批准的情形包括以下种

（1）在地下水禁采区取用地下水的;

（2）在取水许可总量已经达到取水许可控制总量的地区增

加取水量的；

（3）可能对水功能区水域使用功能造成重大损害的；

（4）取水、退水布局不合理的；

（5）城市公共供水管网能够满足用水需要时，建设项目自备取水设施取用地下水的；

（6）可能对第三者或者社会公共利益产生重大损害的；

（7）属于备案项目，未报送备案的；

（8）法律、行政法规规定的其他情形。

（六）取水许可证的发放和公告

取水许可证是指取水许可申请人的申请经过审查获得批准，其建设的取水设施或工程经验收达到审批所确认的标准，由取水许可审批部门核发的可以在批准所认可的范围内取水的许可证明。取水申请获得批准后并不必然获得取水许可证，取水许可申请人应当按照批准机关的要求进行取水设施或工程建设，需要等待验收符合原取水许可获得批准时所确定的标准时，水行政许可部门才可发放取水许可证。取水申请经审批机关批准，申请人方可兴建取水工程或者设施。取水工程或者设施竣工并试运行满30日后，申请人应当向取水审批机关申请核发取水许可证；经验收合格的，由审批机关核发取水许可证。

取水申请批准后，在一定时期内没有进行取水工程或设施建设的，原批准文件失效，不能颁发取水许可证。如果直接利用已有取水工程或设施取水的，则无须进行取水工程或设施建设，但要经审批水行政主管部门审查合格，发给取水许可证。审批机关应当将发放取水许可证的情况及时通知取水口所在地县级人民政府水行政主管部门，并定期对取水许可证的发放情况予以公告。

取水许可证应当包括下列内容：取水单位或者个人的名称（姓名）；取水期限；取水量和取水用途；水源类型；取水、退水地点及退水方式、退水量。

取水许可证有效期限一般为 5 年,最长不超过 10 年。有效期届满,需要延续的,取水单位或者个人应当在有效期届满 45 日前向原审批机关提出申请,原审批机关应当在有效期届满前,做出是否延续的决定。取水单位或个人要求变更取水许可证载明的事项的,应当按照本条例的规定向审批机关申请,经原审批机关批准,办理有关变更手续。

（七）取水许可程序的特殊性

从取水许可申请到取水许可证的颁发,整个过程都具有特殊性。与土地许可等行政许可程序相比,取水许可反映了开发水资源与使用水资源的规律。其特殊性表现在以下三个方面。

1. 体现流域管理与行政区域管理相结合的水行政管理体制

程序中规定取水许可权限属于流域管理机构,取水口所在地省级水行政主管部门为接受取水许可申请部门。另外,取水许可的分级审批也体现了这一要求。

2. 强化对水资源的保护和限制使用

建设项目,申请取水许可属于前置程序,是申请材料的必备内容。

3. 实现工程管理与制度管理相结合

取水申请被批准后,申请人并不能随即拿到取水许可证,只是取得建设取水工程或设施的资格,工程完工验收合格后,方可办理取水许可证。设计这种程序的意义有以下几条。

（1）体现了对社会资源的有效使用;

（2）反映了工程质量对取水行为的影响;

（3）保护河道、地下水等的需要,如取水口危害河堤,则不颁发取水许可证,取水行为就无法实施;

（4）对信赖保护原则贯彻提出更高要求。

三、取水许可实行分级审批

取水许可实行分级审批。分级审批是指取水量的大小分别由不同级别的机构审批。例如,河北省唐山市以县区为单位颁发的《取水许可制度》《用水管理制度》《打井审批制度》。其中规定对取水许可实行分级审批:年用水量在 1000 万立方米以下的取水户由省水行政主管部门审批;年用量在 100 万 ~ 1000 万立方米的取水用户由市水行政主管部门审批;年用水量在 100 万立方米以下的取水用户由县区水行政主管部门审批。取水许可审批后,由取水地点所在县区的水行政主管部门代表上级水行政主管部门行使管理权,负责发放取水许可证。对新建项目由建设单位提出申请,领取取水许可证后才能组织施工建设。

四、取水许可证调整、变更及吊销

取水许可证是发证机关根据本地区正常情况下天然来水量,经过综合平衡后批准给取水单位和个人一定量的取水权益。但是,当遇到大旱天气年份时,自然的来水量大幅度减少时,所分配的取水份额便得不到保证,需要对取水进行限制。另外,由于我国是水资源紧缺国家,社会需水量不断增长,需要根据产业政策、工业用水的实际多少等因素对取水许可进行调整,以满足全社会对水的需求。故取水单位依法取得的取水权是一种相对的权益,不是固定不变的。由于取水量的核减或限制对生产、生活影响较大,所以取水量的核准或限制须经县级人民政府批准。

批准和办理取水许可的变更:依法取得取水权的单位或者个人,通过调整产品和产业结构、改革工艺、节水等措施节约水资源的,在取水许可人有效期和取水资源限额内,经原审批机关批准,可以依法有偿转让其节约的水资源,并到原审批机关办理取水权变更手续。具体办法由国务院水行政主管部门制定。

对于连续停止取水满一年的,经县级以上人民政府批准,吊销其取水许可证。取水期满,取水许可证自行失效,需要延长期限的,应在距期限 90 日提出申请。因自然原因等需要更取水地点的,须经原批准机关批准。对于少量取水的限额,由省级人民政府根据当前水资源状况确定。

第三节　取水许可的监督管理与法律责任

一、取水许可的监督管理

(一)监督管理主体

取水许可的监督主体是县级以上人民政府主管部门及流域管理机构。县级以上地方人民政府水行政主管部门审批的取水,可以由审批机构自己监督,也可以委托其所属具有管理公共事务职能的单位或者下级地方人民政府水行政主管部门实施日常监督管理。流域管理机构审批的取水,可以由审批机构自己监督,也可以委托其所属管理机构或者取水口所在地省、自治区、直辖市人民政府水行政主管部门实施日常监督管理。

(二)监督管理内容

1. 对年度水量分配方案和年度取水计划的监督管理

年度水量分配方案和年度取水计划是年度取水总量控制的依据,应当根据批准的水量分配方案或者签订的协议,结合实际用水状况、行业用水定额、下一年度预测来水量等制定。国家确定的重要江河、湖泊的流域年度水量分配方案和年度取水计划,由流域管理机构会同有关省、自治区、直辖市人民政府水行政主管部门制定。县级以上各地方行政区域的年度水量分配方案和年度取水计划,由县级以上地方人民政府水行政主管部门根据上一级地方人民政府水行政主管部门或者流域管理机构下达的年度水量分配方案和年度取水计划制定。取水审批机关依照本地区下一年度取水计划、取水单位或者个人提出的下一年度取水计划建议,按照统筹协调、综合平衡、留有余地的原则,向取水单位或者个人下达下一年度取水计划。取水单位或者个人因特殊原因需要调整年度取水计划的,应当经原审批机关同意。

跨省、自治区、直辖市的江河、湖泊,尚未制定水量分配方案或者尚未签订协议的,有关省、自治区、直辖市的取水许可总量指标,由流域管理机构根据流域水资源条件,依据水资源的综合规划、流域综合规划和水中长期供求规划,结合各省、自治区、直辖市取水现状及供需情况,根据有关省、自治区、直辖市人民政府水行政主管部门提出,报国务院水行政主管部门批准;设区的市、县(市)行政区域的取水许可总量控制指标,由省、自治区、直辖市人民政府水行政主管部门依据本省、自治区、直辖市取水许可总量控制指标结合各地取水现状及供需情况制定,并报给所属流域管理机构备案。

2. 审批机关在特定情形下对取水单位或者个人的年度取水量进行限制

主要情形包括:因自然原因,水资源不能满足本地区正常供水的;取水、退水对水功能区水域使用功能、生态与环境造成严重影响的;地下水严重超采或者因地下水开采引起地面沉降等地质灾害的;出现需要限制取水量的其他特殊情况的。发生重大旱情时,审批机关可以对取水单位或者个人的取水量予以紧急限制。审批机关需要对取水单位或者个人的年度取水量予以限制的,应当在采取限制措施前及时书面通知取水单位或者个人。

3. 日常监督检查

包括要求被检查单位或者个人提供有关文件、证照、资料;要求被检查单位或者个人就执行本条例的有关问题做出说明;进入被检查单位或者个人的生产场所进行调查;责令被检查单位或者个人停止违反本条例的行为,履行法定义务。监督检查人员在进行监督检查时,应当出示合法有效的行政执法证件。有关单位和个人对监督检查工作应当给予配合,不得拒绝或者阻碍监督检查人员依法执行公务。

4. 对取水许可证发放情况的监督管理

县级以上地方人民政府水行政主管部门应当按照国务院水行政主管部门的规定,及时向上一级水行政主管部门或者所在流域的流域管理机构报送本行政区域上一年度取水许可证发放情况。流域管理机构应当按照国务院水行政主管部门的规定,及时向国务院水行政主管部门报送其上一年度取水许可证发放情况,并同时抄送取水口所在地省、自治区、直辖市人民政府水行政主管部门。上一级水行政主管部门或者流域管理机构发现越权审批、取水许可证核准的总取水量超过水量分配方案或者协议规定的数量、年度实际取水总量超过下达的年度水量分配方案和年度取水计划的,应当及时要求有关水行政主管部门或者流域管理机构纠正。

二、取水许可的法律责任

(一)水行政主体的法律责任

县级以上地方人民政府水行政主管部门、流域管理机构或者其他有关部门及其工作人员,有下列行为之一的,由其上级行政机关或者监察机关责令改正;情节严重的,对直接负责的主管人员和其他直接责任人员依法给予行政处分;构成犯罪的,依法追究刑事责任。

(1)对符合法定条件的取水申请不予受理或者不在法定期限内批准的;

(2)对不符合法定条件的申请人签发取水申请批准文件或者发放取水许可证的;

（3）违反审批权限签发取水申请批准文件或者发放取水许可证的；

（4）对未取得取水申请批准文件的建设项目，擅自审批、核准的；

（5）不按照规定征收水资源费，或者对不符合缓缴条件而批准缓缴水资源费的；

（6）侵占、截留、挪用水资源费的；

（7）不履行监督职责，发现违法行为不予查处的；

（8）其他滥用职权、玩忽职守、徇私舞弊的行为。

（二）水行政相对人的法律责任

（1）未经批准擅自取水，或者未依照批准的取水许可规定条件取水的，由县级以上人民政府水行政主管部门或者流域管理机构依据职权，责令停止违法行为，限期采取补救措施，处二万元以上十万元以下的罚款；情节严重的，吊销其取水许可证；给他人造成妨碍或者损失的，应当排除妨碍、赔偿损失。

（2）未取得取水申请批准文件擅自建设取水工程或者设施的，责令停止违法行为，限期补办有关手续；逾期不补办或者补办未被批准的，责令限期拆除或者封闭其取水工程或者设施；逾期不拆除或者不封闭其取水工程或者设施的，由县级以上地方人民政府水行政主管部门或者流域管理机构组织拆除或者封闭，所需费用由违法行为人承担，可以处 5 万元以下罚款。

（3）申请人隐瞒有关情况或者提供虚假材料骗取取水申请批准文件或者取水许可证的，取水申请批准文件或者取水许可证无效，对申请人给予警告，责令其限期补缴应当缴纳的水资源费，处 2 万元以上 10 万元以下罚款；构成犯罪的，依法追究刑事责任。

（4）拒不执行审批机关做出的取水量限制决定，或者未经批准擅自转让取水权的，责令停止违法行为，限期改正，处 2 万元以上 10 万元以下罚款；逾期拒不改正或者情节严重的，吊销取水许可证。

（5）不按照规定报送年度取水情况的、拒绝接受监督检查或者弄虚作假的及退水水质达不到规定要求的,责令停止违法行为,限期改正,处 5000 元以上 2 万元以下罚款;情节严重的,吊销取水许可证。

（6）未安装计量设施的,责令限期安装,并按照日最大取水能力计算的取水量和水资源费征收标准计征水资源费,处 5000元以上 2 万元以下罚款;情节严重的,吊销取水许可证。

计量设施不合格或者运行不正常的,责令限期更换或者修复;逾期不更换或者不修复的,按照日最大取水能力计算的取水量和水资源费征收标准计征水资源费,可以处 1 万元以下罚款;情节严重的,吊销取水许可证。

（7）取水单位或者个人拒不缴纳、拖延缴纳或者拖欠水资源费的由县级以上人民政府水行政主管部门或者流域管理机构依据职权,责令限期缴纳;逾期不缴纳的,从滞纳之日起按日加收滞纳部分千分之二的滞纳金,并处应缴或者补缴水资源费一倍以上五倍以下的罚款。

（8）对违反规定征收水资源费、取水许可证照费的,由价格主管部门依法予以行政处罚。

（9）伪造、涂改、冒用取水申请批准文件、取水许可证的,责令改正,没收违法所得和非法财物,并处 2 万元以上 10 万元以下罚款;构成犯罪的,依法追究刑事责任。

第七章　水行政征收

第一节　水行政征收概述

一、行政征收

（一）行政征收的概念

行政征收是指行政机关根据国家和社会公共利益的需要，依法向行政管理相对人强制地、无偿地征缴一定数额金钱或者实物的单方具体行政行为。

（二）行政征收的特点

（1）行政征收是行政主体针对公民、法人或其他组织实施的一种单方具体行政行为。

（2）行政征收的实质在于行政主体以强制方式无偿取得相对方的财产所有权。

（3）行政征收的实施必须以相对方负有行政法上的缴纳义务为前提。

（三）行政征收的分类

从我国现行法律法规的规定来看，行政征收的种类主要包括：

1. 税收征收

税收征收是行政征收的最主要的方面，它由税法调整。从我国目前的税法规定来看,税收征收包括对内税收征收和涉外税收征收两个方面。对内征收的税包括产品税、营业税、增值税、所得税、消费税、资源税、农业税等,对外征收的税包括关税、反倾销税、反补贴税等。 按征税对象的不同,所有税种可分为所得税、商品税、资源税、财产税和行为税五大类。这是最重要的、也是最基本的一种税收分类方法。

2. 资源费征收

在我国,城市土地、矿藏、水流、山岭、草原、荒地、滩涂等自然资源属于国家所有,单位和个人在开采、使用国有自然资源时必须依法向国家缴纳资源费。

3. 建设资金征收

这是为确保国家的重点建设、解决重点建设资金不足的问题而向公民、法人及其他组织实施的征收。如公路养路费的征收、港口建设费的征收、国家能源交通重点建设基金的征收等。

4. 管理费征收

譬如,根据《城乡集市贸易管理办法》第30条规定:"对进入集市交易的商品由当地工商行政管理部门收取少量的市场管理费。"

5. 排污费征收

根据《征收排污费暂行办法》(1982年2月5日国务院发布)第3条规定:一切企业、事业单位,都应当执行国家发布的《工业"三废"排放试行标准》等有关标准。省、自治区、直辖市人民政府批准和发布了地区性排放标准的,位于当地的企业、事业单位应当执行地区性排放标准,"对超过上述标准排放污染物的企业、事业单位要征收排污费;对于其他排污单位,要征收采暖锅炉排污费。"

6. 滞纳金征收

如根据《税收征收管理法》第20条的规定:"纳税人,扣缴义务人按照法律、行政法规规定或者税务机关依照法律、行政法规的规定确定的期限,缴纳或者解缴税款。纳税人未按照前款规定期限缴纳税款的,扣缴义务人未按照前款规定期限解缴税款的,税务机关除责令限期缴纳外,从滞纳税款之日起,按日加征滞纳税款千分之二的滞纳金。"由于在很长一段时间内行政征收并没有受到足够的重视,对行政征收的研究相对滞后,使得在现实生活中行政征收引起了许多争议,进而在一定程度上影响了行政征收的开展。随着我国经济的迅速发展,无论行政主体还是行政相对人都面临越来越多的行政征收,对行政征收的研究也就显得愈加紧迫。

在现实管理中不能忽视的是,许多行政主体在执行行政征收时,违法情况十分普遍,严重损害了行政相对人的合法权益,因而对行政征收尽快立法就显得极其重要。

二、水行政征收

(一)水行政征收的概念

水行政征收是指水行政主体根据国家和社会公共利益的需要,依法向个人和组织强制征集一定数额的行政行为。

水行政征收是指水行政主体根据水事法律规范的规定,以强制方式无偿取得水行政相对方财产所有权的一种水行政行为。目前,国家还没有开征水事方面的税收,水行政征收主要表现形式是水行政收费。如征收水资源费、河道建设维护费,收取河道采砂管理费、水文专业有偿服务费等。

(二)水行政征收的特征

水行政征收具有以下法律特征。

(1)水行政征收是水行政主体针对公民、法人和其他组织依职权所实施的一种单方面的水行政行为。

（2）水行政征收的实施必须是以相对人负有水事法律规范所规定的缴纳义务为前提。

（3）水行政征收的实质在于水行政主体以强制方式无偿取得相对人的财产所有权。

（三）水行政征收的种类

水行政征收主要有以下几种。

1. 防汛费

防汛费是指有防汛义务的公民，将年度防汛义务工所折资缴纳的用于防汛抗洪的费用。防汛费主要用于防汛物资、器材的购置、储备及紧急抢险，防汛部门基础建设和管理，防汛抢险挖占集体所有土地的补偿。《防洪法》第三条规定：防洪费用按照政府投入同受益者合理承担相结合的原则筹集。《河道管理条例》第三十八条："河道堤防的防汛岁修费，按照分级管理的原则，分别由中央财政和地方财政负担，列入中央和地方年度财政预算。"

下面是宜昌市"关于组织开展二〇〇九年度防汛费征收工作的通知"中的第二条：征收范围和标准。凡本市境内非农业人口中有劳动能力的年满18周岁至60周岁的男性公民和18周岁至55周岁的女性公民，包括异地从业的本市籍公民、外省在本市从业且领取公安机关签发《暂住证》的公民、没有承担农村水利义务工的国营农场中以农代商的农工、乡镇企业职工、农民个体工商户，以及常年在厂矿、企业做工的农民，都必须按规定缴纳防汛费。标准是每人每年25元。

宜昌位于湖北省西南部、长江中上游结合部，是举世瞩目的长江三峡水利枢纽工程所在地。

2. 水资源费

水资源费是指水行政主体利用水工程或机械设施直接从地下或江河湖泊取水者按国家或省级人民政府所制定的标准依法所征收的费用。

水是资源性国有资财,取水者应当按照有偿使用原则向国家缴纳水资源费。国务院颁布的《取水许可和水资源费征收条例》于 2006 年 4 月 15 日起施行。

该条例规定:水资源费由取水审批机关负责征收;其中,流域管理机构审批的,水资源费由取水口所在地省、自治区、直辖市人民政府水行政主管部门代为征收。征收的水资源费应当按照国务院财政部门的规定分别解缴中央和地方国库。因筹集水利工程基金,国务院对水资源费的提取、解缴另有规定的,从其规定。征收的水资源费应当全额纳入财政预算,由财政部门按照批准的部门财政预算统筹安排,主要用于水资源的节约、保护和管理,也可以用于水资源的合理开发。

3. 砂石资源费

对在长江中从事采砂活动的单位和个人收取的资源费。砂石属于国家的矿产资源,对资源实行有偿使用,是国际通行的做法。

《长江河道采砂管理条例》第十七条规定:

从事长江采砂活动的单位和个人应当向发放河道采砂许可证的机关缴纳长江河道砂石资源费。

发放河道采砂许可证的机关应当将收取的长江河道砂石资源费全部上缴财政。

长江河道砂石资源费的具体征收、使用管理办法由国务院财政主管部门会同国务院水行政主管部门、物价主管部门制定。

从事长江采砂活动的单位和个人,不再缴纳河道采砂管理费和矿产资源补偿费。

4. 河道采砂管理费

为了加强河道的整合与管理,合理采取范围内的砂石,水行政主体向在河道管理范围内采砂挖石、取土和淘金的采砂者所征收的一种费用。用于河道的整治、堤防工程的维修和工程设施的更新与改造。《河道管理条例》第四十条:"在河道管理范围内采砂、取土、淘金,必须按照经批的范围和作业方式进行,并向河道主管机关缴纳管理费。"河道主管机关收取的各项费用,用于河道堤防工程的建设、管理、维修和设施的更新改造。但是在长江中采砂,则收取的是砂石资源费。

5. 河道工程修建维护管理费

受洪水威胁的省、自治区、直辖区为了加强本行政区域内防洪工程设施的建设,提高防御洪水的能力,水行政主体可以按照国务院的有关规定向在防洪保护区范围内的工业、商业企业和公民个人征收河道工程修建维护管理费,用于河道堤防等防洪工程的建设、维修和设施的更新改造。《河道管理条例》第三十九条:"受益范围明确的堤防、护岸、水闸、圩垸、海塘和排涝工程设施,河道主管机关可以向受益的工商企业等单位和农户收取河道工程修建维护管理费,其标准应当根据工程修建和维护管理费用确定。"

6. 水保两费

水保两费即水土保持设施补偿费和水土流失防治费。水土保持设施补偿费,是针对从事自然资源开发、生产建设和其他活动破坏地形、地貌、植被的生产建设单位和个人开征的特别费,用于水土保持设施建设。水土流失防治费,是针对进行生产建设活动造成水土流失不能自行治理的单位和个人开设的,用于相应工程造成的水土流失的治理。

7. 滞纳金

滞纳金是指水行政相对方不按照水事法律规范所规定的方式、期限向水行政主体缴纳征收的行政事业费和水行政处罚款,水行政主体可以按照水事法律规范的规定向其增加增收的部分费用。《行政处罚法》规定:当事人到期不缴纳罚款的,每日按罚款数额的3%加处罚款。

8. 水利建设基金

水利建设基金属于政府性基金,是从中央和地方收取的政府性基金中提取一定比例组成的。《防洪法》第五十一条规定:"国家设立水利建设基金,用于防洪工程和水利工程的维护和建设。"国务院印发的财政部商国家计委、水利部等有关部门制定的《水利建设基金筹集和使用管理暂行办法》,于1997年1月1日生效执行。办法规定:"中央水利建设基金主要用于关系国民经济和社会发展全局的大江大河重点工程的维护和建设。地方水利建设基金主要用于城市防洪及中小河流、湖泊的治理、维护和建设。跨流域、跨省(自治区、直辖市)的重大水利建设工程和跨国河流、国界河流我方重点防护工程的治理费用由中央和地方共同负担。"

上述几项内容归纳起来,无外乎以下三种类别。

(1)因使用水资源及其延伸资源而引起的征收,如水资源费、砂石资源费等。这类行政征收实质上是有偿使用原则在水资源及其延伸等资源性国有财产领域上的适用。对于盘活我国的资源性存量国有财产,促进国有财产与资源的合理配置,推动我国国民经济建设和社会发展,最大限度地发挥国有财产与资源的价值有着重要的意义。

(2)因水事法律规范所规定的义务而引起的征收,如河道工程维护管理费、河道采砂管理费、水利基金等。这类征收的实质是指凭借国家强制力无偿参与公民、法人或其他组织收入分配而取得财产所有权。

(3)因违反水事法律规范的规定而引起的征收,如水行政罚款滞纳金的征收。

过去,在水行政收费项目中还有水利工程农业水费一项,但自2003年后,水利工程农业水费为经营性收费项目,不再作为行政事业性收费管理。

三、水行政征收与水行政征用之间的区别

水行政征用是指水行政主体为了公共利益的需要,依照法定

程序强制使用水行政相对人的财产、劳务的一种水行政行为。

水行政征收与水行政征用之间的区别主要体现在:

（一）法律后果

水行政征收的法律后果是水行政相对人一定的财产所有权转归国家,而水行政征用的法律后果则是水行政主体暂时取得了被征用方财产的使用权,并不发生财产所有权的转移。

（二）行为对象

水行政征收一般仅限于财产内容,而水行政征用的对象不仅限于财产内容,还包括被征用的劳务。如《防洪法》第五十二条规定:"有防洪任务的地方各级人民政府应当根据国务院的有关规定,安排一定比例的农村义务和劳动积累工,用于防洪工程设施的建设、维护。"

（三）能否得到补偿

水行政征收是水行政主体按照国家法律无偿取得水行政相对人的财产所有权,而水行政征用则是有偿的,应当在征用情形结束后归还所征用的财产,造成损坏或者无法归还的,按照国务院有关规定给予适当补偿或者作其他处理。《防汛条例》第三十二条规定:"在紧急防汛期,为了防汛抢险需要,防汛指挥部有权在其管辖范围内,调用物资、设备、交通运输工具和人力,事后应当及时归还或者给予适当补偿。"

四、水行政征收与水行政没收之间的区别

行政没收是指行政主体对违反行政法的有关规定的相对人所采取的强制性无偿取得其财产所有权的行政处罚性质的具体行政行为。

水行政没收是指水行政主体对违反与水有关的法律规范的相对人所采取的强制性无偿取得其财产所有权的行政处罚性质的具体水行政行为。

水行政征收与水行政没收在表现形式以及法律后果方面都是相同的,均以强制方式取得水行政相对方的财产所有权,而且是实际取得其财产所有权。但二者之间仍存在一定的重大区别。

（一）水行政征收与水行政没收所发生的法律依据不同

水行政征收是以水行政相对人负有水事法律规范上的缴纳义务为前提的,而水行政没收则是以水行政相对人违反了水事法律规范的规定为前提的。

（二）水行政征收与水行政没收二者的法律性质不同

水行政征收是一种独立的水行政行为,而水行政没收则是一种附属的水行政行为,属于水行政处罚的一个种类。

（三）水行政征收与水行政没收二者所适用的法律程序不同

水行政征收是依据专门的征收程序,而水行政没收则是依据《行政处罚法》和《水行政处罚实施办法》,以及其他水事法律规范中有关水行政没收的程序规定。

（四）二者行为的连续性上表现不同

对于水行政征收而言,只要实施水行政征收法律依据与事实继续存在,水行政征收就可以一直延续下去,其行为往往具有连续性;而水行政没收则不同,对某一水事违法行为只能给予一次水行政没收的处罚。

五、水行政征收的程序与方式

（一）水行政征收的程序

水行政征收的程序是指水行政征收过程中应采取的先后顺序。根据水事法律的规定,实现水行政征收的顺序有:

1. 水行政相对方自愿缴纳

当水行政相对方按照规定的方式,在规定的期限内向水行政主体主动履行缴纳义务后,水行政征收行为即告结束。

2. 由水行政主体强制相对方缴纳

当水行政相对方未执照规定的方式及规定的期限内主动履行缴纳义务的,水行政征收即进入强制征收程序。

（二）水行政征收的方式

水行政征收的方式包括水行政征收的行为方式与计算方式。根据现行的水事法律规范,水行政征收的行为方式有定期定额征收、查定征收等,至于具体采用何种征收方式由水行政征收主体根据水事法律规范的规定,结合相对的具体情况而定,但是无论采取何种方式都应当以书面形式留作备案。

第二节　水资源费征收

一、水费

水费是使用供水工程供水的单位和个人,按照规定向供水单位缴纳的费用。

规定征收水费是现代立法的一个发展趋势,许多国家的水法,对全部或部分用水实行征收水费制度。我国于1985年发布了《水利工程水费核订、计收和管理办法》,对征收水费的目的,核订水费标准的原则,水费的计收、使用和管理等做出了具体规定。

《水法》也规定,使用供水工程供应的水,应当按照规定向供水单位缴纳水费。征收水费的目的是为了合理利用水资源,促进节约用水,保证水利工程必需的运行管理、大修和更新改造费用。

《水利工程供水价格管理办法》第四条规定:水利工程供水价格由供水生产成本、费用、利润和税金构成。

供水生产成本是指正常供水生产过程中发生的直接工资、直接材料费、其他直接支出以及固定资产折旧费、修理费、水资源费等制造费用。

供水生产费用是指为组织和管理供水生产经营而发生的合理销售费用、管理费用和财务费用。

利润是指供水经营者从事正常供水生产经营获得的合理收益,按净资产利润率核定。

税金是指供水经营者按国家税法规定应该缴纳,并可计入水价的税金。

水费包含有水资源费。

二、水资源费

(一)水资源费的概念

水资源费是一种行政性收费,它是指水行政主管部门或者流域管理机构代表水资源所有权者(国家),向直接从江河、湖泊或者地下取用水资源的单位和个人(或者持证人、取水权人)征收的资源地租。或者说水资源费是指取水单位和个人因消耗了水资源而向国家缴纳的资源费用,主要用于对水资源的恢复与管理。

水资源费是指根据水资源有偿使用的原则,直接从江河、湖泊或者地下取用水资源的单位和个人,在申领取水许可证后,按照有权机关核定的收费标准和其取用的水资源量,向水行政主管部门或者流域管理机构缴纳的资源费。

《水法》规定水资源属于国家所有(即全民所有),其所有权由国务院代表国家行使。水资源费是取水权人从国家获得取水权的成本,同时也是政府配置水资源的经济手段。

水资源费的征收主体是水行政主管部门或流域管理机构,而不是其他公民、法人或者组织;水资源费的直接义务主体是依法领取了取水许可证的单位和个人,即持证人或称取水权人。

（二）水资源费的构成

水资源费的构成,应当包括水资源的租用费(绝对地租和级差地租)、管理成本,反映水资源稀缺程度的费用和反映用于不同行业取用水资源所得不同收益的机会成本,以及取用水资源后造成的消极外部性的补偿等。

绝对地租是指水资源所有权的垄断转化而来的资源收益,也就是出租水资源所有权的收益。水资源属于全民所有,但在取用水资源上不可能人人都等量同质,如果水资源费构成中不考虑资源收益部分,多取用者多得利,有失公平。

级差地租是指不同质量的水资源体现不同的使用价值,而且不同的开发条件也造成取用者取用成本的不同,所有者通过级差地租来体现水资源使用价值的差异,排除水资源取用上的不公平。相对来说,在自然状态下,上游地区的水质好于下游地区,地下水的质量好于地表水,地表水取用相对地下水容易,矿泉水、地下热水的使用价值高于其他形式的水资源,这些应该是水资源费必须体现的差别。

管理成本指水资源所有者保证取用者正常取用水资源而开展必要活动的成本。现在的水资源再也不是初始状态的资源,所有的地下水、地表水都已凝集了人类劳动(如水资源的调查评价、规划、管理等),而且水资源的保障不是一家一户能够做到的,水资源必须从流域或者区域角度由代表全部所有者的政府来进行管理。因此,水资源的管理成本是取水权获得者必须要缴纳的成本,它包括水资源勘察、调查评价、规划、管理等全部有关管理工作的成本。

反映水资源稀缺程度的费用。水资源的价值因稀缺程度不同而不同,稀缺程度越高,其价值就越高。这不仅仅是水资源本身对市场效应的体现,水资源作为一种资源配置的经济手段,更是必须体现的。水资源的稀缺性,也可通过级差地租来体现。

机会成本体现的是水资源用于不同用途所带来的不同收益。由于所有者有权对水资源被取用的状况提出要求,因此可通过不同费率来加以落实。一般来说,对于水资源被用于高收益的行业和地区,所有者可按高费率收费,反之则相反。

三、水资源费与水费的区别

水资源费是体现国家对水资源实现权属管理的行政性收费,水费是体现水资源的商品交换关系的经营性收费。二者的性质不同,主要区别如下。

(1)性质不同:水费所体现的是商品属性;水资源费具有行政强制性。

(2)征收主体不同:水费是由供水单位计收;水资源费是由水行政主管部门或者流域管理机构征收。

(3)直接义务的主体不同:水费是由使用供水单位供应的水的用水单位和个人缴纳;水资源费是由经许可的直接从江河、湖泊或者地下取用水资源的取水单位和个人缴纳。

(4)客体不同:水费是对应经过加工处理后的水,即商品水;水资源费是对应江河、湖泊或者地下的水资源,即原水。

(5)使用管理不同:水费是由供水单位按有关财务制度用于供水工程生产运行、维护等开支;水资源费是纳入财政预算管理,主要用于水资源的调查评价、规划、保护、管理等开支。

四、水资源费的征收权属

水资源费由取水审批机关负责征收,其中,流域管理机构审批的,水资源费由取水口所在地的省、自治区、直辖市人民政府水行政主管部门代为征收。按照法定原则实施取水许可所在地和水资源费征收,取水许可应首先满足城乡居民生活用水,并兼顾农业、工业、生态与环境用水以及航运等需要。

案例

某省一工程公司承建了在一条河流上修建发电厂的施工任务,自 2000 年至 2001 年电厂施工期间,直接从该省 A 水库取水 324.2 万立方米,应缴纳水资源费 32.42 万元。但在当地水行政主管部门——市水务局向该工程公司征收水费时,公司拒不缴费,理由是他们已向 A 水库交了每立方米 0.5 元的水费,不应再缴纳水费。

根据《水法》及该省政府的有关文件规定,水务局在核准该工程公司取水后,于 2001 年 12 月 31 日向其下发了缴费通知。对方接收了缴费通知单并签字。但在规定日期内,对方没有自动履行缴费义务。于是水务局根据《行政处罚法》和《行政复议法》的有关规定,于 2002 年 1 月 15 日向其下发了《行政处理决定书》。

分析:根据本节课所学的内容分析本案例。

(1)该案例中行为属于什么行为?

(2)该工程公司是否该交水资源费?

第八章　水资源管理

　　水资源是人类生存发展的基础自然资源。中国水资源紧缺，为了水资源的可持续利用，必须加强宏观管理，实现合理、优化配置，使水资源开发利用与社会经济协调发展。在缺水地区以水资源条件制定经济发展模式，并利用市场机制促进水资源的合理、优化配置。水资源属于国家所有，即全民所有，由国务院代表国家行使所有权。

第一节　水资源的概述

一、水资源管理的概念

　　管理是指人们在从事某项工作时，为达到预期目的而进行的决策、计划、组织、指挥、协调、控制和激励等活动。

　　水资源管理是指各级水行政主管部门运用法律、行政、经济、技术等手段对水资源开发、利用、治理、配置、节约和保护进行管理，以求可持续地满足经济社会发展和改善生态环境对水需求和各种活动的总称。

　　广义的水资源管理，包括：① 法律，即立法、司法、水事纠纷的调处等；② 政策，即体制、机制、产业政策等；③ 行政，即机构组织、人事、教育、宣传等；④ 经济，即筹资、收费等；⑤ 技术，即勘测、规划、建设、调度运行等。这五个方面构成了一个以水资源开发、利用、治理、配置、节约和保护等组成的水资源管理系统。

这个管理系统的特点是指把自然界存在的有限的水资源通过防洪、供水、生态保护与社会、经济、环境的需水要求紧密联系起来的一个复杂的动态系统。经济社会的发展,对水的依赖性增强,对水资源管理的要求愈高。

二、水资源管理的目标、依据

各个国家不同发展时期的水资源管理与其经济社会发展水平和水资源开发利用水平密切相关;同时,世界各国由于政治、社会、宗教、自然环境和文化背景、生产水平以及历史习惯等原因,其水资源管理的目标、内容和形式也不可能完全一致。但是,水资源管理目标的确定都与当时国民经济发展目标和生态环境控制目标相适用,不仅要考虑自然资源条件以及生态环境改善,还应充分考虑经济承受能力。

水资源管理的目的,在于有效地增加更多、更好的社会效益和经济效益,维护良好的环境效益。现代水资源管理的最终目标是以最少的水资源量创造最大的经济效益和社会效益,建立最佳的水环境。

《水法》是水资源管理的法律依据,它是调整水资源的管理、保护、开发、利用、防治水害过程中发生的各种社会关系的法律规范的总称。

三、水资源管理的基本原则

《水法》是我国水资源管理的重要依据,根据有关法律和我国水资源情况,水资源管理应遵循以下基本原则。

水资源属国家所有,在开发利用水资源时,应满足经济社会发展和生态环境的最大效益。

开发利用水资源,一定要按照自然规律和经济规律办事,实行"开发与保护""兴利与除害""开发与节流"并重的方针。

水资源的开发利用要进行综合科学的考察和调查评价,编制综合规划,统筹兼顾,综合利用,发挥水的综合效益。

水资源开发利用,要维护生态平衡。

提倡节约用水,实行计划用水,加强需水管理,控制需水增长。

加强取水管理,实施取水许可制度。

征收水资源费,加强水价管理与水行政管理,对水资源实行有偿使用。

加强能力建设,如人才培训、信息技术等。

四、水资源管理的条件

水资源管理的条件主要有以下几个方面。

通过综合科学考察和调查评价,查明当地水资源数量、质量、成因、赋存条件及运动规律。

水资源开发利用现状和未来经济社会发展需水预测。

同级政府批准的区域或流域水资源综合规划。

区域性水中长期供求计划。

可持续发展水资源战略综合报告。

五、水资源管理的方法和手段

由于水资源的资源权属管理和开发利用管理相分离,政府主要是对资源权属的管理,有关开发利用管理可采用市场化运行的方式进行。

取水许可制度是在法律保证下进行水资源管理的行政手段。

经济措施是调节开发利用水资源的有效手段,利用经济杠杆作用管理好水资源,完善有偿使用的制度,建立良性运行的管理机制。

发挥行政组织、政策命令、规定、指示、条例等行政手段在水资源管理中的作用。

系统分析方法是实施水资源调配和管理的一个基本方法。

水资源管理信息系通过接收、传递和处理各类水资源管理信息,使管理者能及时实现水资源管理环节之间的联系和协调,实现科学管理。

水资源可持续利用支持中国经济社会的可持续发展,实现水资源现代化管理。

公众参与在水资源管理中将发挥重要作用,是实现水资源可持续利用的必要条件之一。

第二节　水资源管理的内容

一、水资源的权属管理

在古代,人类对于水资源没有能力加以控制,只能顺其自然地加以利用,也就不存在水的权属问题。到了现代社会,人类有能力大规模地开发利用水资源,水资源越来越成为影响整个国计民生的重要资源,水权同时成为具有普遍法律意义的问题。水的所有权和使用权是制定各类水事法律关系中权利义务的立足点和出发点。

水资源的所有权即水权,包括占有权、使用权、收益权和处分权。在生产资源私有制社会中,土地所有者可以要求获得水权,水资源成为私人所有。随着全球水资源供需关系的日趋紧张和人类社会的进步,水资源的公有性被逐渐认可确立,因而国家拥有水资源的占有权和处分权,单位或个人只能通过法定程序获得水资源的使用权和收益权,成为世界水资源管理的发展趋势。

《宪法》第九条规定:"矿藏、水流、森林、山岭、草原、荒地、滩涂等自然资源,都属国家所有,即全民所有。"《水法》第三条规定:"水资源属于国家所有。水资源所有权由国务院代表行使。农村集体经济组织的水塘或由农村集体经济组织修建管理的水库中的水,归各农村集体经济组织使用。""国家鼓励单位和个人依法开发、利用水资源,并保护其合法权益的单位和个人有依法保护水资源的义务。"水资源权属关系的明确界定,为合理开发、持续利用水资源奠定了必要的基础,也为水资源管理提供了法律依据,能规范和约束管理者和被管理者的权利行为。这一规定明确了国家、集体和个人对水资源的所有权和使用权,是调整我国水事所有制关系的重要原则,它包含三层意思。

(1)水资源属于国家所有,由水行政主管部门代表国家行使水资源的管理权,对水资源的开发利用、保护和防止水害进行的有计划的统一领导。水资源属于国家所有,即全民所有,其实际意义体现为国家的支配权和管理权,还明确了在处理水事关系时,应当把国家利益、公众利益、全局利益放在首位。我国是社会主义国家,人民利益高于一切,国家享有所有权,并非垄断水资源的使用和收益之权,而是为了更合理地开发利用和保护水资源,最大限度地满足全社会对水的需要,取得兴水利、除水害的最大综合效益。

(2)集体修建的水塘、水库中拦蓄的水,属于集体所有,但集体所有的水塘泄入下游河流的水则不属于集体所有。因为这部分拦蓄的水已为水塘、水库所控制,已经从自然状态的资源中分离出来,已经人工拦蓄而成为商品水。当这部分水从水塘、水库泄出,进入河道以后又成为国有水资源的一部分。考虑到保护和鼓励农民兴办小型水利的积极性,确认其水的所有权,具有重要的现实意义。

(3)国家保护依法开发利用水资源的单位和个人的合法权益,体现了水资源的使用和收益之权与所有权可以分离原则。单位或个人依法取得的水的使用权和收益权受法律保护。也就是说,单位和个人在法律上不能成为水资源的所有权的主体,但是可以取得水的使用权与收益权。允许这两项权能与所有权分开,在实际生活和生产中已经能满足需要。2001年,浙江省东阳、义乌两市签订的2亿元购买5000万立方米用水权的协议,是我国水资源使用权转让的有益尝试。

随着现代产权制度的建立和发展,法人产权主体的出现,水资源所有权的占有权、使用权、收益权、处分权都可以分离和转让。在我国,水的所有权属于国家,国家通过某种方式赋予水的使用权给各个地区、各个部门、各个单位,这里所说的水权主要是水的使用权。一般来说,水的使用权是按流域来划分的。比如黄河,多年平均 580 亿立方米水资源中,有多少用于生态、多少用于冲沙、多少用于各省分配,每个省用多少,像宁夏分配了 40 亿立方米,甘肃 30 亿立方米,这就是国家赋予给他们的水权。

水权的界定和获得与转让是实施水资源有偿使用制度的法律依据和经济基础,获得和超过了额定水资源就相当于占用了他人的水权,应当付费,超过更应多加付费;反之,出让水权,就应受益。所以,在水资源产权管理上,有赖于建立符合现代产权制度的水市场,考虑水资源特点,至少应建立以流域为基础的水权分配与交易的一级水市场,和以地区内水权分配与交易的二级水市场,才能使水权在一定范围、一定程度上流动起来,达到调节地区之间、部门之间,以及集体与个人之间的权益关系。

水资源权属关系的管理和一定权属的市场交易,还有待于水资源管理制度的深化改革,明确相应的管理办法、运作机制和市场规则,保障水资源权属关系秩序和规范水资源使用权和收益权的市场活动。

当前水资源权属关系管理的重点是水资源的统一管理问题,改变在许多地区依然存在的城乡水资源分割管理的状况,实现统一规划、统一调度、统一发放《取水许可证》和统一征收水资源费。尤其是《取水许可证》和水资源费的统一管理体现了国家对水资源的产权和管理。

在我国,对土地资源也将使用权、管理权与所有权分离。

二、水资源政策管理

政策是国家、政党为实现一定的历史时期的路线和任务而规定的行政准则。在社会主义的市场经济条件下,从我国水问题(水多、水少、水脏）实际情况出发,制定和执行正确的水资源管理政策。因而,水资源政策管理是指为实现可持续发展战略下的水资源持续利用任务而制定和实施的方针政策方面的管理。

党的十五届五中全会强调,水资源可持续利用是我国经济社会发展的战略问题。在 2002 年中央人口资源环境工作座谈会上,江泽民同志强调:水是基础性的自然资源和战略性的经济资源,水资源的可持续利用,是经济和社会可持续发展,是治国安邦的大事。水利工作要继续坚持全面规划、统筹兼顾、标本治理、综合治理,坚持兴利除害结合、开源节流并重、防洪抗旱并举,对水资源进行合理开发、高效利用、优化配置、全面节约、有效保护和综合治理,下大力气解决洪涝灾害、水资源不足和水污染问题。加强水资源的统一管理,提高水的利用效率,建设节水型社会,这是我国管理水资源的基本政策。

《中共中央关于制定国民经济和社会发展第十五个计划的建议》中在对加强人口和资源管理,重视生态建设和环境保护方面提出的总要求:合理使用、节约和保护资源,提高资源利用效率。依法保护和开发水、土地、矿产、森林、草原、海洋等国土资源。加强资源勘探,建立健全资源有偿使用制度。完善国家战略资源储备制度。

《水法》规定:国家鼓励单位和个人依法开发、利用水资源,并保护其合法权益的单位和个人有依法保护水资源的义务。开发利用水资源的单位和个人有依法保护水资源的义务。开发、利用、节约、保护水资源和防治水害,应当全面规划、统筹兼顾、标本治理、综合利用、讲求效益,发挥水资源的多种功能,协调好生活、生产经营和环境用水。国家厉行计划用水,大力推行节约用水措施,推广节约用水新技术、新工艺、发展节水型工业、农业和服务业,建立节水型社会。各级人民政府应当采取措施,加强对节约用水的管理,建立节约用水技术开发推广体系,培育和发展节约用水产业。直接从国家江河、湖泊或者地下取用水资源的单位和个人,应当按照国家取水许可制度和水资源有偿使用制度的规定,向水行政主管部门或管理机构申请领取取水许可,并缴纳水资源费,取得取水权。使用水工程供应的水,应当按照国家规定向供水单位缴纳水费。将我国水资源实施可持续开发利用战略和节约与保护,提高水资源开发利用效率的管理政策用法律的形式给予固定下来。

综上所述,我国对水资源实行统一管理、统一规划、统一调配、统一发放《取水许可证》和统一征收水资源费,维护水资源供需平衡和自然生态环境良性循环,以水资源可持续利用满足人民生活和生态环境基本用水要求,支持和保障经济社会可持续发展,是开发利用和管理保护水资源的基本方针政策。

三、水资源综合评价与规划的管理

水资源综合评价与规划既是水资源管理的基础工作,也是实施水资源各项管理的科学依据。对全国、流域或行政区域内水资源遵循地表水与地下水统一评价;水量水质并重;水资源可持续利用与社会经济发展和生态环境保护相协调;全面评价与重点区域评价相结合的原则,满足客观、科学、系统、实用的要求,查明水资源状况。在此基础上,根据社会经济可持续发展的需要,针对流域或行政区域特点,治理开发现状及存在问题,按照统一规划、全面安排、综合治理、综合利用的原则,从经济、社会、环境等方面,提出治理开发的方针、任务和规划目标,选定治理开发的总体方案及主要工程布局与实施程序。《水法》规定:"开发、利用、节约、保护水资源和防治水资源综合科学考察和调查评价。"

国家制定全国水资源战略规划。流域规划包括流域综合规划和流域专业规划;区域规划包括区域综合规划和区域专业规划。综合规划是指根据经济发展的需要和水资源开发利用现状编制的开发、利用、节约、保护水资源和防治水害的总体部署。专业规划是指防治、灌溉、航运、供水、水力发电、竹木流放、渔业、水资源保护、水土保持、防沙治沙、节约用水等规划。区域规划服从流域规划,专业规划服从综合规划。

国家确定重要江河、湖泊的流域综合规划,由国务院水行政主管部门会同国务院有关部门和省、市、自治区、直辖市人民政府编制,报国务院批准。跨省、自治区、直辖市的其他江河、湖泊的流域综合规划和区域综合规划,由有关流域机构会同江河、湖泊所在的省、自治区、直辖市人民政府水行政主管部门和有关部门编制,分别经有关省、自治区、直辖市人民政府审查提出意见后,报国务院水行政主管部门审核;国务院水行政主管部门征求国务院有关部门意见后,报国务院或者其授权的部门批准。

其他江河、湖泊的流域综合规划和区域规划由县级以上地方人民政府水行政主管部门会同同级有关部门地方人民政府编制,报本级人民政府或者授权的部门批准,并报上一级水行政主管部门备案。

专业规划由县级以上地方人民政府有关部门编制,征求同级有关部门意见后,报本级人民政府批准。规划一经批准,必须严格执行。

全国和跨省、自治区、直辖市的水中长期供求计划,由国务院水行政主管部门会同有关部门制定,经国务院发展计划主管部门审查批准后执行。地方的水中长期供求计划,由县级以上地方人民政府水行政主管部门会同同级有关部门依据上一级水中长期供求计划和本地区的实际情况制定,经本级人民政府计划主管部门审查批准后执行。

编制水中长期供求计划,是在水资源评价和流域区域规划的基础上,以国民经济发展计划和国土整治规划、水资源可持续利用和生态环境良性循环等为依据,按供需协调、综合平衡、保护生态、厉行节约、合理开发的原则进行编制,作为供、用水管理的指导性计划。计划要求在宏观上弄清今后水资源开发利用和保护管理方面应遵循的基本体制、制度及水价调整规划等综合性对策。水资源评价和水中长期供求计划属滚动性工作,每隔若干年要进行重新编制和修订。

近年来,面对新时期水资源利用和保护管理的要求,水利部和北京市曾共同提出编制了《21 世纪初(2001—2005 年)首都水资源可持续利用规划》,水利部与新疆、甘肃、内蒙古等省(自治区)通力合作,编制了《黑河流域近期治理规划》和《塔里木河流域近期综合治理规划》,全国各地广泛开展了地下水资源规划、城市供水预案及水资源保护规划,以及面向 21 世纪初期水资源可持续利用规划和水资源保护规划,涉及南水北调地区还开展城市水资源规划,部分地区编制了节水规划等,这些规划不仅为今后水资源开发利用和保护管理提供了科学的依据,更为加强水资源管理提供了重要的具有法规意义的依据和蓝本。

四、水量分配与调度管理

在一个流域或区域的供水系统,要按照上下游、左右岸各地区、各部门兼顾和综合利用的原则,制定水量分配计划和调度运用方案,作为正常运用的依据。遇到水源不足的干旱年份,还应采取分区供水、定时供水等措施。对地表水和地下水实行统一管理,联合调度,提高水资源的利用效率。

《水法》第四十五条规定:

"调蓄径流和分配水量,应当依据流域规划和水中长期供求规划,以流域为单元制定水量分配方案。

跨省、自治区、直辖市的水量分配方案和旱情紧急情况下的水量调度预案,由流域管理机构会同有关省、自治区、直辖市人民政府制订,报国务院或者授权的部门批准后执行。其他跨行政区域的水量分配方案和旱情紧急情况下的水量调度预案,由共同的上一级人民政府水行政主管部门会同有关地方人民政府制订,报本级人民政府批准后执行。"

本条水法方案前者是分水方案,后者是应对旱情紧急情况的对策方案。

水量分配方案是指在一个流域内,根据流域内各行政区域的用水现状、地理、气候、水资源条件、人口、土地、经济结构、经济发展水平、用水效率、管理水平等各项因素,将上述各项形式的水资源分配到各行政区域的计划。

旱情紧急情况下水量调度预案是指在连续枯水年和特旱年,为减轻严重缺水干旱造成的损失,各流域和各行政区应当制定的措施和应急计划。制定旱情紧急情况下的水量调度预案,要分析当地历史上出现特殊情况的成因、规律、应对措施的损失情况,提出必要的应急工程措施和非工程措施。制定预案,应当优先保证城乡居民生活用水,兼顾关系国计民生的农业和工业用水以及生态环境用水。要强化管理,加强对防灾减灾工作的统一领导,及时调整水资源的分配方案和供水对策,要充分挖掘供水潜力,动用水库的部分死库容,增加供水,实施跨区域的应急临时调水,加强全民的节水宣传,增强全社会的节水意识。

另外,为预防和避免不同行政区域在边界河流上开发利用水资源中发生水事纠纷,《水法》中也做了相应的规定:在不同行政区域之间的边界河流上建设水资源开发、利用项目,应当符合该流域经批准的水量分配方案,由有关县级以上地方人民政府报共同的上一级人民政府水行政主管部门或者有关流域管理机构批准。

五、水质控制和保护管理

随着工业、城市生活用水的增加,未经处理或未达到排放标准的废水大量排放,使水体及地下储水构造受到污染,减少了可利用水量,甚至造成社会公害。水质控制与保护管理通常指为了防治水污染,改善水源,保护水的利用价值,采取工程与非工程措施对水质及水环境进行的控制与保护的管理。

根据国务院确定的水利部"三定方案"规定:"按照国家资源与环境保护的有关法律法规和标准,拟定水资源保护规划;组织水功能区的划分和向饮水区等水域排污的控制;监测江河湖库的水量、水质,审定水域纳污能力;提出限制排污总量的意见。"
水质控制与保护管理是水行政主管部门的主要职责,是水资源管
理工作的重要内容。其管理内容与措施如下。

（一）行政手段

通过制定水质管理政策、计划,划分水功能区,即对水资源保
护、自然生态保护及珍稀濒危物种的保护有重要意义的水域保护
区;对目前开发利用程度不高,为今后开发利用和保护水资源而
预留的保留区水域;水量开发利用和纳污能力利用的开发利用
区;为缓和省际边界水域水污染矛盾而划定的具有缓冲作用的
水域缓冲区;以及集中饮水源区、工业用水区、农业用水区、渔业
用水区、景观娱乐用水区、过渡区(指在水质类别显著差异的两个
功能之间存在的区域);在有入河排污口排污的水域,划定出排污
对水域影响的限制范围,使相邻功能区水质目标得到保护的排污
控制区。并对重点城市、水域的水质污染防治进行监督管理,对
某些危害水质的工业,限期治理或勒令停产、转产或搬迁。

（二）法律手段

通过法律、法令、法规等强制性措施,对违法者给予警告罚
款,或责令赔偿损失,直至追究违法者的刑事责任。严格执行《水
法》《环境保护法》《水污染防治法》及 GB8978–1996《污水综
合排放标准》等。

（三）经济手段

执行水污染防治经济责任制,实行谁污染谁治理、谁损坏谁
赔偿,以及排污收费等制度。对排放水污染物超过国家规定标准,
按水污染物的种类、数量和浓度征收排污费;对违反规定造成严
重水污染的,处以罚款。对节水减污的,给予税收等方面的优惠。

（四）技术手段

技术手段包括制定水质标准、进行水质监测、预测和预报、提高水量利用效率、制定水资源保护规划和综合防治规划等。我国已颁发了GB3838–2002《地表水环境质量标准》、GB/T14848–1993《地下水质量标准》、GB8978–1996《污水综合排放标准》，以及GB3839–1983《制定地方水污染排放标准的技术原则与方法》等。广泛开展了水质监测和重点城市水源地水水质旬报制度，并对水质状况进行预测预报，及时掌握水污染实况，及时采取措施，控制污水排放和防治水质恶化，编制了七大江河流域水污染防治和保护规划、水功能区划，主要城市也编制出了相应的水资源保护规划、水功能区划和污染物削减治理规划。通过提高水利用率、节约用水、污染水处理回用等措施，减少了污水排放，达到了节水减污的效果。

（五）宣传教育手段

进行防治水污染的宣传教育，发挥社会公众监督作用，特别是利用书报、报纸、电视、讲座等多种形式，向公众宣传环境保护和防治水污染的方针、政策、法令等，提高全民环境保护意识。

六、用水管理

用水管理是指运用法律、经济、行政等手段，对各地区、各部门、各用水单位和个人的供水数量、质量、次序、时间的管理活动。用水管理涉及对工业用水、农业用水、生活用水、水力发电用水、航道用水、渔业用水、娱乐用水、生态环境用水及水质净化等方面。

（一）用水管理的目的

（1）通过实行节约用水、合理用水，提高用水效率。

（2）维护社会各方面合法权益，达到公平共享。

（3）在保护和不恶化生态环境的前提下,使水资源尽可能满足国民经济各部门、各地区发展的需要,充分发挥有限水资源的综合利用效益。

（二）用水管理的内容

用水管理的内容包括实行水的使用权合理分配和取水许可制度、用水和排水的计量监测、用水的统计、水的有偿使用和市场调节制度、超标准用水的处罚等内容。

（三）用水管理的三个层次

（1）宏观层次。即水资源管理,包括水资源规划、计划、调配和分配。

（2）中观层次。即供水管理,指水利供水工程和城市公共供水企业对水的经营管理。

（3）微观层次。即生产用水管理,指工农业用水户对自身用水纳入生产管理的内容。

七、需水管理

需水管理是指运用行政、法律、经济、技术、宣传、教育等手段和措施,抑制需水过快增长的管理行为。

需水管理的内容主要包括以下几点。

调整产业结构,大力发展节水型经济。

综合运用行政、法律和技术经济政策,鼓励和促进节水。

通过市场经济手段,特别是发挥价格机制对水资源配置的基础性作用,促进节水。

制定和实施取(排)水许可制度、用水计量和水费制度,计划和有偿用水。

开发和推广节水新技术,强化器具型和工艺型节水。

加强水权管理,实施水资源的合理配置与优化调度。

公众参与制定需水管理中的社会舆论保护办法,进一步明确水法规中有关参与的权利、义务和程序等。

八、供水管理

供水管理是指通过工程与非工程措施将适时适量的水输送到用水户的供水过程的管理,供水管理的主要内容有以下几点。

(一)组织管理

组织管理是指运用行政、法律、经济、技术手段,建立健全的组织机构,制定相应的管理规则和管理制度,包括管理体制、机构设置、人员配备、规章制度、职工培训等,起到组织、协调、监督的作用。管理机构应妥善处理不同用水部门之间的矛盾,合理分配各部门之间的利益。

(二)工程设施管理

保证工程设施的完好状态和正常运行。包括对水厂设施、水源设施及供水管网设施的管理。对各项工程、机具、设备的监督、养护、维修以及必要的大修、更新、改造等,减少非自然条件下供水不足现象发生的概率。

(三)运行管理

对地表水、地下水及其他水源(如污水处理回用水、微咸水等)经水工程调蓄、水厂处理后输送至用水户,做到水源的合理利用和提高供水综合效益。及时分析用水供水情况;编制和执行用(供)水计划,合理调配水源,积极参与用水管理,提倡节约用水,树立节水意识,推广节水技术,支持鼓励单位和个人的节水行为;监督用水,杜绝浪费。

（四）经营管理

实行企业化管理,合理计收水费,在符合国家供水政策及满足各用水部门的需水要求下,努力提高供水经济效益。

（五）水质监测与防护

严格执行国家颁布的用水水质标准,加强供水水质监测,对所供水质量进行经常性的检测。当水质未达到标准时,及时采取措施,提出改善水质的具体步骤。对水源地、输水线路及供水管网应加强防护,避免或减少水体受自然因素、人为因素和意外事故的影响。

（六）供水价格管理

根据水资源供需分析、供水经济分析,结合用水管理,制定合理可行的供水价格和收费标准。对不同用户制定不同的水价,同一用户也根据用水量分级定价。

城市以集中供水为主,主要工程设施包括水源设施、输水管（渠）道、水厂、供水管网;供水对象包括工业、居民生活、公共生活及城市环境、生态等。乡镇和农村供水一般以分散供水、自备水源或小规模集中供水方式,供水设施有各种水井、水泵及简易水塔、输水管道等;乡村供水主要对象为农村居民、乡镇企业、牲畜及部分蔬菜种植等。

九、节水管理

解决水资源短缺和水污染的一个关键问题就是节水。温家宝指出:"加强水资源管理,提高水的利用率,建设节水社会,应该作为水利部门的一项基本任务。""节水和治污,是解决水资源合理配置和永续利用的两个重大问题,也是加强水资源管理的两个关键环节。""节水是一场革命。"节水的核心是提高水的利用效率,它不仅引起用水方式的变化,而且引起经济结构的变化,以至引发人们思想观念的变化。国务院对水利部的"三定方案"规定其职责之一为"拟定节约用水政策、编制节约用水规划,制定有关标准,组织、指导和监督节约用水规划,制定有关标准,组织、指导和监督节约用水工作"。

我国水资源开发利用率不高,用水浪费严重,节水意识较差是基本现状。国家对节水的高度重视,2002年国家经贸委,国家税务总局联合颁发了《当前国家鼓励发展的节水设备(产品)目录》第一批名单,以加大以节水为重点的结构调整和技术改造力度,促进节水技术、装备水平的提高。该目录包括换热设备,化学处理设备,海水、苦咸水利用设备,节水监测仪器及水处理药剂等6类产品;对开发、研制、生产和使用列入目录的设备,将按有关规定给予积极的鼓励和税收优惠扶持政策。全国节约用水办公室编制了《全国节约用水规划纲要》、发出了《关于全面加强节约用水工作的通知》和国家经贸委等5部委联合颁发了《关于加强工业节水工作的意见》(国经贸资源〔2000〕1015号),提出了工业节水的总体目标,明确了工业节水的工作重点,并就抓好工业节水工作提出了具体的政策措施。全国以省为单元开展节水定额的编制工作。根据我国水价低,与价值规律相违背,影响节约用水的情况,近年来全国广泛开展了水价调价工作,有力地促进了节水。

节水同样需要采取政策、法规、经济、技术和宣传教育等综合性手段,促进和保障节水的实施,使节水不仅成为人们自觉的行动,并成为消费资源,从事生产和社会活动的生存方式,成为实现水资源可持续利用的重要核心内容。

十、防汛与抗洪管理

我国是个多暴雨洪水的国家,历史上洪水灾害频繁。洪水灾害给人民生命财产造成了巨大的损失,甚至打乱整个国民经济的布置。因此,研究防洪对策,对于可能发生的大洪水事先做好防御准备,并开展暴雨洪水滞纳的利用,如蓄水、补源等,也是水资源管理的重要组成部分。

在防洪规划方面,编制江河、湖库和城市的防洪规划,制定防御洪水的方案,落实防洪措施,筹备防洪抢险的物质和设备。

在防洪工程建设方面,按国家规定的防洪标准,建设江河流域和城市防洪工程,确保工程质量。加大水库除险加固工程建设力度和防汛通信设施配置建设,做到遇险能够及时通知,避免人员伤亡。

在防洪管理方面,编制江河,要防止行洪、分洪、滞洪、蓄洪的河滩、洼地、湖泊被侵占或破坏,按照谁设障、谁清除,谁破坏、谁赔偿的原则,严格实施经济损失赔偿政策。防汛抗洪工作实行各级人民政府首长负责制,统一指挥、分级分部门负责。

在严防洪水给人类带来灾难的同时,应在充分研究暴雨洪水规律和准确预测预报的前提下,充分利用暴雨洪水,做好水库的及时拦蓄、地下水的回灌补源工作,增加水资源可利用量。

十一、水情监测与预报管理

水资源规划、调度、配置及水量水质的管理等工作,都离不开准确、及时、系统的自然与社会的水情信息,因此,加强水文观测、水质监测、水情预报,以及水利工程建设与运营期间的水监测预报,是水资源开发利用与保护管理的基础性工作,是水资源管理的重要内容。

我国目前已基本建成了全国水量、水质监测网络,定期不定期发布水信息,并进一步加强了对社会供水能力与需求变化、各行各业用水与需水情况变化的监测、统计、预测及时信息公布,并对江河、湖库水情进行测报,为水资源管理和水环境保护提供了可靠的基础和决策依据。

十二、地表水和地下水统一管理

水资源是由大气降水形成的循环再生的动态资源。地表水与地下水间相互补给,不断转化,形成密切联系的统一的水资源。在水资源的计算统计、调查评价、开发利用和管理方面,地表水和地下水难以分割。水库、河道、渠道的渗漏、地表水灌溉水量及人工回灌或对地下水进行补充,同时地下水可以直接排泄到河道,地下水灌溉后的回归水等也形成了下游地区的地表水,相互转化关系在联合运用中应充分加以利用。

地表水资源主要由汛期径流和非汛期径流组成,具有明显的季节和随机性。地表水供水系统由河道、水库、泵站、闸堰、渠道及管线等组成,将时空分布很不均匀的天然径流转变为可利用的水资源。我国地表水资源中的70%左右为洪水,加之受水资源开发利用条件的限制,以及水资源综合利用的要求,单纯依靠地表水供水不能满足用水需求。

地下水资源的补给来源主要有两类:一类是降水入渗和山前侧渗补给;另一类是地表水资源在其运移过程中的转化入渗补给。地下水供水系统由潜水含水层、承压水含水层、抽水与回灌井群,以及输水渠道及管线等组成。由于土壤对入渗水流的过滤和阻滞作用,地下水含水层的调蓄作用,地下水的补给、径流、排泄过程远较地表水平缓又稳定并滞后若干时段,因而存在着与地表水相互补偿供水的可能性。

利用地表水供水系统和地下水供水系统的不同水文特性进行联合补偿调节,以提高供水稳定可靠保证程度和水资源利用效率。

在一些地下水严重超采的地区,要扭转采大于补的局面,逐步压缩开采量,其有效办法是通过统一规划、扩大地表水源工程,以地表水逐步代替地下水,最后达到地下水采补平衡。只有实行地表水、地下水统一管理,才能有效解决地下水超产问题,保护好宝贵的地下水源。

开采地下水应当遵循总量控制、优化优用、分层取水的原则,并符合地下水开发利用规划和年度计划中确定的可开采总量、井点总体布局、取水层位的要求,防止水体污染、水源枯竭和地面沉降、地面塌陷等地质环境灾难的发生。

在沿海地带开采地下水,应当经过科学论证,并采取措施,防止地面沉降和海水入侵。

在地表水丰富的地区,严格控制开采地下水。

第九章　水资源保护

第一节　水资源保护概述

一、水资源保护的概念

水资源保护这个概念有广义与狭义之分。广义的水资源保护包括以下四个方面的内容。

（1）防治水质污染，保护水质。

（2）防止水源枯竭，稳定江河基流。

（3）防止水流阻塞，保证河流畅通。

（4）防止水土流失，加强水土保持。

从环境保护的角度讲，水资源保护也就是水环境保护。在环境保护法规与水法规中，都包括上述四方面的内容，但在调整的侧重点、主管机关、管理制度、规范内容、调控手段等方面，既相互联系又有所区别。《中华人民共和国环境保护法》（以下简称《环境保护法》）侧重于水污染防治和生态保护；水法规则是对水量、水质和水域的全面管理和保护。按照特别法优于一般法的原理，水污染防治，主要适用《环境保护法》和《水污染防治法》；水资源保护主要适用《水法》；水土保持主要适用《水土保持法》。

狭义的水资源保护，是指在水管理工作中水质保护以及水利部门承担的水环境保护工作。

二、水环境问题的分类

水环境问题按发生机制可分成两大类。

（一）水环境破坏

水环境破坏主要是指人类活动产生的有关环境效应,它导致了环境结构与功能的变化,对人类的生存与发展产生了不利影响。主要是由于人类违背了自然生态规律,急功近利,盲目开发自然资源引起的。如地下水过度开采造成地下水漏斗、地面下沉、水土流失,大型水利工程导致的环境改变、泥沙问题等。水环境破坏的原因有以下几方面。

1.水源枯竭

水源枯竭是指供水水源出水量因自然或人为的原因而减少以致完全断水的现象。

通过全球水文环境不断取得更新和补充的水量,能提供一定数量和可用质量的水源,是维持人类生存环境的重要保证。自然界地球表层的河流、淡水湖和地下淡水含水层都是天然的淡水源,与人类的生活和生产关系密切,而咸水湖泊和地下水含水层以及海洋则在某些方面可作为特殊用途的水源,一般需加处理后利用。河流、淡水湖泊和浅层地下水由于和水文循环联系密切,水量更新补充较快,可以源源不断供水,是人类利用的主要水源;而深层地下水由于和水文循环联系较弱,天然补给困难,虽是较好的水源,但不可长期、大量、连续采用,以免造成含水层疏干。河流及与之连通的淡水湖泊,在河流上人工建筑的蓄水水库以及浅层地下水,虽可通过水文循环不断得到补给,但如取水量超过其天然补给能力,也会导致供水能力的衰减以致断水。

影响这些水源供水能力的原因有自然的和人为两种,自然原因包括降水的年内的季节变化。有些河流在枯季水量锐减乃至断流即季节性河流,有些地区的淡水湖泊也有季节性变化。还有因降水的多年变化而致的河流水量出现多水年与少水年,或连续出现多水年段和少水年段,有时在少水年的枯季也出现断流,或地下水水位下降而致供水不足或不能供水。此外,在人类社会的不断发展中,因人口增加和各类用水量的增长,城镇居民点的不断扩大和建设的需要,大量砍伐原始森林,以及毁林开荒,扩大耕地,都不断减少地面拦蓄径流和雨水渗入地下的能力,超量取用河水和地下水,造成河流中在枯季水量减少以致枯竭,地下水位连续下降使大量水井不能供水,这是水源枯竭的人为原因。

由于人类活动导致的全球气候变化,也会使某些地区加剧水量丰枯变化的幅度而出现新的水源枯竭,也必须引起注意。

由于用水量的不断增加带来的废污水排量的增加,而不能对之及时处理,废污水排入河流、湖泊或地下水源造成有水不能利用,使水源地丧失供水功能,这也是水源"枯竭"的一种表现形式。

2. 地下水超采

地下水超采是指某一区域的某含水层组中,地下水的多年平均实际开采量超过多年平均可开采量。发生这种超采的区域称为地下水超采区。

地下水超采的显著特征是造成地下水超采区的地下水位持续下降、地下水水位漏斗不断扩大和地下水量出现愈来愈小的现象,从而发生地面沉降、地面塌陷、海水入侵、荒漠化等生态环境恶化的严重后果。

通常,将地下水开采系数(K)作为判定超采程度的标准。设多年平均实际开采量为 W_1 和多年平均可开采量为 W_2,有 K=W_1/W_2。

当 K ≤ 1 时,表示地下水未超采,K 值愈小,地下水的开采潜力超大。当 K > 1 时,表示地下水超采,其中有下列情况之一者或划定为严重超采区:① K > 1.2;②多年平均地下水位下降速率大于 1.5m;③ 多年平均地面沉降超过 10mm;④ 引发了海水或咸水入侵;⑤ 发生了荒漠化或沙化。

地下水含水层组由于在垂直向上具有分层发育的特点,各含水层组间又具有相对独立的水力特征,故在同一区域内,对各含水层组分别开采地下水,有可能发生多个地下水超采的层次。在地下水超采区,必须加强管理,采取有效措施,控制地下水超采,实施采补平衡,做到保护和涵养地下水资源,实现地下水资源可持续利用。

3. 地面沉降

地面沉降是指地表面在垂直方向发生的高程降低的现象。

产生地面沉降的自然地质作用有:溶蚀、侵蚀、氧化、融化、侧向径流、地下水物质致密、地震、地壳缓慢翘曲、火山活动等。人类活动引起的有:从地下开采固体、液体或气体物质,以及使地下产生某些类型的缺水、松散沉积物湿润等。

人为原因引起的地面沉降的速度和范围一般较大,已成为人类瞩目的环境问题。从全世界范围看,不合理开采地下水引起的地面沉降较为突出。东京、曼谷、大阪、墨西哥城、上海、天津、台北等城市由于超采地下水,造成大面积地面沉降。其中,墨西哥城市区大部分地面沉降超过 3m,最大达到 8m。

地面沉降造成的危害主要有:损坏建筑物和生产设施,如房屋倾斜、开裂;破坏地下管道、渠道和机井;造成近海平原低洼地区排水困难,使地下水矿化度升高,土壤盐碱化加重,更易遭受洪水和海潮的侵袭。

抽吸地下水,使地下水水位下降。含水层组骨架的粒间压力增加,造成沉积物的压密。其中:砂层的压密,是在高压下颗粒破碎所致;黏土的压密,是颗粒的重新调整与变形使孔隙减少所致。土体质的压缩取决于孔隙水的排出速率。抽取地下水引起的地面沉降,大多数发生在第四纪末固结和半固结的松散沉积地层,且多数细粒土组成的地层,黏土层一般孔隙率高,易压缩。黏土矿物含量越高,其可压缩性越大。沉降取决于地层岩性以及承压水头的大小和历时。

预防措施:在抽取地下水引起地面沉降的地区,采取限制抽取地下水的数量、控制抽水能力、限制抽水的层次与深度,以及进行地下水人工回灌等,加强对地下水超采区的严格管理。

4.海水入侵

海水入侵是指沿海地带海水侵入地下含水层或河口地带因海水倒灌使咸潮影响段上溯扩大的现象。形成原因是地下水长期超量开采造成地下水水位下降,河口上游用水量剧增,河流入海水量减少,破坏了原有的水动力平衡,便导致海水入侵。

海水入侵可使地表水或地下水含盐量增大,水质恶化,水源井报废,耕地盐碱化。美国加利福尼亚州海水入侵波及沿海 13 个含水层,使大量良田变为盐碱地。我国钱塘江因入海水量减少,致使 1978 年海潮一度上溯到杭州市,使该市用水水质受到了影响。秦皇岛由于过量开采地下水,局部滨海地区也出现海水入侵现象,使周围农作物受到了一定程度的影响。

（二）水污染

水污染是指水体因某种物质的介入,而导致其化学、物理、生物或者放射性等方面特性的改变,从而影响水的有效利用,危害人体健康或者破坏生态环境,造成水质恶化的现象。水污染主要是在工业革命及大规模的城市化后出现的,在此之前也有水污染,但对整个环境来说影响很小。目前,国家为了防治水污染,投入大量的人力、物力及财力,但是水污染的形势依然严峻(水污染在本章第二节详细讲解)。

三、水资源保护的方法

水资源保护应遵循"预防为主,重在管理,综合治理"的原则,具体方法包括以下内容。

（一）行政措施

行政措施包括建立健全有效的管理体系,制定区域水环境质量标准和水污染排放标准,审批排污口设置,建立水质监测网络,编制和审批水资源保护规划等。

（二）法律手段

通过制定法律、法规、规章及规范性文件,加强水资源保护的力度,规范人们在开发利用水资源方面的各种行为。

（三）经济手段

实行排污收费,超标排污加价或罚款手段,对浪费水量、污染水源的行为予以制裁,迫使其自觉保护水资源。

（四）技术手段

通过污水处理、兴建工程、植被种树等各种科学技术手段保护水资源。

第二节　水污染

一、水质

水质是水体质量的简称。由水的物理学、化学和生物学等方面的综合性质所决定。按水的用途和人类用水需要,制定不同用水质量的标准,可将同一用水划分若干等级或类型。

（一）水质的分类

（1）水的物理性常用温度、色度、混浊度、透明度、悬浮物、电导率、嗅和味、水面景观(含水面的悬浮物、浮渣、油类等)等表示和度量。

（2）水的化学性质常用pH值、矿化度、硬度、碳酸盐、氯化物、硫酸盐、钾、钠、钙、镁等离子含量,氟化物、溶解性铁、总锰、总铜、总汞、总镉、总铅、六价铬、总砷、硒（四价）、总氰化物、硝酸盐、亚硝酸盐、非离子氨、氨氮、凯氏氮、总磷、高锰酸盐指数、化学需氧量、生化需氧量、溶解氧、挥发酚、石油类、阴离子表面活性剂、硫化物等表示和度量。

（3）水的生物性质主要是指水中存在威胁动植物生命安全的水生生物，其中以致病菌和病毒等为主，大肠菌群为水中致病的指示生物。

（二）水污染的机理

污染物质进入水体成为水体的一部分，并与周围物质相互作用，造成污染。污染过程受水温、流速、水压和污染物的种类、数量等诸多因素的影响，同时，也决定了污染发展的趋势和污染危害的大小。

污染物质进入水体通常发生物理、化学和生物作用，使水质趋于恶化，同时，水体的自净能力又能减缓或减轻水质的恶化。这两种互为相反的作用始终贯穿于水体污染的全过程。水质的恶化主要表现为：

（1）水中溶解氧下降。造成水中厌氧菌大量繁殖，使水发生恶性臭。这通常是大量有机污染物进入水体造成耗氧所致。

（2）水生态平衡被破坏。耗氧和富营养化使耐污、耐毒、喜肥的低等水生生物（如藻类）大量繁殖，而使高等水生生物（如鱼类）躲避、致畸甚至大量死亡。

（3）水中增添过量有毒物质，或者使某些低毒物质转化为高毒物质，如氧化还原条件的改变能使三价铬转化为毒性更大的六价铬。

（4）污染物向底泥中不断累积，通过食物链（或营养链）的富集，使污染物的浓度大大提高。

总之，污染物质进入水体后，造成水体污染的机理相当复杂，常常是多种因素同时作用和一种因素多种作用共同发生，但又以某种因素或某种作用为主，因而衍生出行行色色的水体污染现象。

二、水污染类型

根据污染物质及其形成的性质,可以将水污染分成化学性污染、物理性污染和生物性污染三类。

(一)化学性污染

1.酸碱污染

矿山排水、黏胶纤维工业废水、钢铁厂酸洗废水及燃料工业废水等,常含有较多的酸。碱性废水则主要来自造纸、炼油、制革、制碱等工业。酸碱污染会使水体的 pH 值发生变化,抑制细菌和其他微生物的生长,影响水体的生物自净作用,还会腐蚀船和水下建筑,影响渔业、破坏生态平衡,并使水体不适用于作饮水源及其他工厂农业用水。

2.重金属污染

电镀工业、冶金工业、化学工业等排放的废水往往含有各种重金属。重金属对人体健康和生态的危害极大,如汞、铅等。闻名于世的水俣病就是由汞污染造成的,镉污染则会导致骨病。重金属排入天然水体后不可能减少或消失,却可能通过沉淀、吸附及食物链而不断富集,达到对生态环境及人体健康有害的浓度。

3.需氧性有机物污染或称耗氧性有机污染

碳水化合物、蛋白质、脂肪和醇等有机物可在微生物作用下进行分解,分解过程需要耗氧,因此,被统称为耗氧性有机物。生活污水和很多工业废水,如食品工业、石油化工工业、制革工业、焦化工业等废水中就含有这类有机物。大量需氧性有机物排入水体,会引起微生物繁殖和溶解氧的消耗。当水体中溶解氧降低到 4mg/L 以下时,鱼类和水生生物将不能在水中生存。水中的溶解氧耗尽后,有机物将由于厌氧微生物的作用而发酵,生成大量硫化氢、氨等带臭味的气体,使水质发黑发臭,造成水环境恶化,需氧有机物是水体污染中最常见的污染之一。

4. 营养物质污染（又称富营养污染）

生活污水和某些工业废水中常含有一定数量的氮、磷等营养物质，农田径流中也常挟带大量残留的氮肥、磷肥。这类营养物质排入湖泊、水库、港湾、内海等水流缓慢的水体中，会造成大量水生生物繁殖。这种现象被称为"富营养化"。大量的藻类的生长覆盖了大片水面，减少了鱼类的生存空间，藻类死亡腐败后会消耗溶解氧，并释放出更多的营养。如此周而复始，恶性循环，最终导致水质恶化，鱼类死亡，水草丛生，湖泊衰亡。

5. 有机毒物污染

各种有机农药，有机燃料及多环、芳香胺等，往往对人体具有毒性，有的能引起急性中毒，有的则导致慢性病，有的已被证明是致癌、致畸、致突变物质。有机毒物主要来自焦化、染料、农药、塑料合成等工业废水，农田径流中也有残留的农药。这些有机物大多具有较大的分子和复杂的结构，不易被微生物所降解，因此，在生物处理和环境中均不易去除。

（二）物理性污染

1. 悬浮物污染

各类废水中均有悬浮杂质，排入水体后影响水体外观，增加水体的浑浊度，妨碍水中植物的光合作用，对水生生物生长不利。悬浮物还有吸附重金属及有毒物质的能力。

2. 热污染

热电厂、核电站及各种工业都使用大量冷却水，当温度升高后的水排入水体时，将因水体水温升高，溶解氧的含量下降，微生物活动加强，某些有毒物质的毒性作用增加等，对鱼类及水生生物的生长有不利影响。

3. 放射性污染

主要由原子能工业及应用放射性同位素的单位引起,对人体有重要影响的放射性物质有 137Cs、238U 等。

(三)生物性污染

生物性污染主要是指致病菌及病毒的污染。生活污水,特别是医院污水,往往带有一些病原微生物,如伤寒、霍乱的病原菌等。这些污水流入水体后,将对人类健康及生命安全造成极大威胁。

在实际的水环境中,上述各类污染往往是同时并存的,上述污染物也常常是互有联系的。例如,很多有机物以悬浮状态存在于废水中,很多病原性微生物与有机物共同排放至水体等。

三、河流水质

河流水体环境质量的综合反映。河流是地表水和地下水汇聚而成的流动通道,有两个明显的特征:① 有连续或周期性的水流;② 与大气和陆地有巨大的接触面,是一个开放型水生态系统。

河流水质有如下特点:① 河水矿化度较低;② 大江大河的河水浑浊度较大,透明度较低;③ 河水溶解气体充足,各部位河水的溶气量几乎没有差异;④ 河水水温随季节而变化,河流断面的水温基本一致,分层现象不明显;⑤ 河流在流程中不断有工业废水、生活污水、农田排水、地表径流加入,河水水质随排入河流与污水组合情况而沿程变化;⑥ 河水流量受季节、降水量、气象和人为因素等的影响,水质因受流量影响而发生变化;⑦ 河流是一个流动的水生态系统,初级生产力和次级生产力都低于湖泊、水塘等静态水生态系统。

我国河流大多数为东西走向,一般流程较长,穿过不同的地质带、气候带和人类活动带,因此,河流水质有明显的地带性和规律性,如矿化度和总硬度有从东南沿海湿润地区到西北内陆干旱地区逐渐增加的趋势,而 pH 值从东南沿海地区的微酸性逐渐递增至西北内陆地区的微碱性。我国河流水质以重碳酸盐类分布最广,约占 68%,氯化钠类水质占 25%。

四、水库水质

水库水体环境质量的综合反映。水库是蓄积了大量水的人工湖。通常在河道上建坝,拦蓄河水。蓄水量小的称堰,蓄水量大的称水库。但也有将坝建在河道之外,用导流工程把河水引入天然或人工洼地形成的水库。水库是人类为调节径流,改善河流航运条件,利用水能和供水等而兴建的。

水库兼有河流和湖泊两者的特征。与河流相似之处,是水体有一定的流速,仍保留河流的某些特征。与湖泊相似之处,是水体保持相对静止,水体交换率稍低。因此,水库是一个半河、半湖的人工水体,但水库水位变幅大。

（一）水库水质特征

水库水质有如下特征。

（1）洪水时库水的浑浊度比湖泊大。

（2）水库蓄水时,淹没区的植被、农田作物等沉入库底,有机物腐败分解,土壤浸渍作用、岩石溶蚀作用等使库水矿化度、溶解性气体和营养物质等发生了较大的变化,其变化趋势是逐渐接近湖泊水质状况。

（3）若库水交换率高,其水质状况接近河水;反之,则接近湖水。

（4）库水溶解氧气在夏季高于河水,冬季低于河水;而库水二氧化碳量则与此相反,夏季低于河水,冬季高于河水。

（5）水库在不泄水时,其水质季节性变化规律与湖水水质一致。

（6）当水库泄水时,库水热量、溶解氧和营养物质分布与浓度,则与排水方式有密切的关系。如排水孔设置在大坝底部,则排出的是缺氧、营养物质丰富的低温水,这样的排水常给下游农业、渔业造成损害,称为水库冷害。这种排水方式将富氧、温暖和营养物质相对贫乏的水留在库里。如排水孔设置在坝的上部,则将库内温暖、富氧和营养物质贫乏的水排出,而将水库底层水留在库里,此时库水水质与湖泊水质接近。

（7）水库是一个静水和流水混合的生态系统,它有时像湖泊,是静水生态系统;有时像河流,是流水生态系统。因此,水库生产力不及湖泊,而高于河流。

（二）我国水库水质状况

根据20世纪90年代中期调查评价结果,经评价的50个水库,无Ⅰ类水水库;Ⅱ类水水库有33个;Ⅲ类水水库有9个;Ⅳ类水水库有2个;Ⅴ类水水库有6个。虽然在调查评价的水库中没有Ⅰ类水水库,但水库水质尚可,Ⅱ和Ⅲ水水库占绝大部分。影响水库水质的主要参数是高锰酸盐指数,需氧有机物是水库的主要污染物质。在调查评价的水库中,有12个水库达到富营养化水平。

五、湖泊水质

湖泊水体环境质量的综合反映。湖泊是大量水聚集在陆地地表低凹处而形成的,按其成因有构造湖、火山口湖、冰碛湖、堰塞湖、喀斯特湖、潟湖和人工湖等。湖泊是一个封闭型水体,湖水相对静止,交换率很低。

（一）湖泊水质的特征

湖泊水质特征表现为:

湖水透明度较高。这是由于湖水中的泥沙等悬浮颗粒物沉于湖底。

湖水矿化度较大。这是由于湖水蒸发量大,无机盐类浓度逐渐升高,在干旱地区的湖泊可能出现盐类结晶。

湖水热量(水温)在一年之中呈现规律性变化。夏季深水湖泊的水温呈垂直分层,表水层水温高,温跃层水温变化较大,深水层水温恒定;春、秋两季的湖水近乎同温层;冬季水温随水深增加而出现逆分层现象,表水层水温最低。

湖水溶解氧分布受水体热量季节变化的影响,夏季表层水溶解氧含量高,底层水处于缺氧或厌氧状态;在冬季,随水体热量垂直运动,加快湖水在垂直方向的复氧过程。

湖水 pH 值变化受水体热量变化和水体生物学过程的影响。夏季底层水温低,缺氧、厌氧生物分解有机物,导致水的 pH 值下降,其他季节,底层水 pH 值略有回升,仍偏酸性。表层水 pH 值有昼夜变化现象,凌晨水 pH 值最低,偏酸性。随着日出,光合作用启动,pH 值逐渐上升,至中午前后,pH 值最高可达 8 ~ 9,偏碱性。随着日落,湖水 pH 值又逐渐下降,至凌晨达最低点。

湖水营养物质呈分层分布状态。底层水长期处于厌氧状态,营养物质丰富,呈还原状态,而且易被湖底腐殖质吸附。表层水的营养物质呈氧化状态,易被生物吸收,其浓度相对偏低。

湖泊按营养物质(主要是氮磷营养元素)水平划分为贫营养湖、中营养湖和富营养湖。贫营养湖初级生产力和次级生产力均低;中营养湖泊初级生产力和次级生产力均高;富营养湖泊初级生产力极高,但次级生产力极低。在湖泊水质管理上,要控制或遏制湖泊富营养化发展进程,特别是减少入湖的氮磷总量。

(二)我国湖泊水质概况

1997 年对我国 131 个典型湖泊进行调查评价,其中无Ⅰ类水湖泊;Ⅱ类水湖泊有 38 个,分别占调查评价湖泊总数和面积的 29.1% 和 28.5%;Ⅲ类水湖泊有 25 个,依次占 19.1% 和 17.7%;Ⅳ类水湖泊有 24 个,占 18.3% 和 10.2%;Ⅴ类水湖泊有

15 个,占 11.4% 和 15.4%;超 V 类水湖泊有 29 个,占 22.1% 和 28.8%。综合看来,20 世纪 90 年代中期我国有 52% 以上的湖泊 受到不同程度的污染,主要污染参数是矿化度、高锰酸盐指数、挥 发酚、氨氮等。在 131 个湖泊中,贫营养湖泊有 10 个,分别占调 查评价湖泊总数和面积的 7.6% 和 14.7%;中营养湖泊有 54 个, 相应为 41.2% 和 43.0%;富营养湖泊有 67 个,相应为 51.2% 和 42.3%。20 世纪 90 年代以来,有一半以上的湖泊已发生程度不 同的富营养化,其中部分湖泊达到重富营养化程度。

六、地下水质

地下水体的物理性质、化学成分、细菌和其他有害物质含量 的总称。地下水的物理性质,指地下水的温度、透明度、颜色、气 味、导电性及放射性等。地下水的化学成分,包括地下水中的各 种阴阳离子、微量元素和气体含量以及矿化度、硬度等。

地下水水质主要受含水层的岩性组成、地下水的埋藏深度、 补排条件、交替循环强度等条件的影响。水文和气候环境以及人 类与生物活动等因素,也是影响地下水质的重要因素。

（一）含水介质与地下水水质

地下水在含水层中运动,对岩石有溶滤作用,使岩石中的 部分物质进入水中,从而改变地下水的化学成分。因此,含水 介质与地下水质有密切关系。例如石灰岩地区的地下水多为 低矿化的 HCO_3-Ca^{2+} 型水;花岗岩地区的地下水往往是低矿化 的 HCO_3-Na^+ 型水;富含石膏的沉积岩地区的地下水中 $SO4^{2-}$、 Ca^{2+}、Mg^{2+} 离子和总矿化度常较高;火山地区的地下水、其中 F^-、 Br^-、Li^+ 等微量元素明显增高。

（二）地下水补排条件对地下水水质的影响

来源于大气降水渗入的地下水和凝结水,一般矿化度低,且

富含 O_2、CO_2、N_2、Ar 等气体。埋藏水则反映古沉积盆地的特点，常为高矿化度的 Cl^--Na^+ 型水。而受河、湖、海等地表水体补给的地下水，其水质与补给的水质密切相关。

地下水的构造隆起地区或地形切割强烈的地区，地下水交替循环作用强烈，形成低矿化的重碳酸型水；封闭的向倾盆地或地势平坦的低洼区，地下径流条件差，地下水交替缓慢，有利于盐分的积聚，因而矿化度增高；沼泽区由于排水条件差，从风化壳中浸出的铁、锰离子不断积聚，故水里的铁、锰离子含量增高。

（三）气候环境

干旱地区蒸发作用强，使地下水产生浓缩，形成 $SO_4^{2-}-Na^+$ 型或 $SO_4^{2-}-Cl^--Na^+$ 型高矿化水。湿润多雨气候区，由于大气降水的不断补给，可促使地下水不断淡化。

（四）人类和生物活动

人类的活动对地下水化学成分有很大的影响。如渠道渗漏和不合理的灌溉制度可导致地下水位抬高，蒸发作用加强，促进地下水化学成分改变。工业"三废"和大量施用化肥，导致其中酚、氰、砷、汞、铅、锌、铬、锰、铜、镉、亚硝酸等有害元素进入地下水而造成严重污染。沿海地区过量开采地下水，常引起海水入侵而使地下水水质变坏。人类和动物排泄物和生物遗体腐烂，均可造成地下水水质严重污染，其主要标志是耗氧量、有机含氮化合物和细菌等含量增加，并引起地下水的气味和味道、透明度和浓度等物理性质发生变化。

测定和检验水的物理性质、化学成分、细菌和其他有害物质含有情况的工作，统称水质分析。按照水质分析的目的和内容可分为简易分析、全项分析和专项分析。水质分析工作是研究评价地下水形成、补排条件，进行地下水资源评价，环境水对混凝土侵蚀性评定，环境污染和土壤盐渍化及其防治等工作的重要依据。

研究地下水作为生活饮用水、灌溉用水和各种工业用水的适用性,称为地下水水质评价。各国或有关国际组织对各种用途的水的水质都有一定的要求,称为水质标准,如生活饮用水水质标准,灌溉用水水质标准,环境水侵蚀判定标准,水工混凝拌制和养护用水水质标准,锅炉用水水质标准等。

除上述目的外,研究地下水水质,对阐明地下水的形成条件,研究各含水层间及其与地表水体间的水力联系,判定地下水对建筑物的腐蚀性,查明地下水和河流(湖泊、水库)水的污染及水化学找矿等方面均有十分重要的意义。

第十章　河道管理

第一节　河道管理概述

河道管理就是运用法律、技术、经济、行政等管理手段,有效地控制人类在河道范围内的活动,对一切影响河势稳定的和海岸防洪、输水功能的行为实施严格的、科学的、行之有效的管理,充分发挥江河湖泊的行洪、排涝、航运、发电、供水、养殖等综合效益的作用。它主要包括河道的整治与建设、河道及水质的保护、河道清障、河道的技术管理等内容。

一、河道概念

所谓的河道,在概念上有广义与狭义之分。

狭义的河道主要是指江河、湖泊等用于行水的通道。也可以说是指河流,包括江河、湖泊和人工河、人工渠等行水通道。

广义的河道泛指江河、湖泊等行水通道,也包括护堤以内的地域及无护堤以内最高洪水位以内的地域,还包括行洪、蓄洪、滞洪区。广义的河道也可以说是指江河、湖泊、水库、渠道及行、蓄洪、滞洪区。从广义的河道概念来看,水域只是河道的一部分,凡是与行水(包括防洪)有关的区域都应当属于河道的范畴。

二、河道管理

为了保证河道防洪安全,充分发挥江河湖泊的防洪、排涝、航运、发电、供水、养殖等综合效益,运用技术、经济、法律、行政等手段,对河道进行管理工作。上述所指河道按《中华人民共和国河道管理条例》规定,还包括湖泊、人工水道、行洪区、蓄洪区和滞洪区。

三、河道保护

河道保护,是指为避免人类活动的破坏,以便安全和正常运用,通过法律对人们在一定范围内的活动所作的限制。它明确规定了某一特定的范围内,不得从事的某些行为以及应该从事的某些活动。

四、河道管理机关

国家对河道实行按水系统管理和分级管理相结合的原则。国务院水利行政主管部门是全国河道的主管机关。各省、自治区、直辖市的水利行政主管部门是该行政区域内的河道主管机关。国家对河道实行按水系统管理和分级管理相结合的原则。

长江、黄河、淮河、海河、珠江、松花江、辽河等大江大河的主要河段,跨省、自治区、直辖市的重要河段,省、自治区、直辖市之间的边界河道以及国境边界河道,由国家授权的江河流域管理机构实施管理。其他河道由省、自治区、直辖市的河道主管机关根据流域统一规划实施管理。一切单位和个人都有保护河道堤防安全和参加防汛抢险的义务。

五、河道的构成

河道的构成,包括两岸堤防及堤防之间的主河槽、河滩、沙洲、岸线、两堤外的护堤以及按照历史最高洪水位划定的无堤河道的安全保护范围。

河道不仅包括水流与河床,还包括河床范围以内及其边缘的附属物。因为,河流本来是自然物,但随着人类社会为了整治江河,防治水害,开发利用河流的自然资源,修建大量水工程以后,河流已经不完全是天然物了,经过了人工的整治和改造,堤防、护岸及河道内的各项工程,已经成为河道不可分割的组成部分。

六、河道管理的范围

河道管理的范围,是指为保证河道的正常运用而划定的区域,《防洪法》第二十一条第三款规定:"有堤防的河道、湖泊,其管理范围为两岸之间的水域、沙洲、滩地、行洪区和堤防及护堤地;无堤防的河道、湖泊,其管理范围为历史最高洪水位或者设计洪水位之间的水域、沙洲、滩地和行洪区。"据此,河道管理的范围主要取决于河道设防(堤防的情况和河道洪水水位)。

河道管理的具体范围,依河道的级别由县级以上地方政府负责划定。《河道管理条例》第六条规定:"河道划分等级标准由国务院水利行政主管部门制定。"

河道按不同的情况分为五个级别,又按不同的级别划分保护范围和管理范围。

七、划定河道管理范围和保护范围的权限

（一）划定河道管理范围的权限

河道管理范围,指河道管理部门依法对于河道及属于河道范围之内一切组成设施所直接管理职责的区域。河道管理范围内的区域,属于国家所有,由管理部门代替国家行使管理权。《防洪法》第二十一条第四款规定:"流域管理机构直接管理的河道、湖泊管理范围,由该流域管理机构会同有关县级以上地方人民政府依照前款规定界定;其他河道、湖泊管理范围,由有关县级以上地方人民政府依照前款界定。"

（二）划定河道保护范围的权限

河道保护范围，指为了保护河道及相关设施的安全运行，在河道范围之外的相连地带设定的一定区域，在这一区域内禁止从事某种特定的活动。之所以划定河道保护范围，是因为该区域内的某些活动足以对河道的安全产生直接或间接的影响。保护范围的区域，不属于河道的设施，不论属于何人所有，在此区域内，禁止从事危害河道安全的活动。

《河道管理条例》第二十六条规定："根据堤防的重要程度、堤基土质条件等，河道主管机关报经县级以上人民政府批准，可以在河道管理范围的相连地域划定堤防安全保护区。在堤防保护区内，禁止进行打井、钻探、爆破、挖筑鱼塘、采石、取土等危害堤防安全的活动。"

八、河道管理与土地管理的关系

在河道管理范围内，土地管理主要是对范围内的可耕地和其他可以利用的土地的地籍管理，即土地的权属管理。河道管理范围内的地籍管理一般分为四种情况。

（1）河床经常过水的部分以及河滩，作为河道的基本组成部分，不纳入地籍管理范围，完全依照河道管理有关规定进行管理与保护。

（2）不经常过水的耕地和可利用土地，纳入土地管理部门的地籍管理，河道管理则是对其耕作和利用的方式实施必要的限制。例如：禁止种植高秆作物及进行其他妨碍行洪、污染水质的活动。

（3）对于国家管理的堤防和水工程，由地方人民政府划定工程管理范围，在管理范围内，土地由工程管理单位占有和使用，其他部门和单位不得侵占。但在实践中，这部分土地的使用经常发生争议。因此，水利部门应当依法向土地管理部门办理定权发证，确定权属。有的地方一时划定管理范围有困难的,可以先划定管理范围预留地,以此作为行使管理职权的依据。

(4)堤防背水坡管理范围以外的一定距离,应当划为保护范围,其土地所有权和使用权不变,但应按照河道管理法规的规定,限制那些影响堤防防洪安全的活动。这里所说的保护范围,不是堤防保护的地域范围,则是为了保护堤防本身的安全所需要控制的范围。

九、河道管理与航道管理的关系

航道是河道的一部分,河道管理是对河道多种功能的综合管理;航道管理是为保护和发展航运而进行的专业管理。一般来说,只要河道行洪畅通,对航运安全必将起到积极作用。但有时两者也有矛盾。如为了确保航道畅通,需修筑水坝,抬高水位,但从水利角度来说,可能造成河势改变,对堤防构成威胁。因此,在《河道管理条例》中规定,交通部门进行航道整治,应当符合防洪安全要求,并事先征求河道主管机关对有关设计和计划的意见。水利部进行河道整治,涉及航道的,应当兼顾航运的需求,并事先征求交通部门对有关设计和计划的意见。

第二节　河道管理的内容

根据《水法》《河道管理条例》等水事法律规范的规定,河道行政管理的内容主要包括以下几个方面。

一、河道的保护

保护河道,确保水流畅通,除了必要的工程措施外,主要是防止人类活动对河道堤防、护岸等水利工程设施的影响、破坏,从而影响、妨碍河道的行洪、输水功能。为此,《水法》《河道管理条例》

对涉及河道的人为活动给予不同程度的限制,甚至是禁止。

（一）河道保护中禁止的一些行为

（1）禁止损毁堤防、护岸、闸坝等水工程建筑物和防汛、水文监测、河岸地质监测以及能照明等设施。

（2）在堤防、护岸地和堤防安全保护区内禁止打井、钻探、爆破、挖筑鱼塘,以及建房、开渠、挖窑、开采地下资源、进行考古发掘等危害堤防安全的活动。

（3）在河道管理范围内禁止修建围堤、阻水建筑物、种植高秆作物和树木等（堤防防护林除外）以及设置拦河渔具,弃置矿渣、垃圾等。

（4）禁止围湖造田,已经围垦的,要按照国家规定的防洪标准进行治理,逐步退田还湖;禁止围垦河流,确需围垦的,必须经过科学论证,并经省级以上人民政府批准。

（5）山区河道有山体滑坡、崩岸、泥石流等自然灾害的河段,禁止从事开山采石、采矿、开荒等危及山体稳定的活动,同时河道主管机关要会同地质、交通等部门加强监测。

（6）在河道管理范围内,禁止堆放、倾倒、掩埋、排放污染水体的物体。河道主管机关要开展河道水质监测工作,协同环境保护部门对水污染防治实施监督管理。

为了保证堤岸安全,河道主管部门应当会同交通部门加强对船舶航行的管理,必要时要设立限航的标志。

在河道中流放竹木,不得影响行洪、航运和水工程安全,在汛期,河道主管机关有权对河道上的竹木和其他漂浮物进行紧急处置。

由河道管理单位组织营造和管理的护堤、护岸林木,其他任何单位和个人不得侵占、砍伐或破坏。

（二）河道保护的几个方面

（1）对堤防、护岸、闸坝等河道工程设施的保护。堤防、护岸、闸坝等河道工程设施是确保水流畅通的条件之一。

（2）对河道管理范围内的行洪、输水区的保护。

（3）对用于江河分洪的湖泊、江河故道、旧堤和原有工程设施等的保护。用于江河分洪的湖泊、江河故道、旧堤和原有工程设施等河道系统是确保其行洪、输水功能的一个重要组成部分，当然也应当加强对其的保护与管理。

（4）积极开展河道管理范围内的水质监测，尤其是加强对河道、湖泊、排污口等的设置、扩大管理与监督，以确保水质。

二、河道整治与建设

河道的整治与建设应当服从流域综合规划，符合国家规定的防洪标准、通航标准和其他有关技术要求，维护堤防安全，保持河势稳定和行洪、航运畅通。

（1）修建开发水利、防治水害、整治河道的各类工程和跨河、穿河、穿堤、临河的桥梁、码头、道路、渡口、管道、缆线等建筑物及设施，建设单位要按照河道管理权限，将工程建设方案报送主管机关，经审查同意后可按基本建设程序履行审批手续。

（2）建设项目经批准后，建设单位要将施工安排告知河道主管机关；建设项目竣工后，要经河道主管机关验收合格后可使用，并服从河道主管机关的安全管理。

（3）修建桥梁、码头和其他设施，必须按照防洪标准所确定的河宽进行，不得缩窄行洪通道。桥梁和栈桥的梁底必须高于设计水位，并按照防洪和航运的要求留有一定的超高。设计洪水位由河道主管机关根据防洪规划确定。

（4）跨越河道的管道、线路的净空高度必须符合防洪和航运的要求。

（5）交通部门进行航道整治，应当符合防洪安全的要求，并事先征求河道主管机关对有关设计和计划的意见。水利主管部门进行河道整治，涉及航道的，应当兼顾航运的需要，并事先征求交通部门对有关设计和计划的意见。

（6）在国家规定的可以流放竹木的河流和重要的渔业水域进行河道、航道整治,建设单位应当兼顾竹木水运和渔业发展的需要,并事先将有关设计和计划送同级林业、渔业主管部门征求意见。

（7）堤防上已修建的涵闸、泵站和埋设的穿堤管道、缆线等建筑物及设施,河道主管机关应当定期检查,对不符合工程安全要求的,限期改建。

（8）确需利用堤顶兼做公路的,须经上级河道主管机关批准。堤身和堤顶公路的管理和维护办法,由河道主管机关会同交通部门制定。

（9）城镇建设和发展不得占用河道滩地。城镇规划的临河界限,由河道主管机关会同城镇规划等有关部门确定。油漆城镇在编制和审查城镇规划时,应当事先征求河道主管机关的意见。

（10）河道清淤和加固堤防取土以及按照防洪规划进行河道整治需要占用的土地,由当地人民政府调剂解决。因修建水库、整治河道所增加的可利用土地,属于国家所有,可以由县级以上人民政府用于移民安置和河道整治工程。

（11）省、自治区、直辖市以河道为边界的,在河道两岸外侧各 10km 之内,及跨省、自治区、直辖市的河道,未经有关各方达成协议或者国务院水利行政主管部门批准,禁止单方面修建排水、阻水、引水、蓄水工程以及河道整治工程。

三、河道内工程建设管理

1998 年江西省九江市城区长江水堤溃口,重要原因就是某单位在临水堤外滩上违章建油库平台,破坏大堤的防渗层。出现险情时,油库平台上游墙又给抢险带来困难,在高水位、长期渗流下大堤被冲开 30m 左右宽的缺口,造成极为严重的后果。

实践证明,在河道管理范围内进行建设,有可能对防洪产生不利影响。因此,必须加强对河道的管理和保护,必须建立河道管理范围内建设项目行政许可制度及相关的管理制度。河道内工程建设应当服从流域综合规划,符合国家规定的防洪、排涝、防潮、通航标准和其他有关技术要求,维护堤防河岸安全,保持河势稳定和行洪、航道畅通。

对河道管理范围内建设项目的管理内容,包括建设项目的同意、施工监督等,具体而言是指在河道管理范围内新建、扩建、改建的建设项目,如开发水电、防治水害、整治河道的各类工程,跨河、穿河、穿堤、临河的桥梁、码头、道路、渡口、管道、取水口、排污口等建筑物,工民用建筑物以及其他公共设施等。

（一）河道管理范围内建设项目的审批

建设单位在申请时必须向相应的水行政主体填报河道管理范围内建设项目申请书,并提供以下文件一式三份。

（1）申请书。

（2）建设项目所依据的法律文件。

（3）建设项目涉及河道与防洪部分的方案。

（4）占用河道管理范围内土地情况及该建设项目防御洪涝的设防标准与措施。

（5）说明建设项目对河势变化、堤防安全、河道行洪、河水水质的影响以及拟采取的补救措施。对重要的建设项目,建设单位还应当编制更为详尽的防洪评价报告。

水行政主体在收到建设单位的申请后,应当及时进行审查。其审查的主要内容是:

（1）是否符合流域或区域综合规划和有关的国土以及区域发展规划,对规划实施有何影响。

（2）是否符合防洪总体安排与防洪标准和相关技术规范要求。

（3）建设项目防御洪涝灾害的标准与措施是否适当。

（4）建设项目对河势稳定、水流形态、水质、冲淤变化等有无影响。

（5）对堤防、护岸和其他水事工程设施的安全有何影响。

（6）是否影响第三人的合法权益。

（7）是否符合法律法规规定的其他有关规定。

水行政主体在审查完毕后，应当以书面形式通知建设单位。批准其申请的，依法发给其由水行政主体统一印制的河道管理范围内建设项目审查同意书；申请没有批准的，应当说明不批准申请的理由。申请有不服的，可以依法申请行政复议或直接提起行政诉讼。

（二）对河道管理范围内建设项目的施工监督

建设项目经批准后，建设单位必须将建设项目的批准文件和施工安排、施工期间的度汛方案、占用河道管理范围内土地的情况等内容，报送负责建设项目立项审查的水行政主体审核，经审核同意发给河道管理范围内建设项目的施工许可证后，建设单位方可以组织施工。

在建设施工期间，水行政主体对建设项目是否按审查同意书、经批准的施工安排等内容进行检查监督。建设项目在施工过程中若有变化，要取得原审查、审核的水行政主体的同意；若建设项目的性质、规模、地点等内容发生变化时应当依法重新办理审查同意书和施工许可证。

（三）对河道管理范围内建设项目的监管

堤防上已修建的涵闸、泵站和埋设的穿堤管道、缆线等建筑物及设施，河道主管机关应当定期检查，对不符合工程安全要求的，限期改建。在堤防上新建建筑物及设施，必须经河道主管机关验收合格后方可启用，并服从河道主管机关的安全管理。

四、制定河道等级标准，划分河道管理范围

为了保障河道行洪、输水安全和多目标综合利用，使河道管理逐步实现科学化、规范化和制度化，国家水行政主管部门根据我国河道的情况和管理实践，制定出河道等级划分标准以及如何确定河道管理范围,但不包括国际河道。

根据河道情况和管理实践,国家水行政主管部门和省、自治区、直辖市水利(水电)厅(局)按照河道的自然规模及其对社会、经济发展影响的重要程度等标准认定河道等级,其具体指数见下表。

河道分级指标表

级别	分级指标					
	流域面积(万平方千米)	影 响 范 围				
		耕地(万亩)	人口(万人)	城市	交通及工矿企业	可能开发的水力资源(万千瓦)
	(1)	(2)	(3)	(4)	(5)	(6)
一	> 5.0	> 500	> 500	特大	特别重要	> 500
二	1 ~ 5	100 ~ 500	100 ~ 500	大	重要	100 ~ 500
三	0.1 ~ 1	30 ~ 100	30 ~ 100	中等	中等	10 ~ 100
四	0.01 ~ 0.1	< 30	< 30	小	一般	< 10
五	< 0.01					

注:1.影响范围中耕地及人口,指一定标准洪水可能淹没范围;城市、交通及工矿企业指洪水淹没严重或供水中断对生活、生产产生严重影响的。

2.特大城市指市区非农业人口大于100万;小城镇指市区非农业人口50万 ~ 100万;中等城市指市区非农业人口20万 ~ 50万;小城镇指市区非农业人口10万 ~ 20万。特别重要的交通及工矿企业是指国家的主要交通枢纽和对国民济关系重大的工矿企业。

根据该表的划分指数,河道划分为五个等级,即一级河道、二级河道、三级河道、四级河道、五级河道。在河道分级指标表中满足(1)和(2)或(1)和(3)项者,可划分为相应等级;不满足上述条件,但满足(4)(5)(6)项之一,且(1)(2)或(3)(4)项不低于下一个等级指标者,可划分为相应等级。其中,一、二、三级河道由水利部认定,四、五级河道由省、自治区、直辖市水利(水电)厅(局)认定。

　　河道管理范围的确定,是指水行政主体根据水事法律规范的规定确定河道与水流的区域及其保护范围。河道管理范围按照以下标准进行:有堤防的河道,其管理范围为两岸堤防之间的水域、沙洲(包括可耕地)、行洪区、两岸堤防及护堤地;无堤的河道,其管理范围根据历史最高水位或者设计洪水位确定。

　　河道等级标准的确定与认定和河道管理范围的划定,都是为了加强河道的管理与保护。

第三节　河道清障

一、河道清障

　　河道清障工作属于河道保护管理工作的一个重要内容。新中国建立以来,虽然我们在河道整治与建设方面取得了一定的成就,但是任意侵占河床、河滩、向河道倾倒固体废弃物、围垦行洪滩地、种植阻水林木与高秆作物等违法行为屡见不鲜,严重影响了河道正常的行洪、输水功能,并造成严重的洪涝灾害损失,如1985年辽河发生一般洪水,洪峰流量仅为2000余 m^3/s,大大低于河道原有的防洪标准,由于河道设障严重,造成多处决口,教训极为深刻。

　　河道是排泄洪水的通道,必须确保其畅通无阻,才能发挥应有的作用,如果在河道中有这样或那样的阻水障碍物,则会导致河道泄洪能力下降,洪水位由于这些阻水障碍物的阻拦而壅高,甚至造成堤防溃决而发生灾害。河道中的阻水障碍物除泥沙淤积外,还有自然生长的芦苇和人为设置的障碍,如在河滩地上修建房屋、建阻水桥梁,向河道内倾倒垃圾、废渣等。这些阻水障碍物已严重影响河道的行洪,如21世纪初的淮河与20世纪50年代相比,其河道泄量减少 $2000 m^3/s$,同流量下水位相应提高0.5 ~ 1.0m;海河流域几大水系的汇洪功能已下降40% ~ 60%;

黄河同流量上水位比 50 年代高出 1～2m。在河道内建设住房等阻水工程,不但对河道防洪有影响,而且不利于自身的防洪安全。如青海省的沟后水库,一些人将房屋建在水库下游的泄洪道上,当水库溃坝洪水下泄时,造成下游泄洪道上的住房被冲,人员被淹。

由于河道阻水障碍物的形成原因是多方面的,除自然因素外,有历史上形成的也有人为造成的为局部利益而设置的障碍,因此河道清障是一项涉及面广、情况复杂、政策性强的群众性工作,必须采取积极慎重的态度认真对待。

为了强化河道清障工作,《水法》《河道管理条例》以及《防洪法》等水事法律规范均作了相应的规定,确立了河道清障责任制度、清障原则与程序、清障费用负担等清障内容。

（一）河道清障工作实行地方人民政府行政首长负责制，强化地方政府的责任

河道清障工作是一项非常复杂的工作,阻水障碍物的形成原因、过程及其影响都不尽相同,如有的可能是经过地方政府或政府领导人、有关部门批准而设置的;有的虽然未经批准,但是已经存在多年。实际上,河道清障工作并不来自清障工作本身,可能是涉及社会关系的许多方面导致的社会问题,然而这些社会问题或多或少对该地的地方、局部利益有直接的影响。一般而言,在没有洪涝灾害或者洪涝灾害小的时候,阻水障碍物的存在对设障单位、公民个人,甚至当地的经济发展和人民生活带来暂时的、直接的利益,而清障必然要损害这些局部的既得利益,因此,在河道清障工作中,眼前利益与长远利益之间、在局部利益与全局利益之间的矛盾十分突出。对于如此复杂、敏感且棘手的社会问题,必须由当地地方人民政府的行政首长负责。为此,《河道管理条例》在总则第七条明确规定"河道清障工作实行地方人民政府行政首长负责制",并在第三十六条、第三十七条对河道清障工作的协作分工方面做出了专门的规定,体现了在河道清障工作中强化

地方人民政府责任的原则,在《防洪法》中此规定再次得到了确认。

（二）河道清障责任归属原则和费用负担原则

河道清障的责任归属原则是"谁设障,谁清除"的原则。此内容明确了承担清除河道阻水障碍物的责任主体是设置阻水障碍物的行为人,包括公民个人、法人或其他组织。

河道清障的费用负担是"由设障者承担全部清除费用"。河道清障责任归属于设障者。

（三）河道清障工作的分工协作

防汛指挥机构和地方各级人民政府在河道清障工作中起着重要的作用,有时甚至是决定性作用。防汛指挥机构对设障者逾期不清除阻水障碍物时可以组织强行清除,并就汛期影响防洪安全的做出紧急处理决定。地方人民政府在必要的时候对重大的清障工作的实施做出组织部署和相关的处理决定,而水行政主体仅仅根据阻水障碍物的情况向防汛指挥机构、地方人民政府提出清障计划和具体的实施预案,并监督实施。

案例:武汉市长江河道内建设的外滩花园就是一起典型的河道内障碍物违法事件。外滩花园坐落于武汉汉阳东门外滩,是长江河道唯一的大型住宅建筑群。由 10 多栋楼房组成,建筑面积达 7 万平方米。因其修建于长江防洪堤内,有碍长江行洪,违反了国家有关防洪法规,2001 年 12 月中旬,为维护《防洪法》的严肃性,湖北省及武汉市政府着手拆除楼群和业主安置工作,2002 年 3 月 30 日凌晨零时 20 分,最后几栋楼房拆除完毕,损失达 2 亿元人民币。

二、禁止围湖造地与围垦河道

湖泊是调蓄洪水的场所。当汛期河道内洪水大的时候,一部分洪水就先滞蓄在湖泊内;当河道洪水小的时候,湖泊内洪水就慢慢往河道吐泄,这样河道水位就不至于太高。有了湖泊的调蓄,河流防洪能力就大大提高了。如果随意将湖泊圈起来进行其他开发,这样汛期洪水就失去了调蓄场所,上游来的洪水就只能全部流入河道内,以致河道水位抬高,当超过河道的行洪能力时,就可能导致堤防溃决而发生灾害。如洞庭湖,目前与 20 世纪 50 年代相比,湖面面积减少 1500km^2,素有"千湖之省"美称的湖北省,湖泊面积减少约 70%;太湖减少蓄洪面积 528km^2,这些将不同程度地导致洪涝灾害加重。

湖泊具有调蓄洪水的功能,河道是行洪的通道,维护湖泊、河道的自然功能,对保障防洪安全具有重要意义。他们在一个地方的环境、水系、供排水系统中起着重要的调节作用,特别是夏季可用于防汛排涝,旱时则可提供水源,起到小型水库作用,而且由于其地势较低,也可及时补充地下水源。如果将其填死,将破坏一个地方多年形成的天然供排水系统,造成整个自然环境的失衡。

长期以来,随着人类生产和社会发展,忽视对自然生态的保护,与水争地、擅自围湖造地、盲目围垦河道的现象比较普遍。围垦湖泊、河道的目的是为了造地,进行生产和建设,但却占据了调蓄洪水的场所,束窄了行水通道,加重了防洪负担,加大了洪水损失,其结果是破坏了资源与环境,并最终损害了人类自身。据统计,截至 20 世纪 90 代全国未被围垦的湖泊面积至少有 2000 多万亩,减少蓄洪量 350 多亿立方米。河湖防洪能力的下降是造成防洪形势的重要原因之一。为此,1998 年长江大水后,国家实施了退田还湖政策,目的就是要保护自然生态,保护湖泊调蓄洪水的功能。

根据《水法》规定:禁止围湖造地,已经围垦的,要按照国家规定的防洪标准有计划地退地还湖。禁止围垦河道,因生产和社会发展确需围垦的,也要从严管理,即要进行科学论证,不仅要考虑经济和社会发展,而且要考虑保护环境和资源;不仅要考虑眼前,而且要考虑长远,经省、自治区、直辖市人民政府水行政主管部门同意,并报政府批准后,方可进行。

第四节　河道采砂管理

一、河道采砂管理的概述

河道采砂是指在河道管理范围内的采挖砂、石,取土和淘金(包括淘取其他金属及非金属)。

国家实行河道采砂许可制度。河道采砂许可制度实施办法,由国务院规定。在河道管理范围内采砂,影响河势稳定或者堤防安全的,有关县级以上人民政府水行政主管部门应划定禁采区和规定禁采期,并予以公告。

河道采砂是一项利弊共存的作业活动。河道砂石是河床的铺垫层,维系着河势的稳定和河道、堤防的安全,实行有序的采挖,既可以起到疏浚河道的作用,又可以满足经济建设的需要。所以,我国对海产采砂这种活动并没有一律禁止,而是严格审批与监管,使之化害为利。1988 年《水法》以及《河道管理条例》中对河道采砂都做出了规定,要求河道采砂必须经过河道主管部门的批准。

1990 年,水利部、财政部、国家物价局联合颁布了《河道采砂收费管理办法》,规定对河道采砂实行许可证制度。各地水行政主管部门依据这些法律、法规、规章的规定,对河道采砂实施了管理。但是实践中,存在着多个部门管理、体制不顺、职责不清、地方保护主义严重、黑恶势力猖獗等突出问题,致使采砂管理秩序混乱,非法采砂活动屡禁不绝。尤其是在长江干流,非法采砂活动严重影响了行洪安全和航运安全,国务院领导做出了多次批示,2001 年国务院颁布了《长江河道采砂管理条例》,明确由长江水利委员会和地方水行政主管部门负责长江河道采砂管理工作,建立了相应的法律制度,加大了对非法采砂行为的处罚力度。新《水法》中也明确了国家实行河道采砂许可制度,授权国务院制定具体的实施办法,并授权国务院规定对违反河道采砂许可制度的行政处罚措施。

二、河道管理范围内采砂存在的危害

河道管理范围内采砂,影响河势稳定或者危及堤防安全,存在以下三大危害。

(1)在河道中间挖掘砂石,原本平坦的河道将会出现深坑,水流易形成旋涡,影响行洪速度。

(2)如果挖采点在河堤附近则安全隐患更大,洪水来临时可能发生决堤。

(3)过度开采河道及附近的砂石将破坏区域生态环境,偷挖行为使砂石裸露,干燥后地表层的细沙成尘土,风吹造成扬尘;例如北京河道偷挖砂石形成的一些地表大坑已经成了垃圾场,生活垃圾容易通过更粗的颗粒层渗透污染地下水。垃圾也可能被河水带到河水下游,污染当地的生态环境。

三、长江河道采砂许可制度

(一)发放采砂许可证的机关

国家对长江采砂实行采砂许可证制度。河道采砂许可证由沿江省、直辖市人民政府水行政主管部门审批发放;属于省际边界重点河段的,经有关省、直辖市人民政府水行政主管部门签署意见后,由长江水利委员会审批发放;涉及航道的,审批发放前应当征求长江航务管理局和长江海事机构的意见。省际边界重点河段的范围由国务院水行政主管部门划定。

河道采砂许可证式样由国务院水行政主管部门规定,由沿江省、直辖市人民政府水行政主管部门和长江水利委员会印制。

（二）申请河道采砂许可证的条件

从事长江采砂活动的单位和个人应当向沿江市、县人民政府水行政主管部门提出申请；符合条件的，由长江水利委员会或者沿江省、直辖市人民政府水行政主管部门，审批发放河道采砂许可证。

申请采砂许可证的条件为：

（1）符合长江采砂规划确定的可采区和可采期的要求。

（2）符合年度采砂控制总量的要求。

（3）符合规定的作业方式。

（4）符合采砂船只数量的控制要求。

（5）采砂船舶、船员证书齐全。

（6）有符合要求的采砂设备和采砂技术人员。

（7）长江水利委员会或者沿江省、直辖市人民政府水行政主管部门规定的其他条件。

（三）河道采砂许可证的审批程序

（1）市、县人民政府水行政主管部门应当自收到申请之日起10日内签署意见后，报送沿江省、直辖市人民政府水行政主管部门审批。

（2）属于省际边界重点河段的，经有关省、直辖市人民政府水行政主管部门签署意见后，报送长江水利委员会审批。

（3）长江水利委员会或者沿江省、直辖市人民政府水行政主管部门应当自收到申请之日起30日内予以审批；不予批准的，应当在做出不予批准决定之日起7日内通知申请人，并说明理由。

（4）从事长江采砂活动的单位和个人需要改变河道采砂许可证规定的事项与内容的，应当重新办理河道采砂许可证。

（四）河道采砂许可证的内容

河道采砂许可证应当载明船主姓名（名称）、船名、船号和开采的性质、种类、地点、时限以及作业方式、弃料处理方式、许可证的有效期限等有关事项和内容。

（五）因整治河道而采砂也应经河道主管机关的批准

沿江县级以上地方人民政府水行政主管部门因整修长江堤防进行吹填固基或者整治长江河道采砂的，应当经本省、直辖市人民政府水行政主管部门审查，并报长江水利委员会批准；长江航务局因整治长江航道采砂的，应当事先征求长江水利委员会的意见。因吹填造地从事采砂活动的单位和个人应当依法申请河道采砂许可证。

四、河道采砂收费

1990 年，由水利部、财政部、国家物价局联合发布了《河道采砂收费管理办法》，本办法规范了河道采砂收费行为。

（一）河道采砂管理费的计收

（1）由发放河道采砂许可证的单位计收采砂管理费。

（2）河道采砂管理费的收费标准由各省、自治区、直辖市水利部门报同级物价、财政部门核定。收费单位应按规定向当地物价部门申领收取许可证，并使用财政部门统一印制的收费票据。

从事长江采砂活动的单位和个人应当向发放河道采砂许可证的机关缴纳长江河道砂石资源费。发放河道采砂许可证的机关应当将收取的长江河道砂石资源费全部上缴财政。长江河道砂石资源费的具体征收、使用、管理办法由国务院财政主管部门会同国务院水行政主管部门、物价主管部门制定。从事长江采砂活动的单位和个人，不再缴纳河道采砂管理费和矿产资源补偿费。

（二）河道采砂收费的管理

河道采砂管理费用于河道与堤防工程的维修、工程设施的更新改造及管理单位的管理费,结余资金可以连年结转,继续使用,其他任何部门不得截留或挪用。河道采砂管理费按预算外资金管理,专款专用,专户存储。各级财政、物价和水利部门要负责监督各项财务制度的执行情况和资金使用效果。

第十一章　水土流失与保持

第一节　水土流失概述

一、我国水土流失的简况

根据 1992 年发布的遥感普查结果,我国现有水土流失面积 367 万平方千米。其中水蚀面积 179 万平方千米,风蚀面积 188 万平方千米。近年来,随着人口的增加、经济的发展及各类基本建设和乡镇工业副业等生产建设的兴起,加之乱砍滥伐、毁林、开荒等使得水土流失加剧。2000 年北方大部分和南方部分地区流失耕地 100 多万亩,流失土壤 50 多亿吨,仅黄河每年从中上游下来的泥沙就达 16 亿吨,其中除了淤积于下游河道的 4 亿吨外,有 12 亿吨填入渤海,土地资源损失严重。为建立维护生态环境安全的水利保障体系,务必切实搞好水土保持,严格控制人为造成的水土流失。

"十五"期间,仅甘肃省经市级以上有关部门审核批准的大中型建设项目就达 2495 项,扰动地表面积为 3784km^2,弃土弃渣量 1.58 亿吨,水土流失量占全省人为新增水土流失总量的 80% 以上,给社会留下了巨大的治理成本,有的甚至难以恢复。

我国人口众多,资源相对紧缺,生态环境承载能力弱。随着国家现代化进程的加快,人口、资源、环境之间的矛盾日益突出。水土流失作为我国头号环境问题,已经危及国家的生态安全。据最新全国水土流失调查,全国现有水土流失面积 356 万平方千米,占国土总面积的 37%,水土流失分布范围广、类型多、流失强度大、危害严重。严重的水土流失把地表切割成千沟万壑,植被破坏、土地退化、生态功能急剧衰退,增大了洪涝及干旱灾害的发生频率,形成了恶性循环。每年土壤侵蚀总量达 50 多亿吨。在水土流失严重地区,由于水土流失每年给当地带来的损失相当于当年区域 GDP 总量的 30% 以上。

据国家环境保护总局 2005 年 6 月 2 日发布的《2004 年中国环境状况公报》摘要显示:全国水土流失面积 365 万平方千米,占国土面积的 37.1%。其中水力侵蚀面积 165 万平方千米,风力侵蚀面积 191 万平方千米,水土流失范围广,遍及所有的省、自治区和直辖市,是世界上水土流失最为严重的国家之一。

二、水土流失的概念

水土流失是指在水力、风力、重力等外力作用下,水土资源和土地生产力的破坏和损失,包括土地表层侵蚀和水土损失,亦称水土损失(《中国水利百科全书—第一卷》)。

1981 年科学出版社《简明水利水电词典》提出,水土流失指"地表土壤及母质、岩石受到水力、风力、重力和冻融等外力的作用,使之受到各种破坏和移动、堆积过程以及水本身的损失现象。这是广义的水土流失。狭义的水土流失是特指水力侵蚀现象。"

1991 年 中国国务院颁布《水土保持法》,为我国第一部专业水保技术法规,为我国水保工作长期无法律依靠画上了句号。

三、水土流失的形成与危害

地球上人类赖以生存的基本条件就是土壤和水分。在山区、丘陵区和风沙区,由于不利的自然因素和人类不合理的经济活动,造成地面的水和土离开原来的位置,流失到较低的地方,再经过坡面、沟壑,汇集到江河河道内去,这种现象称为水土流失。

水土流失是不利的自然条件与人类不合理的经济活动互相交织作用产生的。不利的自然条件主要是:地面坡度陡峭,土体的性质松软易蚀,高强度暴雨,地面没有林草等植被覆盖;人类不合理的经济活动诸如:毁林毁草,陡坡开荒,草原上过度放牧,开矿、修路等生产建设破坏地表植被后不及时恢复,随意倾倒废土弃石等。

水土流失对当地和河流下游的生态环境、生产、生活和经济发展都造成极大的危害。水土流失破坏地面完整,降低土壤肥力,造成土地硬石化、沙化,影响农业生产,威胁城镇安全,加剧干旱等自然灾害的发生、发展,导致群众生活贫困、生产条件恶化,阻碍经济、社会的可持续发展。

水土流失是在湿润或半湿润地区,由于植被破坏严重导致的。如果是在干旱地区的植被破坏,会导致沙尘暴或者土地荒漠化,而不是水土流失。

因为植被破坏严重,再加上雨水和地表水的冲刷,导致水土流失。

加大植被的覆盖率,可以保持水土,也就是防止水土流失的发生。

四、水土流失的类型

根据产生水土流失的"动力",分布最广泛的水土流失可分为水力侵蚀、重力侵蚀和风力侵蚀三种类型。水力侵蚀分布最广泛,在山区、丘陵区和一切有坡度的地面,暴雨时都会产生水力侵蚀。它的特点是以地面的水为动力冲走土壤。重力侵蚀主要分布在山区、丘陵区的沟壑和陡坡上,在陡坡和沟的两岸沟壁,其中一部分下部被水流淘空,由于土壤及其成土母质自身的重力作用,不能继续保留在原来的位置,分散地或成片地塌落。风力侵蚀主要分布在我国西北、华北和东北的沙漠、沙地和丘陵盖沙地区,其次是东南沿海沙地,再次是河南、安徽、江苏几省的"黄泛区"(历史上由于黄河决口改道带出泥沙形成)。它的特点是由于风力扬起沙粒,离开原来的位置,随风飘浮到另外的地方降落。下面是水土流失的案例:

（一）严重的水土流失——黄河

黄河流域自古是我们中华民族的摇篮，也是世界古代文化发祥地之一。

黄河，作为中华民族的摇篮和母亲河，不仅传承着几千年的历史文明，而且也养育着祖国 8.7% 的人口（据 2000 年资料统计）。然而，目前黄河的生态危机正在日益加剧，并面临着土地荒漠化、水资源短缺、水土流失面积增大（黄河中游的黄土高原大面积的水土流失是黄河水土流失面积增大的主要原因）、水污染严重、断流加剧、生存环境恶化等诸多问题交织的严峻形势，给流域人民乃至整个国家都发出了严重的警示。

（二）河西走廊"沙尘源"

近年来，每到春天，一场场铺天盖地的黄沙自甘肃河西走廊腾空而起，从西北到东南，几乎席卷大半个中国。这个历史上曾以"丝绸之路"闻名于世的"西部金腰带"，如今，正在风沙的威胁下渐渐褪色，处处可见废弃的村庄、撂荒的耕地、成片成片枯死的林木。成了沙逼人走，生态失衡的"难民区"。生态专家在考察河西走廊后认为，这里不仅是我国风沙东移南下的大通道，而且还是我国北方主要沙尘天气的策源地之一。

（三）宁蒙河套"水告急"

黄河流域面积近 80 万平方千米，大部分处于干旱地区，水资源条件先天不足。据统计，黄河拥有的水资源只有 580 亿立方米。而且，黄河水因泥沙太多，每年 16 亿吨泥沙至少需 200 多亿立方米的水来冲刷，这样黄河实际拥有的可利用水量每年只有 300 多亿立方米。同时还要供沿河 9 个省区及河北、天津两省市使用，本来已经供不应求，再加上不合理利用和浪费水资源，使得水资源短缺的状况越来越严重。

俗话说,天下黄河富宁夏,内蒙古河套在其中。宁蒙河套灌区千百年来自流排灌,取水便利,生活耕作在这里的农民从未因农田缺水而犯愁。然而,随着上游河段生态的日益恶化,人口不断增加和经济的迅速发展,河套灌区的水资源供需矛盾开始日益显现。特别是宁夏地处西北内陆干旱地区,天上降水十分稀少,地表水严重不足,地下水更是缺乏,黄河过境水是全区最主要的可用水源。加之近年来,河套灌区冬灌引黄水量被压减至近十年来的最少量,农业灌溉用水严重短缺。而且黄河上中游持续干旱,出现历史上罕见的枯水形势,造成宁蒙两大引黄灌区严重的"水荒告急",已给灌区的农业造成了巨大损失。

（四）黄土高原"沙为患"

"九曲黄河万里沙,黄河危害在泥沙"。作为世界上输沙量最大的河流,黄河每年向下游的输沙量达 16 亿吨,如果堆成宽、高各 1 米的土堆,可以绕地球 27 圈多。这些泥沙 80％来自黄河中游的黄土高原。总面积约 64 万平方千米的黄土高原,是世界上面积最大的黄土覆盖区。由于该区气候干旱,暴雨集中,植被稀疏,土壤抗蚀性差,加之长期以来乱垦滥伐等人为的破坏,是导致黄土高原成为我国水土流失最严重地区的重要原因。据有关资料显示,黄土高原地区的水土流失面积达 45 万平方千米,占总面积的 70.9％,是我国乃至全世界水土流失最严重的地区。而1500 多年前的黄河中游也曾"临广泽而带清流",森林茂密,群羊塞道。正是人类掠夺性的开发掠去了植被,带来了风沙,使水土流失把黄土高原刻画得满目疮痍。

五、水土流失的危害

（一）破坏土地资源,蚕食农田

土壤是人类赖以生存的物质基础,是环境的基本要素,是农业生产的最基本资源。常年水土流失使有限的土地资源遭受严重的破坏,而土壤再生的历程很漫长,土壤流失的速度比土壤形成的速度快 120 ~ 400 倍。据初步估计,由于水土流失,近 50 年来,我国因水土流失毁掉耕地达 4000 多万亩。因水土流失造成的退化、沙化、碱化草地约 100 万平方千米,占草原总面积的 50%。进入 20 世纪 90 年代,沙化土地每年扩展 2460 平方千米。

（二）破坏生态平衡,加剧干旱发展

由于水土流失,使坡耕地成为跑水、跑土、跑肥的"三跑田",致使土地日益贫瘠,而且土壤侵蚀造成的土质恶化,土壤透水性、持水力的下降,加剧了干旱的发展,严重降低了农业生产力。据观测,黄土高原多年平均每年流失的 16 亿吨泥沙中含有氮、磷、钾总量约 4000 万吨;东北地区因水土流失的氮、磷、钾总量约 317 万吨。资料表明,全国多年平均受旱面积约 2000 万公顷,成灾面积约 700 万公顷,成灾率达 35%。

（三）泥沙淤积河床,洪涝灾害加剧

水土流失使大量泥沙下泄,淤积下游河道,削弱行洪能力,一旦上游来洪量增大,常引起洪涝灾害。近几十年来,特别是最近几年,长江、松花江、嫩江、黄河、珠江、淮河等发生的洪涝灾害,造成巨大的国家和人民财产损失。这都与水土流失河床淤高有非常重要的关系。又如黄河年均约 4 亿吨泥沙淤积下游河床,使河床每年抬高 8 ~ 10cm,形成著名的"地上悬河",增加了防洪的难度。

（四）泥沙淤积水库湖泊,降低其综合利用功能

水土流失不仅使洪涝灾害频繁,而且产生的泥沙大量淤积水库、湖泊,严重威胁到水利设施工程效益的发挥。初步估计,全国各地由于水土流失而损失的水库库容累计达 200 亿立方米以上,按每立方米库容 0.5 元计算,直接经济损失约 100 亿元;而由于

水量减少造成的灌溉面积、发电量的损失以及库周生态环境的恶化,更是难以估计。

（五）影响航运，破坏交通安全

由于水土流失造成河道、港口的淤积,致使航运里程和泊船吨位急剧降低,而且每年汛期由于水土流失形成的山体塌方、泥石流等造成交通中断的事故,在全国各地时有发生。据统计,1949年全国内河航运里程为15.77万公里,到1985年,减少为10.93万公里,1990年,又减少为7万公里,已经严重影响到内河航运事业的发展。

（六）水土流失与贫困恶性循环同步发展

我国大部分地区的水土流失是由陡坡开荒,破坏植被造成的,且逐渐形成了"越垦越穷,越穷越垦的恶性循环",致使生态恶化,增加了贫困群众脱贫的难度。我国90%以上的贫困人口生活在水土流失严重地区,这种情况是历史上遗留下来的。而新中国成立以后,人口增长更快,情况更为严重,这种情况如不及时扭转,后果不堪设想。

六、我国水土流失的特点

（一）分布范围广，面积大

我国水土流失面积约为356万平方千米,占国有面积的37%。水土流失不仅存在于山区、丘陵区,随着社会、经济的不断发展,基础设施和城镇建设规模的不断扩大,城市和平原区的水土流失也日趋严重。

（二）侵蚀形式多样，类型复杂

水力侵蚀、风力侵蚀、冻融侵蚀及滑坡、泥石流等重力侵蚀特点各异,相互交错,成因复杂。如西北黄土高原区、东北黑土漫岗区、南方红壤丘陵区、北方土石山区、南方石质山区以水力侵蚀为主,伴随有大量的重力侵蚀;青藏高原以冻融侵蚀为主;西部干旱地区风沙区和草原风蚀非常严重;西北部干旱农牧交错带则为风蚀水蚀共同作用区。

(三)土壤流失严重

据统计,我国每年流失的土壤总量达到 50 亿吨。长江流域年均土壤流失总量 24 亿吨,其中上游地区达 15.6 亿吨;黄河流域黄土高原区每年进入黄河的泥沙多达 16 亿吨。

七、水土流失的治理原则

(一)预防为主,防治结合

在水土保护管理工作中,要把水土流失的预防监督工作放在首位,坚持治理与开发一起抓,抓紧对现有水土流失区的治理,强化水土流失监督、监测手段与方式,保护林草植被和水土等自然资源,切实制止"边治理边破坏"的不良现象,将不合理的人为活动造成的水土流失降低到最低限度。

(二)全面规划,综合治理

在治理水土流失的过程中,要全面规划,不能靠单一的治理措施取得成效,如目前在黄土高原地区实行的以小流域为单元进行水土流失治理就是证明。坚持综合治理原则就是针对各地不同的水土流失特点,因地制宜,因害设防,科学配置各项水土保持措施,实行工程措施、植物措施和农业耕作措施相结合,治坡与治沟相结合,山、水、田、林、路统一综合治理,共同发挥作用,以形成多目标、多功能、高效益的综合防治体系。

（三）注重适当的经济效益，坚持开发性治理

虽然水土流失已经成为我国的头号环境问题,但是由于我国的社会条件、资金等各方面差异,在今后的水土流失治理过程中,除强调社会效益、环境效益外,还要注意强调适当的经济效益,以调动治理者、参与者的治理积极性。要将社会效益、环境效益与经济效益三者有机地结合起来,建立和发展水土保护产业,以在治理水土流失、改善生态环境的同时,获取最大的经济效益。

（四）全社会共同参与

水土流失不是单纯的水土保持问题,而是一个社会性的问题,单纯依靠政府及其主管部门是不能够实现治理目标的。在治理水土流失的过程中,除了要充分发挥政府及其主管部门的主导地位和作用,全社会所有的公民都应当参与到治理水土流失的队伍中来。

（五）谁治理谁受益

《水土保护法》中规定:

"荒山、荒沟、荒丘、荒滩可以由农业集体经济组织、农民个人或者联户承包水土流失的治理。

对荒山、荒沟、荒丘、荒滩水土流失的治理实行承包的,应当按照谁承包谁治理谁受益的原则,签订水土保持承包治理合同。

承包治理所种植的林木及其果实,归承包者所有,因承包治理而新增加的土地,由承包者使用。

国家保护治理合同当事人的合法权益。在承包治理合同有效期内,承包人死亡时,继承人可以依照承包治理合同的约定继续承包。"

八、治理水土流失的措施和责任

（一）以小流域为单元进行综合治理

小流域综合治理，是以小流域为单元进行集中治理、综合治理和连续治理。它的特点是速度快，效果显著，便于通盘考虑山、坡、川、沟，合理开发和利用水土资源，全面发展农、林、牧业生产。

（二）鼓励集体组织和个人进行治理

国家鼓励水土流失地区的农业集体经济组织和农民对水土流失进行治理，并在资金、能源、粮食、税收等方面实行扶持政策，具体办法由国务院规定。

各级地方人民政府应当组织农业集体经济组织和农民，有计划地对禁止开垦坡度以下、五度以上的耕地进行治理，根据不同情况，采取整治排水系统、修建梯田、蓄水保土耕作等水土保持措施。

水土流失地区的集体所有的土地承包给个人使用的，应当将治理水土流失的责任列入承包合同。

（三）企事业单位的建设和生产必须采取水土保持措施

企事业单位在建设和生产过程中必须采取水土保持措施，对造成的水土流失负责治理。本单位无力治理的，由水行政主管部门治理，治理费用由造成水土流失的企业事业单位负担。建设过程中发生的水土流失防治费用，从基本建设投资中列支；生产过程中发生的水土流失防治费用，从生产费用中列支。

在水土流失地区建设的水土保持设施和种植的林草，由县级以上人民政府组织有关部门检查验收。对水土保持设施、试验场地、种植的林草和其他治理成果，应当加强管理和保护。

（四）落实水土流失治理责任

水土流失治理的责任主要有三个方面。

（1）水土流失地区的集体所有的土地承包给个人使用的,应当将治理水土流失的责任列入承包合同。

（2）按照谁承包谁治理谁受益的原则,农村集体经济组织、农民个人或者联户可以承包荒山、荒沟、荒丘、荒滩的水土流失的治理。

（3）企业事业单位在建设和生产过程中,必须采取水土保持措施,对造成的水土流失负责治理。

第二节　水土保持概述

一、水土保持的概念

随着水土保持研究工作的不断深入和发展,水土保持的含义也发生了重大的变化。从最初的水土保护、土壤保持或土壤侵蚀控制,已经逐渐拓展为现在的水土资源的保护、改良和合理利用,农业生产条件的改善和良好生态与环境的建立。中国大百科全书《水土保持学》中,水土保持定义如下:水土保持指防治水土流失,保护、改良与合理利用山丘、丘陵区和风沙区水土资源,维护和提高土地生产力,以利于充分发挥水土资源的经济与社会效益,建立良好的生态环境的综合性科学技术。水土保持的对象不只是土地资源,还包括水资源。保持的内涵不只是保护,而且还包括改良与合理利用。

为预防和治理水土流失,保护和合理利用水土资源,减轻水、旱、风沙灾害,改善生态环境,发展生产,第七届全国人民代表大会常务委员会第 20 次会议于 1991 年 6 月 29 日通过了《中华人民共和国水土保持法》（以下简称《水土保持法》）。在该法第二条规定"本法所称水土保持,是指对自然因素和人为活动造成水土流失所采取的预防和治理措施。"

　　水土保护是江河治理的根本,是水资源利用和保护的源头和基础,是与水资源管理互为促进、紧密结合的有机整体。水土保持是国土整治的根本。保护珍贵的土地资源免受外力侵蚀,既是水土保持的基本内涵,也是土地资源利用和保护的主要内容。从保护土地资源、减轻土壤退化的角度上讲,水土保持对土地资源的利用和保护有着积极的促进作用。

二、水土保持的主管机关

　　水利部是国家水土保持的职能机构。地方各级政府的水利厅、局或水保厅、局是地方政府的水土保持职能机构。各有关部门及其工矿、交通企事业单位,应根据需要设立水土保持机构或专职干部,负责本系统、本部门、本单位范围内的水土保持工作。

　　水土保持工作应分级实施。分级实施,是指国家水行政主管部门负责全国的水土保持工作,地方各级水行政主管部门负责其行政区域范围内的水土保持工作。

　　各级水土保持机构的职责主要是:贯彻并监督执行国家有关水土保持的法律、法令和方针政策;组织水土保持查勘;组织水土保持区的规划计划的编制和实施;对具有管辖权的建设项目,审批环境影响报告中的水土流失保持方案报告书,并监督实施;负责重点治理工作,并督促检查有关部门的水土保持工作;组织开展水土保持科学研究、人才培养宣传工作;管好用好水土保持经费和物资。

　　国务院和县级以上地方人民政府的水行政主管部门,应当在调查评价水土资源的基础上,会同有关部门编制水土保持规划。水土保持规划须经同级人民政府批准。县级以上地方人民政府批准的水土保持规划,须报上一级人民政府水行政主管部门备案。水土保持规划的修改,须经原批准机关批准,安排专项资金,并组织实施。县级以上人民政府应当依据水土流失的具体情况,划定水土流失重点防治区,进行重点防治。

三、水土保持方案

水土保持方案是针对开发建设项目的建设区和影响区域内已经存在的或在工程建设和运行过程中可能产生的水土流失开展预防、保护和综合治理的设计文件。水土保持方案是开发建设项目总体设计的重要组成部分,是设计和实施水土保持措施的技术依据,是防止开发建设项目引起水土流失的基本保障。

(一)水土保持方案分级审批与编制

根据规定,由水行政主管部门负责对开发建设项目的水土保持方案实行分级审批,即中央审批立项的生产建设项目和限额以上技术改造项目的水土保持方案由国务院水行政主管部门审批,地方审批立项的生产建设项目和限额以下技术改造项目的水土保持方案由相应级别的水行政主管部门审批,乡镇、集体、个体及其他项目的水土保持方案,由其所在地的县级水行政主管部门审批。开发建设项目水土保持方案由生产建设单位负责,具体编制水土保持方案的单位必须持有"编制水土保持方案资格证书"。该资格证书设甲、乙、丙三级:甲级证书由国务院水行政主管部门颁发;乙、丙级证书由省级人民政府水行政主管部门颁发。持甲、乙、丙级资格证书的单位可分别承担大中型开发建设项目、中小型开发建设项目和小型以下开发建设项目水土保持方案的编制任务。

(二)水土保持方案的内容

开发建设项目中的水土保持任务主要包括:对征用、管辖、租用土地范围内原有的水土流失进行治理;在生产建设过程中采取措施保护水土资源,并尽量减少对植被的破坏;设置专门场地安放废弃土(石、渣)、尾矿渣等固体物,并采取拦挡治理措施;

对采挖、排弃渣、填方等场地进行护坡和土地整治；对开发建设过程中形成的裸露土地恢复林草植被，进行开发利用。

对于新建和扩建项目，水土保持方案编制程序应和主体工程项目所处的设计阶段要求相适应，分为可行性研究、初步设计、技术设计三个阶段。对于已建或在建项目，则需直接进行达到初步设计或技术设计阶段要求的水土保持设计。

根据设计阶段的不同，水土保持方案编制的内容有一定的区别，但总体要求是基本一致的；确定开发建设项目建设区和直接影响区；分析开发建设可能造成的水土流失及其危害；研究预防和治理水土流失的方法和措施；提出水土流失防治分区和水土保持措施总体布局；编制水土保持措施设计文件；研究部署建设期和生产运行期水土流失监测项目、监测方法及保障措施；提出水土保持方案实施的进度安排及投资估算。

四、我国水土保持的原则

水土保持必须贯彻预防为主、全面规划、综合防治、因地制宜、加强管理、注重效益的方针。预防的措施主要是制定法规、重视监测、强化管理。治理的办法主要是按照山丘的自然条件，以小流域为单元，全面规划、综合治理、连续治理；植物措施与工程措施相结合、坡面治理和沟通治理相结合、田间工程与蓄水保土措施相结合、治理保护和开发利用相结合、当前利益和长远利益相结合。

水土保持工作坚持谁开发利用水土资源谁负责保护，谁造成水土流失谁负责治理的原则，正确处理农业综合开发、基础设施建设与水土保持工作的关系。

五、我国水土保持的措施

为实现上述战略目标和任务，必须采取以下措施。

（一）依法行政，不断完善水土保持法律法规体系，强化监督执法

严格执行《水土保持法》的规定，通过宣传教育，不断增强群众的水土保持意识和法制观念，坚决遏制人为水土流失，保护好现有植被。重点抓好开发建设项目水土保持管理，把水土流失的防治纳入法制化轨道。

（二）实行分区治理，分类指导

西北黄土高原区以建设稳产高产基本农田为突破口，突出沟道治理，退耕还林还草。东北黑土区大力推行保土耕作，保护和恢复植被。南方红壤丘陵区采取封禁治理，提高植物覆盖度，通过以电代柴解决农村能源问题。北方土石山区改造坡耕地，发展水土保持林和水源涵养林。西南石灰岩地区陡坡退耕，大力改造坡耕地，蓄水保土，控制石漠化。风沙区营造防风固沙林带，实施封育保护，防止沙漠扩展，草原区实行围栏、封育、轮牧、休牧、建设人工草场。

（三）加强封育保护，依靠生态的自我修复能力，促进大范围的生态环境改善

按照人与自然和谐相处的要求控制人类活动对自然的过度索取和侵害。大力调整农牧业生产方式，在生态脆弱地区，封山禁牧，舍饲圈养，依靠大自然的力量，特别是生态的自我修复能力，增加植被，减轻水土流失，改善生态环境。

（四）大规模地开展生态建设工程

继续开展以长江上游、黄河中游地区以及环京津地区的一系列重点生态工程建设，加大退耕还林力度，搞好天然林保护。加快跨流域调水和水资源工程建设，尽快实施南水北调工程，缓解

北方工区水资源短缺矛盾,改善生态环境。在内陆河流域合理安排生态用水,恢复绿洲和遏制沙漠化。

（五）科学规划，综合治理

实行以小流域为单元的山、水、田、林、路统一规划,尊重群众的意愿,综合运用工程、生物和农业技术三大措施,有效控制水土流失,合理利用水土资源。通过经济结构、产业结构和种植结构的调整,提高农业综合生产能力和农民收入,使治理区的水土流失程度减轻,经济得到发展,人居环境得到改善,实现人口、资源、环境和社会的协调发展。

（六）加强水土保持科学研究，促进科技进步

不断探索有效控制土壤侵蚀、提高土地综合生产能力的措施,加强对治理区群众的培训,搞好水土保持科学普及和技术推广工作。积极开展水土保持监测预报,大力应用"3S"等高新技术,建立全国水土保持监测网络和信息系统,努力提高科技在水土保持中的贡献率。

（1）完善和制定优惠政策,建立适应市场经济要求的水土保持机制,明晰治理成果的所有权,保护治理者的合法权益,鼓励和支持广大农民和社会各界人士,积极参与治理水土流失。

（2）加强水土保持方面的国际合作和对外交流,增进互相了解,不断学习、借鉴和吸收国外水土保持方面的先进技术、先进理念和先进管理经验,不断提高我国水土保持的科技水平。

六、水土保持管理

水土保持管理是指预防和制止水土流失,保护、改良与合理搬用水土资源的组织管理工作。《水土保持法》规定:国务院和地方人民政府应当将水土保持工作列为重要职责,采取措施做好水土流失防治工作。国务院水行政主管部门主管全国的水土保

持工作,县级以上地上人民政府水行政主管部门主管本辖区的水土保持工作。经过多年的努力,在中国已经形成由国家、流域机构、地方各级水行政主管部门、基层水土保持站组成的水土保持工作管理体系。我国水土保持管理机构和科研系统,如图 11-1 所示。

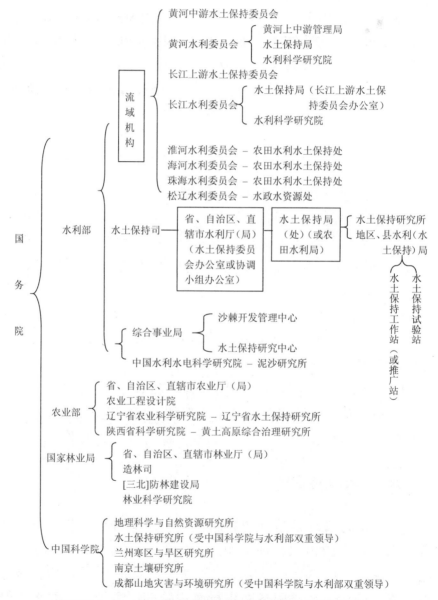

图 11-1　水土保持管理机构和科学研究系统图

水土保持管理主要包括以下几个方面的内容。

（一）贯彻执行水土保持法律法规

按照国家规定的立法原则和程序，制定水土保持管理法规，组织制定水土保持法律法规草案，制定水土保持行政规章，参与相关法律法规的审议，参与对地方水土保持法规的监督。禁止陡坡开荒、毁林开荒等破坏水土资源现象的发生，对从事可能引起水土流失的生产建设项目的单位和个人进行检查，审查开发建设项目的水土保持方案，保护水土资源，防止产生新的水土流失，对造成水土流失的和在保持工作中做出成绩的个人或单位分别进行惩罚和奖励。

（二）组织编制水土保持规划

国务院和县级以上地方人民政府的水土保持部门，在调查评价水土资源的基础上，会同有关部门编制水土保持规划。水土保持规划须经同级人民政府批准，县级以上地方政府批准的水土保持规划须报上一级人民政府水行政主管部门备案。水土保持规划的修改须经原批准机关批准。县级以上人民政府将水土保持规划确定的任务纳入国民经济和社会发展计划，安排专项资金并组织实施。县级以上人民政府依据水土流失的具体情况，划定水土流失重点防治区，进行重点防治。

（三）管理水土保持治理项目

主持水土保持工作的机构在农闲季节组织群众开展面上治理，制定、落实鼓励农民参与水土保持的政策措施，推行水土保持技术标准、典型经验和先进的技术。此外，国家和地方都要拨出补助经费开展一批重点治理项目。在立项前要做好前期工作，即编制水土保持规划、工程项目建议书、工程项目可行性研究报告、工程初步设计等。在工程建设中要实行项目责任制，实行骨干工程招投标制和项目监理制，资金的管理和使用实行报账制。在工程建设中加强工程质量管理、资金管理,开展工程的日常检查、年度检查和竣工验收,保证工程质量和发挥效益。

（四）水土保持建设成果的管护

水土保持建设成果的良好管护是工程长期发挥效益的重要保证。对治理的小流域要进行综合管理,县级水土保持部门应建立水土保持数据库,每条小流域都设立档案,采用现代化技术管理。治理工程完成后要落实管护责任制,落实到责任单位和责任人,对水土保持工程进行有效的使用和维护。流域或重点工程要设立管理机构,检查、观测、维修养护和控制运用。要加强日常检查维修,建立岁修检查维护制度,特别是加强汛期前后的检查与维修。梯田等基本农田要维持田面平整、埂坎坚实、坡面水系畅通。对植物措施的管理要建立管护制度,对水土保持林加强幼年期的抚育,保证成活率,对成年期林木要严格控制采伐,只能采取间伐方式,促进生长,定期更新。对水土保持工程的管理要做好防渗,清淤,修补崩塌、沉陷、裂缝,清除杂物,保护植被覆盖,防止人为和牲畜破坏,保持稳定安全,长期发挥效益。蓄水保土耕作措施管理要逐年进行,保持田间水系完整。

（五）对水土流失进行动态监测

建立全国性的水土保持监测网络,主要方式是采用遥感技术对水土流失动态进行监测预报,并定期予以公告。对重点崩塌、滑坡危险区,泥石流易发地带建立预报、预警系统,对重点水土流失区和治理区应观测土壤侵蚀模数、流域产沙量、综合治理效益等。

七、水土保持工作的方针

"国家对水土保持工作实行预防为主,全面规划,综合防治,因地制宜,加强管理,注重效益的方针。"

水土保持工作的基本方针中,预防为主是该原则最为核心的内容。水土保持之所以要以预防为主,是因为现有的水土流失是历史人类不合理的经济活动与不利的自然条件相结合而产生的,要治理好现有的水土流失,需要经过数十年时间甚至几代人的努力。随着国民经济的蓬勃发展,今后开矿、修路、水利建设等各类经济活动必将日益增多,破坏地表、植被等现象将不可避免地发生,如不采取预防措施,一边治理,一边破坏,甚至破坏大于治理,水土流失将是一个"无底洞",水土流失的危害永远没有尽头,势必影响到国民经济的健康发展。所以,必须以预防为主,使各类经济活动不再产生新的水土流失,以确保国民经济的可持续发展。

全面规划是指统筹考虑经济社会发展需求和水土资源保护利用现状,全面而合理地安排水土流失预防、治理和监督保护措施,以实现水土资源的永续利用和经济社会的可持续发展。

综合防治是指合理配置技术(工程、植物、农业蓄水保土耕作等)、经济、法律、行政等多种措施,形成综合防治体系,实现山、水、田、林、草、路综合治理,有效控制不合理的人为活动,全面预防和治理水土流失。

因地制宜是指在水土流失治理工作中,要根据当地的经济社会发展需求和水土资源条件,适宜地安排工程措施、植被措施和农业蓄水保土耕作措施。

加强管理是指各级人民政府及其水行政主管部门应当加强对水土流失防治工作的组织领导,建立健全各项规章制度和技术规范,认真贯彻执行有关法律法规,并提供必要的服务和指导。

注重效益是指水土保持工作要实现社会效益、经济效益和生态效益的统一。

水土保持工作之所以要坚持综合治理,是因为:不同地区、不同地段水土流失的形式不同,需要采取不同的治理措施,包括增加地表覆盖的造林、种草措施,切断地表径流的坡面工程措施(梯田、反坡梯田等),拦截洪水的沟道治理工程措施,减少农地侵蚀的保土耕作措施等。这些措施,从坡面到沟道、从上游到下游统一配置,互相补充,层层拦截雨水,才能形成有效的防护体系。

第三节　水土保持监督检查

水土保持行政监督检查,是指水行政主管部门及其水土保持管理机构为了实现水土保持行政管理的职能,对管理相对人遵守法律,履行水行政主管部门做出的具体行政行为的情况所进行的监督和检查。其主要目是直接实现水行政主管部门的职能。它可分为一般的监督检查与特定的监督检查、事前监督检查与事后监督检查、依职权的监督检查和依授权的监督检查等。

一、水土保持监督检查的内容

实行监督检查是贯彻实施水土保持法律法规的重要手段。其检查的主要内容有以下几个方面。

(1)检查有关单位和个人在生产建设活动中是否造成或有可能造成水土流失。

(2)检查是否向水行政主管部门及其水土保持监督提交《水土保持方案报告书》或《水土保持方案报告表》。

(3)检查是否有水行政主管部门审批的"水土保持方案"(含检查水行政主管部门自身是否依法进行了审批)。

(4)对于一些有水土流失防治任务的企事业单位,检查是否定期向县级以上人民政府、水行政主管部门通报水土流失防治工作的情况。

(5)对"三同时"制度执行情况的检查,包括四个方面:其一,检查防治费的用途是否正确到位;其二,检查措施落实情况,是否与水土保持方案中的要求相一致;其三,检查各项措施质量是否符合标准;其四,检查工程竣工时间,看方案报告中水土保持工程是否按规定与主体工程同时竣工。

(6)对防治费的收缴和使用的监督检查。防治费的使用一般由水行政主管部门安排，用于治理水土流失。为此，水行政主管部门应根据有关规定，自查经费的使用比例及范围，是否用于水土流失防治工作。

（7）对预防保护效益的检查。主要通过监测手段来完成，内容有四个方面：其一，水土流失在面积上和总量上的减少程度；其二，监测通过预防保护减少的水土流失危害及由此而减少的损失情况；其三，监测治理通过管护而发挥的效益；其四，统计监督工作，有关单位或个人对水土流失治理增加的投入。这项检查的目的是检查预防监督工程的效果。

二、水土流失的防治费

水土流失的防治费，是指企事业单位或个人在建设和生产过程中对造成水土流失采取防治措施所需要的费用。水土保持设施补偿费是指生产建设单位在生产建设过程中损坏了原有水土保持设施（水土保持设施包括工程措施、生物措施和农业措施）和具有一定保持水土功能的地貌、植被，从而降低或减弱其原有的水土保持功能，所必须为此补偿的费用。

对造成水土流失而无力治理的企事业单位或个人征收水土流失防治费，是水行政主管部门依法防治水土流失的具体行政行为。这种行为具有一定的法律保证力和约束力。补偿费不同于赔偿费。有关生产建设单位或个人在从事生产建设、资源开发以及其他活动中损坏了原地貌、植被和水土保持设施等，使原有的水土保持功能受到损失或降低，应给予补偿，由水行政主管部门在另外投资，另行防治，使水土保持整体功能不至于降低。

（一）水土流失防治费的收费对象

（1）因技术或其他原因，不能或不便于自行治理的单位或个人。

（2）对已编报"水土保持方案"而不组织实施的企事业单位和个人。

（3）对非定点、流动式、自己治理不现实的建设单位或个人。

（二）补偿费的收缴

补偿费的收缴对象是在建设和生产过程中损坏水土保持设施的单位或个人。坚持"谁损坏,谁补偿"的原则。补偿费的标准应高于当时建设这些水土保持设施时的投资额,这种补偿费与其所造成的水土保持经济损失等量。从目前各地开征情况看,实际大多低于这个标准。

（三）防治费的使用与管理

水土流失防治费的使用与管理是一项很复杂的工作,应当本着管理严格、使用合理的原则,真正把水土流失防治费收好、管好、用好,收缴的防治费应该主要用于水土流失的防治,不得挪作他用。因此,收缴的防治费应该统一列入预算外资金专户管理,由水行政主管部门按规定进行管理使用,凡动用该项资金,应事先由水行政主管部门向财政部门报计划和预算,经审批后,方可使用。

第十二章　水行政监督

第一节　行政监督的概述

任何权力都需要监督,行政权力尤其需要监督。行政过程,既是一个管理过程,也是行政主体行使权力的过程。这一过程的各个环节,都应有相应的行政监督。一方面,行政机构为保证组织目标的顺利实现,必须对行政过程中的各个环节进行监督,这属于行政机构内部自上而下的指导和控制,即行政组织的自律系统;另一方面,行政监督还包括其他监督主体,如政党、公民、社会团体及其他国家机关依法对行政机关和行政人员的行政活动进行的监察和督导,即行政组织的他律系统。行政监督的实施,既可有效地保护国家、社会团体和公民的利益,还可对行政法制化建设起很大的促进作用,有利于依法行政的实行。

一、行政监督的含义与特点

监督(supervision)的原义是位居上方进行监视和督促。

(一)行政监督的含义

所谓行政监督,是指对国家行政机关及其工作人员是否依法行政所进行的监察和督促。

狭义的行政监督是指行政机关内部的自律性的监督,也就是在行政体系内部,由上级行政机关或行政首长对下级行政机关及其工作人员行使职权的权限、目标及完成任务情况加以观察、指导和控制,或者由专职的行政监察机关对其他行政机关或行政人员实施监督。

行政机关内部自律性的监督侧重于保证行政目标的实现,提高行政效率。

广义的行政监督是指对行政机关和行政活动进行监督的所有形式,既包括内部监督,也包括外部监督。

外部监督是指来自行政系统以外的其他监督主体如政党、社团、公民和其他国家机关对各级各类行政机关及其工作人员实施国家法律、法令、政策等行政活动所进行的广泛的监督。

行政学中所讲的行政监督一般地就广义而言的,因为从广义上理解行政监督,既有理论意义,又有实践意义。

从理论上来说,对行政监督取广义的界定,能够完整地概括和反映行政监督内外两大系统,突出对行政机关和行政人员及其行政行为与行政权力行使的监督。

从实践意义上来说,我国的行政监督作用长期以来之所以发挥不力,除了行政组织内部监督系统还不够健全之外,很重要的原因就是外部力量对行政机关及其工作人员的监督还没有经常地、真正地有效发挥作用。因此,对行政监督取广义的理解,有利于我们实际工作中注重发挥外部监督的功能和作用,促进行政管理的法制化和现代化。

（二）行政监督的主体

执政党和非执政党在内的政党组织、立法机关、行政机关和司法机关在内的国家机关以及各法人团体、群众组织和社会公众。

（三）行政监督的对象

行政监督的对象是行政机关及国家公务员在实施行政管理时运用或行使行政权力的一切公务行为。

（四）行政监督的特点

根据行政管理的性质和特征,决定了行政监督具有如下几个特点。

1. 监督主体的全民性

行政监督的主体是全体公民,实际上就是全民的监督。它包括了我国范围内的所有政治、经济、文化及社会其他方面的法人、团体、组织、单位和公民个人。

2. 监督内容的广泛性

行政监督的内容十分广泛,大到涉及面极广的行政决策,小到行政机关日常事务的处理,任何一个行政行为都必须接受监督。

3. 监督主体的多样性

行政监督的主体是指对行政机关及其工作人员具有监督职责和能力的组织和个人,包括政党、公民、社团、社会舆论及其他国家机关。监督主体的多样性是与行政管理范围的广泛性相联系的,一般来说,只要是行政相对人,就有能力履行监督职责,都属于监督主体。

4. 行政监督的及时性

行政监督在行政管理过程中是无时不有、无处不在的,只要发生运用行政权力的行政行为,行政监督就需立即跟上;行政管理的范围延伸到哪里,行政监督活动就立即跟到哪里。及时发现行政管理活动中发生的问题,能够得到及时防范或妥善解决,并能及时纠正偏差,减少损失。

5. 监督性质的法制性

行政监督本质上就是一种法制监督,它属于国家法制的一个重要组织部分。整个监督活动都以国家法律来规范。

二、行政监督的类型

（一）依监督的主体不同可分为内部监督和外部监督。

（1）外部监督包括：执政党的监督、权力机关的监督、司法机关的监督、社会监督等。

（2）内部监督包括：一般监督、行政监察、审计监督。

（二）依监督的过程

1. 事前监督

事前监督是指在某种公共行政管理活动开展之前，监督部门围绕公共行政管理主体的行政行为进行的监督检查。

2. 事中监督

事中监督是指行政行为实施过程中的监督，一般为上级行政机关对下级行政机关的日常工作检查，通过督促、指导工作，以便提高效率、及时纠偏。

3. 事后监督

事后监督是行政行为实施后的监督，通过对行政行为的法律后果的评价，以便总结成功的经验和失误的原因，完善今后的工作。

三、一般行政监督

（一）一般行政监督的含义

一般行政监督制度是基于上级政府对下级政府、各级政府对其工作部门和工作人员的监督。在这种法律监督制度中，主体与对象之间的领导关系是其首要特征。属于一般监督的有国务院对所属各部委和地方各级国家行政机关的监督；地方各级人民政府对所属各工作部门、上级人民政府对下级及其工作部门的监督，以及下级行政机关对上级行政机关及其工作人员的监督。上级对下级的监督是由国家行政机关的组织性质和他们之间的领导与被领导关系决定的，领导本身就包涵着监督；下级对上级的监督是由国家行政机关的组织活动实行民主集中制原则决定的，这是与我国行政管理民主化的要求相适应的。上级有权检查监督下级机关的工作，同时，上级也必须虚心接受下级的批评、建议和监督。

（二）一般行政监督的主要方式

1. 工作报告

法律规定，各级人民政府向上级政府报告工作。政府各工作部门向本级政府报告工作。通过听取、审查报告，是上级政府监督下级政府，各级政府监督其工作部门执法情况的重要方式。具体为：工作简报；年度报告；专题报告；临时报告；综合报告。

2. 检查

检查指上级行政机关对下级行政机关检查工作的完成情况和政策的执行情况，以便掌握情况，发现问题及时采取解决措施。工作检查是及时发现、处理问题，消除隐患、总结经验的有效手段，但检查机关应在权限范围内按法定程序和要求实施检查。

（1）全面检查和专题检查。
（2）单独检查和联合检查。
（3）立法检查和执法检查。
（4）定期检查与不定期检查。

3. 专案调查

专案调查指行政机关对所属部门、单位发生的事故和违法乱纪案件所组织的专门调查活动。这是判明情况，掌握第一手材料的主要方法。

4. 审查

审查有事先审查、事中审查和事后审查三种形式。

5. 备案

备案是根据法律规定或监督主体的要求,监督对象将其制定的行政法规、行政规章或采取某些重大行政行为的书面材料报上级政府或有关部门供其了解情况的行为。备案是主体对对象施行事后监督的一种形式。我国法律有许多关于备案的规定,按照接受备案的主体,主要有:向国务院备案;向国务院各工作部门的备案;向地方各级政府及工作部门的备案。

6. 批准

批准作为人民政府的一种法律监督方式,指的是各级人民政府依照法律的规定和授权对下级政府或工作部门的职权行为进行审查并加以确定的行为。它是约束力较强的一种事先监督方式。其内容包括:要求监督对象报送审批材料、审查、批准(含不批准)三个基本步骤。不经批准,行为不能生效。在我国,人民政府批准的主要是制定行政法律文件的行为,也有一些重大的具体行政行为。

7. 提出议案

国务院和地方各级人民政府都有权向同级人民代表大会及其常务委员会提出其属于职权范围内的议案。如果人民政府认为其他国家机关制定的法律文件或采取的司法或行政措施违反了行政法律,但又无法采取其他方法加以纠正时,可以通过向本级人民代表大会及其常委会提出议案的方式,要求权力机关采取纠正或其他处分措施。这是人民政府的一种环节监督方式。

8. 改变或撤销

根据法律的规定,行使改变或撤销权的只能是国务院和各级人民政府。

9. 惩戒

对于下级政府及政府工作部门的违法行为,各级政府可视其情节做出惩戒处分。

四、审计监督

审计监督是指专门审计机关和其他受委托的人员,依法对有关国家机关、企事业单位的财政及经济活动进行审核检查,以判断其合法性、合理性、有效性的监督、评价和鉴证活动。

（一）我国的审计体制

1. 机构设置

我国目前设置的审计机关有两种,即中央审计机关和地方审计机关。1983 年 9 月 15 日,根据宪法的有关规定,我国建立了国家专门审计机关,形成了由国家审计、部门单位内部审计和社会审计相互配合的审计监督体系。我国目前设置的审计机关有两种,一是中央审计机关,即审计署,是国务院的组成部门,是我国的的最高审计机关,它具有双重法律地位,它不仅要接受国务院的领导,执行法律、行政法规和国务院的决定、命令,作为独立的行政主体从事活动,直接审计管辖范围内的审计事项;它还要作为我国的最高审计机关在国务院总理的领导下主管全国的审计工作;二是地方审计机关,它是指省、自治区、直辖市以及市、县、区人民政府设立的审计机关。

2. 领导体制

审计机关领导体制,是指审计机关的隶属关系和内部上下级之间的领导与被领导关系。我国审计机关的领导体制实行双重领导制,地方审计机关同时接受本级政府行政首长和上一级审计机关领导。

3. 派出机构

我国审计机关设立了审计机关驻地方派出机构和驻部门派出机构。

（二）我国审计体制的特点

1. 国家审计具有强制性

（1）地位上的强制性；（2）审计立项上的强制性；（3）审查权限上的强制性。

2. 国家审计具有权威性

（1）国家审计行为依据《审计法》在我国法律体系中处于较高的地位。

（2）审计机关根据《宪法》规定直接在各级人民政府的主要行政首脑的领导下，依法独立行使审计监督权并向其负责和报告工作，不受本地行政机关、社会团体和个人的干涉，使国家审计具有代表行使监督权力的权威性。

（3）根据《审计法》规定，审计机关不但可以对各级政府机构，国有大中型企业事业单位进行经济监督，还可以对经济执法部门如财政、税专、金融、工商行政、物价、海关等专业经济监督部门进行"再监督"的特性，促使其依法履行监督职责。不仅可对微观层次进行监督，而且可对宏观管理层次加以监督，使其监督工作更具有权威性。

（三）审计监督的对象、方式

1. 审计的对象

审计的对象包括：各级人民政府及其工作部门；国家金融机构；全民所有制企事业单位和基本建设单位；国家给予财政拨款或者补贴的其他单位；中外合资、合作；国内联营和其他企业。

2.审计监督的主要方式

审计监督主要通过审查会计账目和有关财经资料的办法进行,必要时也进行调查活动。主要有:① 主动检查;② 要求报送;③ 参加会议;④ 调查;⑤ 审计专案;⑥ 强制措施;⑦ 对违反财经法规的被审计单位,审计机关可根据情况采取警告、通报批评等处分方式。

五、执政党的监督

中国共产党作为执政党,是整个国家的领导力量,有权对政府执行党的方针、政策的情况进行监督,并有权对行政机关中的党员干部违反党纪的行为进行检查、审查和处理。中国共产党的监督主要有三种方式。

(一)日常监督

日常监督即通过各级党组织了解和掌握社会政治经济的发展状况,研究国家行政机关决策和执行中存在的各种问题,提出正确的主张或改进意见,并督促和约束行政机关内部的党员尤其是党员领导干部遵纪守法,依法行政。同时,把在基层了解到的行政机关工作的缺点和问题等,通知行政机构负责人或报告党的上级组织。

(二)专门监督

通过从中央到地方普遍设立专门的纪律检查机构,来检查党的路线、方针、政策和决议的执行情况,协助党委整顿党风,维护党的纪律,对政府中的党员进行党纪监督,检查处理违纪案件和受理党员的控告、申诉以及接受人民群众对党员违法违纪行为的控告和检举。

（三）其他监督

此外,党的信访部门通过接受信访,对有关政府中党员的问题进行核实后,由党内做出决定或转交有关行政部门处理,并就有关情况向来信来访者做出解释或答复。

六、立法监督

（一）立法监督的含义

立法监督是指国家立法机关对行政机关和国家公务员实施的行政行为的监督。在我国主要是指各级人民代表大会及其常务委员会对各级人民政府行为和国家公务员行为的监督。

我国宪法规定:国家行政机关、审判机关、检察机关都由人民代表大会产生,对它负责,受它监督。

（二）立法监督的内容

（1）听取和审查政府有关工作报告。

（2）审查行政机关制定和颁布实施的行政法规、行政规章和有关规范性文件及措施。

我国《宪法》规定,各级人民代表大会及其常务委员会有权审查同级国家行政机关制定和颁布的行政法规、行政规章、行政决定、行政命令、行政措施,如发现有同宪法或法律相触的,人民代表大会及其常务委员会有权予以撤销。

（3）督促行政机关办理人大代表提出的议案。

（4）罢免或撤销政府组成人员的职务。

（5）对政府行政机关提出质询。

（6）检查行政机关工作。

（7）受理人民群众对政府行政机关和国家公务员的检举与控告。

七、司法机关的监督

司法监督是指国家司法机关对政府行政机关和国家公务员实施行政行为的监督。

司法机关对行政的监督,由人民检察院和人民法院两个司法监督主体构成。人民检察院通过履行国家法律监督机关的职责实施对行政的监督;人民法院通过依法审判各种诉讼案件实施对行政的监督。

(一) 人民检察院实施监督的途径

(1)通过对叛国案、分裂国家案以及严重破坏国家的政策、法律、政令统一实施的重大犯罪案件行使检察权的方式进行监督。

(2)通过对涉及国家行政机关工作人员违反职责的刑事案件进行侦查和提起公诉的方式进行监督。

(3)通过对公安机关侦查的案件进行审查,决定是否逮捕、起诉或者免于起诉等方式对公安机关的侦查活动是否合法进行监督。

(4)对监狱、看守所、劳动改造机关的活动是否合法进行监督。

(二) 人民法院实施监督的途径

人民法院通过依法审判各种诉讼案件,特别是审判行政诉讼案件和审查行政机关强制执行申请的案件,对行政行为实施监督。此外,人民法院还可通过向行政机关提出司法建议,监督和促进行政机关改进工作。

八、社会监督

社会监督是指非执政党和非国家机关对行政活动的监督。社会监督是凭借国家宪法和法律赋予的权利,而不是凭借国家权力或政治权力。政协、各民主党派、各社会团体、新闻机构及其公民个人对行政管理的监督,构成了社会监督。社会监督的有效性具有两个前提:一是公共行政的透明度,即政务公开;二是社会监督必须与国家权力体系的监督相结合。

（一）各人民团体、群众组织的监督

在我国人民团体包括各行业协会、中介组织,各学术团体(学会);群众组织包括工会、共青团、妇联、学生联合会、青年联合会、工商联等。各自代表着一部分人民的利益。

（二）公众监督

公众监督是指让公民参与到司法机关、检察机关、政府机关及其他事业机关的相关事务中去,充分发挥公民的监督作用,实现"权利制约权力"以防治腐败。我国宪法规定了公民个人对政府的监督权,它不仅包括公民可对侵犯其人身的行政侵权行为、自己不满意的行政决定提出申诉、控告或要求复议的权利,而且包括对自己确知的行政违纪、违法现象进行检举,对政府的工作提出意见、建议等权利。在近年的反腐败斗争中,公民举报的日益频繁表明了个人监督发挥了重要作用。近几年来,政府领导人常定期召开新闻发布会或座谈会,与公民进行对话;或设专线电话,让公民直接发表意见。

（三）舆论监督

舆论监督是指公民或社会组织通过公共论坛批评包括权力腐败在内的不良现象;作为一种功能,它是言论自由权的诸项政治与社会功能之一。广义的舆论监督指对社会一切不良现象的监督。这里的舆论监督取狭义解,意指通过在公共论坛的言论空间中所抒发的舆论力量对政府机构和政府官员滥用权力等不当行为的监督与制约。舆论监督的主体为一般公民和包括新闻媒体在内的社会组织。

舆论监督的内容指一般公民和媒体对政府机构或政府官员的滥用权力等不当行为所作的公开批评。

1.舆论监督的途径

（1）召开记者招待会或新闻发布会,由政府机关公布国家事务的重大决策以及对一些大案要案的查处情况,并接受记者的提问,以阐明政府的立场和观点。

（2）通过调查,以新闻、通信、报告文学等方式把行政机关中的违法行为及与政府相关的社会问题揭露出来,让公众了解事件真相,并引起有关方面的重视,进行追究或予以解决。

（3）新闻报刊可以对政府的内外政策进行分析、讨论和批评,并登载人民群众对政府工作的批评和建议。

（4）通过民意测验的方式征集公众对某项政治问题的态度,并将结果公布于众,形成对政府政策的反馈意见以及对政府行为的监督。

（5）由学术性刊物和报纸登载关于政府行为、政策、重大社会问题等方面的分析文章,提出问题症结,分析对策,这是更深层次上对政府工作的监督。

2.舆论监督的特点

（1）监督方式的公开化。
（2）监督表达形式的直接性。
（3）监督效应的及时性。
（4）监督效果具有社会效应。

第二节　水行政监督

水事监督就是对水事法律、法规、规章所规定的内容是否得到具体的落实而进行的检查等活动的总称。在水资源开发利用和保护过程中存在着两种不同性质的监督。一是以水行政主体作为监督主体,对水行政相对方是否遵守水事法律、法规、规章规定,是否正确行使水事法律规范所赋予的水事权利和履行相应的义务等内容所进行的监督,亦即水行政监督,如河道管理、水土保持管理等;二是以水行政主体以外的其他国家机关、组织和公民个人等作为监督主体,对水行政主体是否依法行政,是否按照水事法律规范的规定行使水事管理职权、履行水事管理职责等所进行的监督,亦即水行政法制监督,如人大组织的"水法"执法检查等。这两种不同性质的监督共同构成了我国水事监督的基本内容。

一、水行政监督的含义

水行政监督是指水行政主体依法对水行政相对方遵守水事法律、法规、规章,和执行水事管理决定、命令等水政策情况所进行的检查、了解、监督的一种具体水行政行为。在水行政监督过程中,水行政检查是一种比较重要的监督手段与方式。

二、水行政监督的特征

水行政监督具有以下特征。

（1）进行水行政监督的主体只能是水行政主体,即各级人民政府中的水行政主管部门和国家在重要江河、湖泊设立的各流域管理机构,而不是别的行政主体。

（2）水行政监督的对象是作为水行政相对方的公民、法人和其他组织。

（3）水行政监督的内容是对水行政相对方遵守水事法律、法规、规章和执行水事管理决定、命令等水政策的具体情况。

（4）水行政监督从性质上而言是一种依职权而为的、单方的具体水行政行为,是一种独立的法律行为,其目的是防止和及时纠正水行政相对方的水事违法行为,以确保水事法律、法规、规章规定,和水事管理决定、命令等水政策的内容得以贯彻、落实。

三、水行政监督的分类

根据不同的分类标准可以将水行政监督进行如下分类。

（1）水行政例行监督和水行政专门监督。它是以水行政监督的对象是否特定为标准进行划分的。水行政例行监督是制度化、规范化的水行政监督，其对象不是特定的水管理相对方，它具有巡查、普查的作用，而水行政专门监督则是特定的相对方或者特定的事项所进行的监督。

（2）事前水行政监督、事中水行政监督和事后水行政监督。它是以实施水行政监督的时间界作为划分标准的。这三种不同时间期限的水行政监督有着各自不同的特点与作用。事前水行政监督是对水行政相对方某一水事行为或者活动在完成之前进行的监督，目的在于防患于未然，防止水事违法行为的发生；事中水行政监督是对水行政相对方正在实施的某一水事行为进行监督，保障水事管理内容的实现；而事后水行政监督则是对水行政相对方已经完成的某一水事行为或者活动进行监督，目的在于对已发生的问题及时进行补救，制止违法行为继续危害社会。

（3）根据水行政监督的不同内容可以将水行政监督划分为防汛抗洪方面的监督、河道管理方面的监督、水资源开发利用与保护方面的监督、水土保持方面的监督等。

四、水行政监督的主要方法

水行政监督的方法又称作水行政监督的手段或方式。由于水行政监督的内容很多，范围广，因此，水行政主体在水行政监督中，比较普遍地使用以下监督方式。

（一）检查

检查是一种最常用的监督方法。检查也有很多形式，如综合检查与专题检查、全面检查与抽样检查等。如在实施取水许可制度管理过程中,对取水者是否按照水行政主体核发的取水许可证书所载明的取水条件、取水口、取水方式、取水量、取水地点、退水方式及节水情况等等内容。其他的水事管理内容中的检查同样如此。

（二）调阅审查

调阅审查是一种常见的书面监督方式,是指水行政主体在水事管理活动中,为了了解水行政相对方的有关情况,或者已经发现水行政相对方存在着某种水事违法行为或活动时,为查明、证实相关的事实情况、问题,而对水行政相对方的有关证件、文件、记录和资料等进行审查,如对取水者开发利用地下水的井深、取水层位、日取水量与年取水量、动态观测记录,地下水有关资料等内容所进行的审查。又如在河道管理中,水行政主体应当对跨河、临河、穿堤等建设项目的施工方式对堤的安全影响、对防洪度汛工作的影响等情况进行审查。这些情况只有在调阅水行政相对方的相关资料后才能够了解其真实情况,当然这种方式也有一定的局限性,必须辅以其他的监督方式。

（三）登记与审核

登记是指水行政相对方应水行政主体的要求就其在某一项具体的水事行为、活动向水行政主体申报、说明,并由水行政主体记录在册的行为,如取水登记、排污登记等。审核是指对已经登记在册的水事行为、活动进行的一种监督方式,如对取水申请人取水资料的审核、水利工程建设项目资料的审核。

（四）统计

水行政主体以统计数据方式了解水事管理内容的实施情况。通过对统计资料分析,掌握情况,发现问题,以便于水行政主体采取相应的补救措施,保障水事管理内容与目标的实现,如水利部黄河水利委员会对黄河流域破坏、盗窃堤防与防汛抗洪设施、水文测验设备与设施情况的统计,其目的在于分析这种水事违法行为的发展趋势并确定相应的应对措施。

（五）实地调查

实地调查是指水行政主体对水行政相对方所实施的某一具体水事行为、活动的场所进行实地查看,了解相应的行为现场情况,以确定相应行为人的责任,如水政监察人员对水事违法行为人破坏水利工程设施的情况进行实地查看,目的在于确认其违法行为的性质与程度、行为后果及其社会危害性等。

（六）及时强制

及时强制是指在紧急情况下水行政主体所采取的一种特殊监督形式,如在防汛抗洪过程中,防汛指挥机构对阻水障碍物所采取的强行清障措施,又如在紧急防汛期间,公安、交通部门依照有关防汛指挥机构的指示所实施的交通、水面管制措施。

（七）送达停止违法行为通知书

这种通知书不具有强制执行力,只是一种提示,要求行为人停止和纠正有关的水事违法行为、活动。

五、水行政监督的内容

由于水事管理活动的复杂性,因此,水行政监督的内容十分广泛,结合水事管理的实践,有以下内容。

（一）水行政主体在水资源开发利用与保护方面的水行政监督内容

水行政主体在水资源开发利用与保护方面的水行政监督内

容归纳起来主要有：

1. 对取水情况的监督

所有从江河、湖泊或者从地下取水的取水者是否取得水行政主体的许可；取得许可的，是否按照取水许可证书载明的取水条件、取水方式、取水量、退水地点等内容实施取水。

2. 对用水情况的监督

地区之间、各用水部门之间的用水情况，是否遵守有关的分水协议和规定，如对流经我国西北、华北地区的黄河流域内的各省（自治区、直辖市）以及其他各取用水部门是否遵守国家批准的、"南水北调工程生效以前黄河可供水量分配方案"就成为水利部黄河委员会一项重要的监督工作内容。

3. 对城乡节水执行情况的监督

城乡是否采取有关的节水措施，以及所取得的节水成就等。

4. 对排放污染物的监督

凡向江河、湖泊、水库、渠道等水体排放污染物的企业是否经过申报和取得批准，所排放的污染物是否超过标准，是否按照规定采取相应的污水处理措施等。

（二）水行政主体在河道管理方面的水行政监督

河道是江河输水、行洪的基本通道。影响河道输水、行洪安全与堤防完整的因素有自然因素和人为因素。为了维护河道堤防安全和输水、行洪安全，必须加强对河道的监督、管理，水行政主体应当采取经常性巡查与重点检查相结合的制度。通过不同的检查方式，及时发现、纠正水事违法行为，采取相应补救措施，并依法对当事人做出其应承担的水事法律责任，如对检查过程中发现有破坏、损毁堤防、侵占护堤地，未经许可擅自在河道管理范围内采砂、取土或者修建永久性建筑物，尤其是各类阻水工程、挑溜工程，水行政主体应当按照"水法""防洪法"和"河道管理条例"

等水事法律规范的规定予以处理。而对于湖泊的监督管理，重点应放在禁止围垦、禁止未经批准封堵排水通道。

（三）水行政主体在防汛抗洪方面的监督

在防汛抗洪方面，水行政主体进行监督的最主要表现形式是防汛例行检查。防汛例行检查一般分为汛前和汛后检查。汛前检查的重点内容是：

（1）防汛指挥机构和工作机构是否依法组建。

（2）各级人民政府防汛工作行政首长负责制是否落实。

（3）防汛专业队伍与群众性防汛组织是否依法组成。

（4）防御洪水方案规定的各项措施是否有充足的准备，特别是行洪、分洪、蓄洪、滞洪区的准备情况。

（5）堤防和有关水利工程是否做好度汛准备，水工程控制运用计划能否顺利实施，行洪障碍是否清除。

（6）有关防汛抗洪的资金、通讯、物料和设施是否完备。

此外，对于水事纠纷频发地区，相关的协议内容的执行情况也应当作为检查重点。

（四）水行政主体在水土保持方面的水行政监督

在水土保持方面，水行政主体的水行政监督内容主要有：

（1）监督有关农村、工矿企业贯彻执行"水土保持法"和有关水土保持的法规、规章和政策的情况，实行综合治理，防治并重、治管结合。

（2）制止盲目开垦和陡坡开荒、边治理边破坏的情形。

（3）督促、监督破坏地貌与植被的组织和个人采取人工措施和植被措施予以恢复、补救。

（4）监督有关部门组织水土保持方案与措施的实施情况。

（五）水行政主体在水利工程与设施的管理与监督内容

（1）保护水利工程与设施不受破坏，依法制止和打击违法行为、活动。

（2）维护水利工程与设施的所有权人、使用权人的合法权益不受非法侵犯。

（3）依法划定水利工程与设施的管理和保护范围并进行公告。

六、水行政监督的作用

水行政监督作为水行政主体的一种管理手段，对于促进水行政主体依法行政、依法管理水资源都有着重要的作用。水事法律、法规、规章制定后，是否得到了全面的贯彻执行，水行政相对方是否遵守法律、法规、规章，是否执行水行政主体的决定、命令等，只有通过监督来查证与反馈。如果缺少监督这一环节，正常的水事工作秩序就无从谈起，相应地，水资源开发利用与保护的目标就无法实现。在建立、完善社会主义市场经济体制的今日，水不仅仅是作为一种自然资源，而且是作为一种特殊的生产要素与生活要素，在国民经济和社会发展中发挥着重要的基础地位与作用，因此，强调水行政主体在水资源开发利用与保护过程中的监督作用具有现实意义。具体来说，有以下作用。

（一）水行政监督可以及时反馈水事法律、法规、规章实施所产生的社会效果，为水事法律、法规、规章的制定、修改、废止提供实践依据

水事法律、法规、规章制定后，能否达到预期的社会效果，执行起来存在着哪些困难与阻力，是否具有可操作性，存在哪些欠缺内容等，从而为今后水事法律、法规、规章的修改与完善提供实践依据，如水行政主体对"水法"实施十多年来的情况反映与总结，为"水法"的修改提供充分的实践的依据。

（二）水行政监督可以预防和及时纠正相对方的水事违法行为

水行政主体实施水行政监督活动，对相对方而言是一种外在

的约束,可以预防其实施违反水事法律规范的行为,督促其执行水行政主体的决定、命令,同时通过监督活动,水行政主体能够及进了解、掌握相对方的履行情况,及时发现问题,纠正相对方的违法行为。

（三）水行政监督是实现水事法律规范所规定的内容的一个重要环节

水行政监督作为一种管理手段,通过对相对方执行、遵守水事法律规范的情况进行监督,从而保障水事法律规范所规定的内容能够得到切实有效的贯彻实施。

第三节　水行政法制监督

一、水行政法制监督的含义与特征

水行政法制监督,是指水行政主体以外的其他国家机关、社会组织和公民个人等作为监督主体,对水行政主体及其工作人员是否依法行政所进行的一种监督形式,具有以下法律特征。

（1）监督主体的多样性。水行政法制监督的主体不仅有党、国家和各级地方的权力机关、行政机关、司法机关的监督,还有社会团体、企业事业单位,群众组织、社会舆论和公民个人的监督。

（3）监督的内容是监督水行政主体及工作人员是否严格按照水事法律规范的规定依法行使水事管理职权。所有水行政主体及工作人员都必须接受监督。

（3）监督的对象是水行政主体的水行政行为,包括水行政主体的行政立法行为、水行政执法行为和准司法行为。

（4）监督的形式是多种多样的。水行政法制监督的形式有的表现为监察行为,有的表现为督促行为,有的表现为纠正行为,有的表现为撤销行为。

二、水行政法制监督的类别

根据水行政法制监督的主体的不同,可以将水行政法制监督分为以下类别。

(一)党的监督

中国共产党是我国的执政党,对水行政主体及其工作人员的监督方式是多重的,可以通过各级党组织对各级水行政主体在水事指导方针、重大的水行政行为方面进行监督,也可以通过党的纪律监察机构对水行政主体的任职党员的勤政、廉政情况和工作作风、工作态度等方面进行专门的监督。党的监督主要内容有:

1. 对党的路线、方针、政策和决议的贯彻情况

水事法律规范通常是在中国共产党制度的路线、方针、政策和决议的基础上,并体现人民群众的意见、智慧,结合我国的水资源的实际情况而制定的法律规范。因此,水行政主体贯彻水事法律规范的过程也就是贯彻执行中国共产党的路线、方针、政策和决议的过程。关于这一点,《中国共产党党章》有明确的规定。此外,根据组织法,对于属于政府职能部门的水利局(厅),以及接受国家法律、法规授权而行使国家特定的水行政管理职能的各流域管理机构及其基层机构也应当自觉执行中国共产党的路线、方针、政策和决议等内容。党在监督过程中,要注意克服过去在"左"的思想影响下出现党政不分、以党代政等不良现象。因此,党要想保证水行政执法的正确,就应当在监督方面下功夫。

2. 重大水行政执法决策的制定和实施情况

对重大水行政执法决策的制定和实施情况的监督是党对水行政主体的水行政管理活动进行监督的一个重要方面在水事管理领域的重大水行政执法决策,主要是指制定水事管理法律规范、采取重大水行政执法措施等内容。在制定和实施重大水行政

执法决策时,都要体现党的路线、方针、政策,都要符合客观实际。水行政主体的各级党的委员会也应当经常审查重大水行政执法决策的制定和实施情况,对那些与党和国家的大政方针。政策存在抵触的,要及时通过一定的渠道或者一定的方式予以纠正或提出纠正意见。

3.通过向水行政主体推荐重要干部而实现党的监督

向国家机关推荐领导干部是党的各级委员会的一项重要职责,也是党对行政机关进行监督的重要内容。毛泽东同志早就指出,政治路线确定以后,干部就是决定的因素。江泽民同志也提出"建立一支高素质的干部队伍"。在我国,党管干部历来是一条重要的组织工作原则,向各级水行政主体推荐重要领导干部是党对水行政主体的水事管理活动的最好监督。今后只有更好地发挥党在这方面的监督作用,才能促进水行政主体有效地管理我国的水资源,促进水资源的合理开发利用与保护。

4.通过党的纪律监察部门对水行政主体中的党员干部进行监督

党员是工人阶级队伍中的先进分子,党员干部是水行政主体中的重要力量,他们被任命到水行政主体的各个岗位,成为水行政主体贯彻执行水事法律规范的一支骨干力量。因此,加强对水行政主体中党员干部贯彻执行党的路线、方针、政策和决议执行情况以及其遵纪守法情况的监督检查,是党的各级纪律监察部门的重要职责。通过党的纪律部门的监察,从而促进水行政主体干部队伍的廉政建设,使党的监督落到实处。

除了上述监督方式外,党对水行政主体的监督还可以通过完善党的内部法规建设、利用党的党报与党刊进行批评等方式实现党的监督。

（二）权力机关的监督

权力机关即国家和地方的立法机关。在我国,权力机关是全国人民代表大会及其常务委员会和地方各级人民代表大会及其常委务委员会。权力机关的监督就是指全国人民代表大会及其常务委员会对水行政主体及其工作人员履行水事管理职权的行为进行检查、督促或者纠正的行为。

1. 权力机关监督的特点

在建立和完善社会主义民主与法制的过程中,权力机关对行政主体的监督是一种重要的监督方式,具有以下特点。

（1）它是人民行使管理国家权力的重要体现

根据《宪法》规定:国家的一切权力属于人民。而人民行使国家权力的机关是全国人民代表大会及其常务委员会和地方各级人民代表大会及其常务委员会。《宪法》的这一规定正确反映了人民与其代表机关之间的关系。全国人民代表大会及其常务委员会和地方各级人民代表大会及其常务委员会依法对水行政主体及其工作人员贯彻执行水事法律规范、履行水事管理职权等水事管理活动的监督,不但是在履行《宪法》和法律赋予的职权,而且也是行使国家权力的一种重要体现。

（2）它是一种具体的监督

《宪法》和法律赋予权力机关的监督权是一种具体的监督。结合水行政管理而言,权力机关既要监督水事法律规范在实际中的贯彻执行情况,又要监督权力机关所做出的决议、决定等的贯彻执行情况;既要监督水行政主体在水行政管理中的抽象水行政行为,又要监督水行政主体在水行政管理过程中的具体的水行政行为;既要坚持在代表视察、代表评议、执法检查和调查研究中不直接处理问题,又要坚持过问和督促水行政主体切实依法公正地解决问题,并且还要加强跟踪监督,以保证监督的实效。

（3）这种监督能够直接产生相应的法律后果

在水行政法制监督中,只有权力机关的监督和司法机关的监督能够对行政主体的行政行为产生相应的法律后果,亦即能够直接对行政主体的权利义务关系产生影响。这是权力机关的监督区别于党的监督、民主党派的监督、社会团体、新闻舆论和公民个人的监督的一个重要方面。目前,我国的社会主义市场经济的法律体系逐步完善,新颁布的水事法律规范不断增加,但是其具体执行情况尚不够规范,这也是目前民主与法制建设进程中亟待解决的问题。强化权力机关对水行政主体的水行政行为监督是加强、改善对我国水资源管理的一个有力保障。全国人民代表大会及其常务委员会在这方面已经取得了一些有价值的尝试,逐步走上法制化的轨道。

2. 权力机关监督的内容

根据"宪法"和有关法律法规的规定,权力机关对水行政主体的监督从其内容而言主要包括法律监督和工作监督,具体有以下几个方面。

（1）"宪法"的贯彻执行情况。

（2）"水法"和"水土保持法""水污染防治法""防洪法""河道管理条例"等水事基本法律、特别法律和行政法规的贯彻执行情况。

（3）各级水行政主体及其工作人员遵守"宪法"和水事法律规范的情况。

（4）对本级权力机关的决议、决定以及上级国家机关的决议、决定的贯彻执行情况。

（5）对人大代表所提交的有关资源管理的议案、建议案和接受批评的处理情况。

（6）权力机关交办的有关水资源管理的申诉、控告、检举等的查处情况。

（7）水行政主体的执法情况。

（8）法律、法规规定的其他应当予以监督的事项。

3. 权力机关监督的方式

通常国家权力机关对水行政主体及其工作人员的职务行为进行监督有以下方式。

（1）撤销与宪法、法律相抵触的水行政法规和同级政府不适当的决定、命令

撤销是权力机关监督方式中最直接、最有效的监督方式。从表面上看，撤销就是对水行政主体的抽象水行政行为的否定，而从实际上看，撤销是在抽象水行政行为发生法律效力后的一种监督方式。在这个过程中，水行政主体的执法活动已经开始，有的甚至已经持续了一段时间。因此，权力机关对这个期间内水行政主体的执法行为的客观评价就是一个监督的过程。同时，与其他的监督方式相比，撤销的方式更能够体现出权力机关的性质、职能和作用，更能够有助于维护、保障国家法制的统一。

（2）行使罢免权

根据宪法和有关法律的规定，凡是由权力机关任命的水行政主体的行政首长，权力机关都有权罢免，如全国人大及其常委有权罢免水利部部长，县级以上地方人大及其常委会可以罢免其同级政府的水利厅（局）长。权力机关的罢免是对其是否称职的一种事后监督，也是对政府水行政主管部门的水资源管理活动的评价，是权力机关对政府组成人员的一种监督方式。

（3）质询、询问

质询和询问是宪法和有关法律赋予人大代表及人大常委会组成人员的一项权利。质询又称作质问，是指权力人对行政机关、审判机关、检察机关提出质问并要求予以答复的一种监督权。构成质询案件应当符合以下程序：一是必须在人大或常委会会议期间提出；二是提出质询案的主体必须是人大代表或者常委会委员，而且符合法定人数；三是质询案必须是书面形式，其中要写明质询的对象和质询的问题等内容；四是质询案的通过必须符合法定程序；五是受质询的机关必须负责答复，对答复不满意

的,可以提出要求再作答复。询问,即打听、了解。询问通常是针对议案和报告中一些不清楚的事项要求予以解释和说明。人大代表和常委会委员在审议议案和报告的时候,政府和相关部门负责人要派人听取意见,回答询问,并对议案、报告作补充说明,目的是使权力机关、人大代表全面、深入地了解有关情况,使审议工作和表决更加深入、准确、有效地进行。

（4）特定问题的调查

对特定问题的调查是权力机关对行政执法进行监督的一个方式。根据宪法、组织法的规定,权力机关认为有必要的时候,可以组织关于特定问题的调查委员会,并且根据调查委员会的报告并做出相应的决议。调查委员会进行调查的时候,所有国家机关、社会团体和公民都有义务向其提供必要的材料。

（5）执法检查

执法检查是权力机关经常而又大量采用的监督方式,是权力机关针对宪法、法律、法规的执行情况进行的检查,包括多项或者专项检查。检查一般是有计划地进行,检查的内容、时间和要求等要在计划中反映出来。执法检查结束后,检查组应当将检查的情况向权力机关报告。权力机关应当将审议后的执法检查报告和审议意见以书面形式提交相关的执法部门。如1997年9月至10月,全国人大常委会执法检查小组到黑龙江、河南、湖南等省对《中华人民共和国水法》的实施情况进行的检查。

（6）视察

视察是由人大常委会成员和人大代表在本行政区域对水行政执法的情况进行监督检查的一种监督方式,也是人大常委会成员和人大代表在闭会期间履行职责和执行代表职务的一种方式。视察往往是实地考察,通常要深入基层,直接听取群众的意见,因此,视察最容易发现问题,而且视察中听取的批评、意见和建议也最能够反映群众的心声。通过视察这种方式不但可以检查法律、法规和政策的履行情况,还可以了解人民群众的思想、愿望和社会动态等情况。

此外,还有其他的方式,如权力机关通过办理代表建议、批评案,受理公民申诉、控告、检举,对水行政主体在水事管理活动中的重大违法事件及其处理结果公布于众等方式来监督水行政主体的执法行为。

(三)司法监督

司法监督是指行使司法权的国家机关,通常为检察机关、审判机关依照法定的职权与法定的程序对水行政主体及其工作人员是否依法行政所实施的监督,以及通过对水行政案件的审理、对水行政主体的具体水行政行为的合法性审查而进行的监督。司法监督具有以下特点:一是司法监督是基于法律的规定;二是司法监督的主要内容是水行政主体的具体水行政行为和部分抽象水行政行为;三是司法机关在行使司法监督权时应当遵循法定的监督程序;四是司法机关的监督能够产生直接的法律后果。

1.审判机关的监督

审判机关就是依法行使审判权的国家机关,在我国是指最高人民法院、地方各级人民法院和各专门人民法院。审判机关的监督是指人民法院对水行政主体的具体水行政行为和部分抽象水行政行为的监督。这种监督是通过人民法院对水行政案件的审理来实现的。"行政诉讼法"和最高人民法院《关于贯彻执行 < 行政诉讼法 > 若干问题的意见(试行)》是各级人民法院审理水行政案件的法律依据,也是审判机关行使监督权的直接法律依据。

审判机关作为一种司法监督,有着不同于其他国家机关、社会团体和组织监督的特点。

(1)审判机关的监督是一种具有法律约束力的监督

该监督方式能够产生直接的法律后果,如某一人民法院对某一水行政案件进行审理,根据案件情况,结合"行政诉讼法"的规定,对那些主要证据不足、适用法律法规错误、违反法定程序,超越或者滥用职权的具体水行政行为,可以依法判决撤销或者部分撤销,并可以判决水行政主体重新做出新的具体水行政行为;而对于被告不履行或者拒绝履行其法定职责的,可以判决其在一定期限内履行;对于水行政主体所做出的某一水行政处罚明显有失公平的,可以判决变更。当然,对于水行政主体认定事实证据清楚确凿、适用法律法规得当、符合法定程序的具体水行政行为,人民法院也应当依法判决维持。这样,既可以保护公民、法人或者其他社会组织的合法权益,又可以维护水行政主体依法行政行为。

（2）审判机关监督的对象是特定的

行政诉讼的特点决定了审判机关的监督对象是各级国家行政机关和受法律法规授权而行使特定行政管理职能的事业组织。这些机关作为行政诉讼中的被告,依法接受人民法院司法审查的过程就是接受监督的过程。

（3）审判机关的监督程序是法定的

审判程序是审判机关司法审查时必须遵守的方式和步骤,因此,审判机关的监督有着严格的时限要求,如人民法院在审理行政案件时,应当从立案之日起三个月内做出终审判决,二审案件应当自收到上诉状之日起两个月内做出终审判决。此外根据我国法律规定,人民法院审理案件实行两审终审制原则。

（4）审判机关的司法审查是一种依申请而为的行为

根据我国法律的规定,公民、法人或者其他组织认为行政机关的具体行政行为侵犯其合法权益的,可以依法向人民法院提起行政诉讼。法律的此规定意味着人民法院对行政机关的行政监督是源于当事人的申请,即公民、法人或者其他组织提起诉讼的行为才是引起审判监督的前提。

（5）人民法院的监督主要是对水行政主体的具体水行政行为的合法性、适当性进行司法审查

根据我国宪法、人民法院组织法、行政诉讼法等法律规范的规定,行政诉讼是人民法院监督行政机关的主要方式,受理公民、法人或者其他组织的申诉是人民法院对行政机关进行司法监督的辅助形式。一般的,根据《行政诉讼法》第十一条、第十二条的

规定,人民法院可以对水行政机关的上述具体行政行为进行监督,具体到水资源管理领域,主要是通过审理以下事项而行使监督权:一是作为具体的水行政行为直接对象是公民、法人或其他组织的;二是不服水行政主体复议决定的申请人;三是其合法权益受到水事违法案件被处罚人侵害的;四是其合法权益因水行政主体的具体水行政行为而受到不利影响的;五是其合法权益因水行政主体的不作为而受到不利影响的;六是能够提起水行政诉讼的公民死亡的,提起水行政诉讼的近亲属;七是能够提起水行政诉讼的法人、其他组织终止的,其权利和义务的承受者;八是同一具体水行政行为中的多个相对方。

2. 检察机关的监督

该监督又称作检察监督,是指人民检察院以国家法律监督机关的名义对水行政主体的水资源管理行为所进行的监察、督促、检查和纠正等的活动的总称。我国宪法和检察院组织法明确规定,"中华人民共和国人民检察院是国家的法律监督机关","人民检察院依照法律规定独立行使检察权,不受行政机关、社会团体和个人的干涉。"

检察机关是国家法律监督的重要组织部分。在我国,人民代表大会作为国家的权力机关,直接行使一部分监督权,此外,又在国家机关中设立最高人民检察院和地方各级人民检察院、专门人民检察院作为国家的法律监督机关,行使监督权,目的就是为以通过监督,保证宪法、法律、法规的正确实施。人民检察院作为国家专门的法律监督机关,对行政机关的监督是通过行使检察权来实现的,即人民检察院实施法律监督,不是对所有法律的执行情况进行监督,也不是直接查处一般的违法违纪案件,而只是对严重违反国家法律、需要追究国家机关及其工作人员刑事责任的案件行使检察权。对于在执行检察权的过程中,发现属于一般的违法违纪案件则交由相关的党政机关处理。人民检察院在行使检察权时,同样只能严格按照司法程序进行监督。

（四）政协与民主党派的监督

政协的全称是中国人民政治协商会议,是在我国有着广泛代表性的统一战线组织,是我国政治生活中发扬社会主义民主的一种重要形式。根据中国人民政治协商会议章程规定:政协的主要职能是对国家的大政方针和人民群众生活中重大的问题进行政治协商、民主监督和参政议政。各民主党派是在中国共产党领导下的参政党,有着自己独特的工作对象和广泛的参政议政领域,他们是以知识分子为主体并各自联系一部分社会主义劳动者、拥护社会主义和祖国统一的爱国者的政治联盟。在我国目前有中国国民党革命委员会、中国民间同盟、中国民主建国会、中国民主促进会、中国农工民主党、九三学社和中华工商业联合会八个民主党派等。各民主党派和工商联都是中国人民政治协商会议的组成单位。宪法肯定政协在国家政治生活中的重要地位与作用,政协与民主党派、工商联都是我国法律承认并保护的合法组织。政协与民主党的监督就其内涵而言,是各民主党派、中国致公党、工商联和无党派人士对国家宪法、法律法规的实施,重大方针、政策的贯彻执行以及国家机关及其工作人员的工作通过提出批评和建议进行监督。这种监督具有广泛的代表性和灵活性。通过监督能够广开言路、平等交流。加强和改善民主监督,有助于政府,特别是政府执法部门听取各方面的意见、建议和要求,便于集思广益,纠正偏差和错误。

（五）人民群众和社会团体的监督

人民群众的监督是指我国公民有权对水行政主体及其工作人员的水事管理活动提出批评与建议、申诉、检举和揭发。社会团体的监督是指工会、共青团、妇联、科协等的监督。由于这些组织与群众有着广泛的联系,能够直接听到群众的呼声,因此,他们的监督有着广泛的代表性。

（六）新闻舆论的监督

新闻舆论主要是通过电视、电台、报刊等舆论工具，揭露、曝光水行政主体及其工作人员的违法行为、活动，从而促使水行政主体及其工作人员改正错误，依法行政。由于舆论监督的特点决定了其监督内容侧重于对水行政执法中存在的问题予以曝光，而且大多是对具体的执法案件进行分析，有理有据地提出问题和批评意见，但又不是单纯地揭露，而是着眼于促进水行政主体解决问题、纠正错误和改进工作。因此，凡是涉及水行政执法的内容（涉及国家秘密和法律禁止的除外），舆论机关都应以进行监督。随着社会的发展和新闻舆论事业的进步，舆论监督的作用显得越来越重要。

（七）上级水行政主体对下级水行政主体的监督

这种监督是指上级水行政主体通过下发文件、指示和深入基层检查、指导，听取下级水行政主体汇报工作而实现的。自1990年行政复议制度以来，上级水行政主体还可以通过受理行政复议案件，对下级水行政主体的具体水行政行为和部分抽象水行政行为实施具体的监督。

（八）相关机构的监督

负责专门监督的机构有审计和监察部门。审计监督主要是审计部门通过对水行政主体在财务收支活动和经济效益等方面开展审核、稽查等以确认其是否遵守财经纪律、财务制度所实施的监督活动。监察监督是指监察部门对水行政主体所属工作人员在行使水事管理职权过程中，是否存在着违法行政，以及因此应承担的相应的法律责任所进行的监督活动。

三、水行政法制监督的意义与作用

水行政主体对水资源进行管理是整个国家行政管理中的一个重要组成部分,各级水行政主体及其工作人员均是代表国家行使水事管理职权。由于水资源所具有的特点,不但是一种自然资源,也是一种重要的生产、生活要素,对国民经济与社会发展有着重的促进作用,因此,水行政主体的水事管理活动内容比较纷繁复杂,其管理内容直接涉及公民的日常生活,涉及法人、其他组织的权利义务。如果水行政主体及其工作人员不依法行政就会使国家、集体、公民和其他组织的利益遭受损害。

我国是人民民主专政的社会主义国家,人民是国家的主人,任何国家机关的权力都是人民赋予的,任何国家机关及其工作人员的行为都应当置于人民的监督之下。一切不依法行政的行为都会受到党、国家监督部门的及时制止与纠正,所有使国家、集体、公民合法权益遭受损失的行为、活动都会受到法律的追究与处理。以上这些内容对水行政主体及其工作人员而言都是适用的,谁也不能例外。只有通过外部的、内部的多层次的监督,形成完整的约束机制,才能确保水行政主体及其工作人员依法行政,确保水事管理行为、活动的合法、正确与高效。

实践证明,监督越有力,法律就能够得到普遍的、统一的、正确的实施细则;反之,则会出现这样或者那样的问题,甚至出现践踏法律、破坏法制统一的违法行为。因此,积极开展水行政法制监督,不但是依法治国的基本要求,而且也是水事管理行为与活动的重要环节。如果水行政主体的水事管理行为与活动缺少了监督环节,那么水行政主体及其工作人员的水事管理行为与活动就会产生漏洞,存在缺陷,就会损害国家、集体、公民和其他组织的合法的水事权利,影响水资源开发利用与保护,影响国民经济和社会的可持续发展。

第十三章 水行政处罚

第一节 行政处罚

一、行政处罚的概念及特征

行政处罚是指具有行政处罚权的行政主体为维护公共利益和社会秩序,保护公民、法人或其他组织的合法权益,依法对行政相对人违反行政法律规范尚未构成犯罪的行为所实施的法律制裁。

行政处罚是指享有行政处罚权的行政主体,依法对行政相对人违反行政法律规范尚未构成犯罪的行为,给予人身的、财产的、名誉的及其他形式的法律制裁的行政行为。

它具有如下四个特征。

（一）行政处罚的主体是具有行政处罚权的行政机关和法律法规授权的组织

行政处罚是一种对行政相对人产生不利影响的行政行为,如行政拘留是对相对人人身自由权的限制,罚款是对相对人财产上科以新的给付义务,因此,对于处罚权的行使必须有严格的限制。这一限制首先体现在处罚权的享有者上,只有法律、法规明确授予某一行政主体特定的处罚权时,这一主体才可行使该项权力,也就是说,并不是所有的行政主体都享有行政处罚权,一个行政主体是否享有行政处罚权以及享有何种处罚权是由法律明确规定的。

（二）行政处罚是针对行政相对人违反行政法律规范行为的制裁

行政处罚是针对违反行政法律规范行为的行政相对人的制裁，是对于违反行政法律规范尚未构成犯罪的行政相对人的制裁。这一点使行政处罚区别于刑罚。

行政处罚是行政法律规范得以遵守、社会经济和生活秩序得以维护的重要且必要的手段。对于不遵守行政法律规范的违法行为，行政处罚具有较强的制裁和惩处作用，有利于良好的社会秩序的建立。但是不可否认的是，行政处罚的作用毕竟是有限的。它无法替代其他法律手段，更无法替代道德、教育等其他手段在维护社会秩序方面的作用，同时因为行政处罚是侵益性行政行为，不可避免地存在侵犯行政相对人合法权益的危险性。因此，我们在处理违法行为时，既要注重合法地适用行政处罚，又要注重其他手段的正确使用；在适用行政处罚时，既要充分发挥行政处罚的积极作用，又要注意克服其消极影响。

（三）行政处罚的直接目的是对违法者予以惩罚和教育

行政处罚的目的是为了维护公共利益和社会秩序，保护公民、法人或其他组织的合法权益，同时也是为了惩戒和教育违法者，使其以后不再触犯法律。这一点是行政处罚和其他行政行为所共有的目的。行政处罚的直接目的是对违法者予以惩罚和教育，使其以后不再犯。这一特征是行政处罚区别于其他行政行为的标志。

（四）行政处罚是对违反行政法律规范尚未构成犯罪的行政相对人的制裁

首先，行政处罚是一种行政管理活动，是针对作为被管理者的相对人做出的，它与行政机关对有隶属关系的工作人员所作的行政处分明显不同。其次,受到行政处罚的行政相对人必须实施了行政违法行为。所谓行政违法,是指相对人不遵守行政法规范,不履行行政法规范规定的义务,侵犯其他公民、法人或组织的合法权益,危害行政法规范所确立的管理秩序的行为。

二、行政处罚的基本原则

行政处罚的原则,是指对行政处罚设定和实施具有普遍指导意义、贯穿水行政处罚全过程的行为准则。实施行政处罚应遵循以下六个原则。

(一)处罚法定原则

处罚法定原则,是指行政处罚的设定、实施、处罚种类、内容和程序必须严格依据法律规定进行,它是行政活动合法性要求在行政处罚中的具体体现。行政处罚是实施行政管理目标的重要手段,能有效地维护社会公共管理秩序,同时,它又是对行政相对人进行法律制裁的行为,给相对人的权益带来不利影响,为保障公民、法人和其他组织的合法权益,这种行为的实施必须严格控制在法律规范之下。处罚法定原则的主要内容有:

1. 处罚的主体及职权法定

设定行政处罚的主体是法定的,即只有全国人大及其常委会、国务院、一定级别以上的地方人大及其常委会、国务院各部委及直属机构、一定级别以上的地方人民政府有权设定行政处罚;设定行政处罚的形式是法定的,即行政处罚主体只能以法律、法规和行政规章的形式设定行政处罚;设定权的分工是法定的,即不同的规范性法律文件必须在《行政处罚法》规定的范围内设定行政处罚;实施行政处罚的主体是法定的,即只有法律、法规规定或制空权行使行政处罚权的行政机关或组织才可以实施行政处罚。

除法律、法规、规章规定有处罚权的行政机关以及法律、法规授权的组织外,其他任何机关、组织和个人均不得行使行政处罚权。此外,具备了主体资格的机关和组织在行使行政处罚权时,还必须遵守法定的职权范围,不得超越权限,否则处罚行为无效。

2. 处罚设定权法定

某一行政处罚行为是否合法不仅取决于是否严格按照法律规范做出,而且还在于其所依据的规范是否合法,如果行政处罚所依据的规范本身就违法,必然导致做出的处罚行为违法。行政处罚法律规范的制定权或者设定权由法律做出具体的规定,违背法定设定权的法律规范,不能作为实施处罚的依据。

3. 被处罚行为法定

对于行政相对人来说,法无明文规定不受罚。实施行政处罚的主体在确定相对人是否构成违反行政法规范的行为,是否给予行政处罚,给予何种处罚时,必须要有法定的依据。凡法律、法规或规章未规定予以行政处罚的行为,不应受到行政处罚。

4. 处罚的种类、内容和程序法定

对于法定应予处罚的行为,必须对之科以法定种类和内容的处罚。实施行政处罚,不仅要求实体合法,而且还必须程序合法。没有法定依据或者不遵守法定程序的,行政处罚无效。

(二)公开、公正原则

处罚公开原则,是指行政处罚的设定与实施要向社会公开。只有公开,将处罚的全部活动置于公众的监督之下,才能确保公正的实现,它是公正原则的保障。公开原则有两项基本要求:一是对违法行为给予行政处罚的规定要公开,未经公布的规范不能作为行政处罚的依据;二是对违法行为实施处罚的程序必须公开,行政主体在实施处罚时,应当告知当事人做出处罚决定的事实、理由、法律依据以及当事人依法享有的权利,要充分听取当事人的意见,不能拒绝听取当事人的陈述与申辩,在符合法定条件时,还要举行听证会。

公正原则也叫合理处罚原则,行政处罚必须设定和实施行政处罚必须以事实为依据,与违法行为的事实、性质、情节及社会危害程度相匹配;必须公平、公正,没有偏私。且行政处罚必须公开,包含两层含义。

（1）有关行政处罚的法律、法规的规定必须公布。

（2）依法给予违法者的处罚要公开,使受罚者本人及公民对处罚有充分的了解。

处罚公正原则是处罚法定原则的进一步延伸和补充。这一原则要求行政处罚的设定与实施必须公平正直,没有偏私。处罚公正原则包括实体公正与程序公正两方面。实体公正,要求行政处罚的设定和实施必须与违法行为的事实、性质、情节以及社会危害程度相当;程序公正,要求实施处罚的过程中,处罚主体要给予被处罚人公正的待遇,充分尊重当事人程序上拥有的独立人格与尊严,避免处罚权的行使武断专横。

（三）处罚与教育相结合的原则

处罚与教育相结合的原则,是指行政主体在实施行政处罚时,要注意说服教育,纠正违法,实现制裁与教育双重功能。行政处罚虽然是对违法行为的制裁,但行政主体不能只强调制裁,为处罚而处罚,而应加强对当事人的教育,使其真正认识自己行为的违法性、危害性,从而自觉守法,防止违法行为的再次发生。根据这一原则,实施处罚时,对有关相对人主动消除或者减轻违法行为危害后果、配合行政机关查处违法行为有立功表现等情形的,应从轻或者减轻处罚;对违法行为轻微并及时纠正,没有造成危害后果的,可以免于处罚。当然,处罚与教育相结合,并不是要以教育代替处罚放纵违法,二者不能偏废。

在对违反行政管理法规的客体进行惩罚时,也要教育他们自觉遵守法律。同时通过实施行政处罚,以国家强制力所产生的威慑作用对其他违反行政管理法律规范的人起到警示作用。

（四）保护当事人合法权益原则

《行政处罚法》为了保证当事人的合法权益,赋予了当事人享有陈述权、申辩权、行政复议权或行政诉讼权,以及赔偿权;还赋予了当事人被告知权、听证申辩权、申请回避权等各项权利。其目的是不让无辜的人受到处罚、使违法的人受到公正的处罚及受到违法处罚的人得到救济。相对人享有的权利意味着行政处罚主体的一种义务,在处罚的过程中,行政主体应当积极地为相对人行使这些权利提供便利,不能随意加以剥夺或限制。

（五）职能分离的原则

职能分离的原则是指享有不同职权的行政处罚机关职权分离,不能超越各自法定职权。主要包括:第一,行政处罚的设定机关和实施机关相分离;第二,行政处罚的调查、检查人员和行政处罚的决定人员相分离;第三,做出罚款决定的机关和收缴罚款的机构相分离,除依法当场收缴的罚款外,做出行政处罚决定的行政机关及其执法人员不得自行收缴罚款。

（六）一事不再罚的原则

一事不再罚的原则是指针对行政相对人的一个违法行为,不能给予两次以上的行政处罚。行政处罚是以惩戒为目的,针对一个违法行为实施了处罚,就已经达到惩戒的目的,如果再对其处罚,则有失公正。一事不再罚原则的主要内容包括:第一,对当事人的同一个违法行为,不能给予两次以上罚款的行政处罚;对决定给予行政拘留处罚的人,在处罚前已经采取强制措施限制人身自由的时间,应当折抵;第二,违法行为构成犯罪的,人民法院判处拘役或者有期徒刑时,行政机关已给予当事人行政拘留的,应当依法折抵相应刑期;人民法院判处罚金时,行政机关已经给予当事人罚款处罚的,应当折抵相应罚金。

（七）不免除民事责任，不取代刑事责任原则

《行政处罚法》第七条规定："公民、法人或者其他组织因违法受到行政处罚，其违法行为对他人造成损害的，应当依法承担民事责任。违法行为构成犯罪的，应当依法追究刑事责任，不得以行政处罚代替刑事责任。"行政处罚属于公法制裁，它保护的是公权益；民事制裁属于私法制裁，它保护的是私权益。所以，两者互不替代，而是彼此独立。

三、行政处罚的种类

行政处罚的种类，是行政处罚外在的具体表现形式。根据不同的划分标准，行政处罚有不同的分类。

以对违法行为人的何种权利采取制裁措施为标准，行政处罚可分为人身自由罚、财产罚、行为罚和声誉罚，这是行政法学上通常采取的分类。

（1）人身自由罚，亦称人身罚、自由罚，是指在一定期限内对违法行为人的人身自由权进行限制或剥夺的行政处罚措施，它只能适用于自然人，其主要形式是行政拘留。

（2）财产罚，是强迫违法行为人交纳一定数额的金钱或一定数量的物品，或者限制、剥夺某种财产权的处罚措施，这种处罚不影响违法行为人的人身自由权和从事其他行为的权利，又能达到惩罚目的，因而被广泛使用，它一般适用于以营利这目的或者给公共利益造成损害的行政违法行为，其主要形式有罚款、没收财物。

（3）行为罚，亦称能力罚，是限制或剥夺行政违法行为人某些特定行为能力和资格的处罚措施，其主要形式是责令停产停业、暂扣或吊销许可证、执照。

（4）声誉罚，亦称申诫罚或者精神罚，是指行政机关向违法行为人发出警戒，申明其有违法行为，通过对其名誉、荣誉、信誉

等施加影响,引起精神上的警惕,使其不再违法的处罚措施,属于较轻微的行政处罚,一般适用于情节轻微或者实际危害程度不大的违法行为,主要表现形式是警告、通报批评。

根据《行政处罚法》和现行法律、法规规定,目前我国对行政处罚的分类有以下几种。

(1)警告。

警告是行政主体对较轻的违法行为人予以谴责和告诫的处罚形式。警告的目的在于通过对违法行为人精神上的惩戒,申明其有违法行为,以使其不再违法。警告一般适用于情节轻微的违法行为,是最轻微的一种行政处罚。警告属于要式的行政行为,做出警告必须要有局面处罚决定书,指明相对人的违法行为,并交送违法者本人。如果是口头警告,则属于一般的批评教育,对行为人不产生实质性的影响,不具有强制力,当然也就不属于行政处罚行为。

(2)罚款。

罚款是指有行政处罚权的行政主体依法强制违反行政法律规范的行为人在一定期限内向国家缴纳一定数额金钱的处罚方式。罚款的数额应当由具体的行政法律规范规定,一般是规定最高额和最低额,并规定加重和减轻的限额。行政处罚机关只能在法定幅度内决定罚款数额,不能有任何超越。做出罚款决定的行政机关应当与收缴罚款的机构分离。除法定当场收缴罚款的情形外,做出行政处罚决定的行政机关及其执法人员不得自行收缴罚款。依法当场收缴罚款的,必须出具统一收据,否则,当事人有权拒绝缴纳罚款。罚款必须全部上缴国库。

(3)没收违法所得、没收非法财物。

没收是指有处罚权的行政主体依法将违法行为人的违法所得和非法财物收归国有的处罚方式。违法所得是指违法行为人从事非法经营等获得的利益。非法财物,是指违法者用于从事违法活动的违法工具、物品和违禁品等。没收违法所得和非法财物是针对违法行为人的财产所进行的,而且必须是违法行为人的非法财产,而不是合法财产,凡是属于法律、法规明确规定是非法的财产的要全部加以没收。行政处罚实施主体没收的非法财产,必须依法上缴国库或依法定的方式处理。由此可见,没收与罚款的区别在于:没收是对违法所得、非法财物收缴的行政处罚;罚款是对违法行为人合法收入收缴的行政处罚。

（4）责令停产停业。

责令停产停业是指对违反行政法律规范的企业和个体工商户责令其停止生产、停止营业的一种处罚形式。其主要特征:一是对违法者的行为能力的限制,对相对人的财产权的影响不是直接的,而是间接的,由于相对人不能从事某种具有经营性质的活动,必然会对财产带来损害;二是附有一定期限限制违法者的行为能力,而不是对其行为能力的最终剥夺,当期限届满,违法行为人纠正了违法行为,按期履行了法定义务,可自行恢复其经营的行为能力。为了防止行政机关的恣意性,《行政处罚法》对责令停产停业规定了听证程序,以保护相对人的合法权益。

需要指出的是:责令停产停业与责令违法行为人纠正违法行为是不同的。《行政处罚法》明确规定,行政机关实施行政处罚时,应当责令当事人纠正或者限期改正违法行为。行政机关在处理行政违法案件时,不论对违法行为人是否给予行政处罚或是处以何种行政处罚,都应首先要求违法行为人及时纠正违法行为,责令纠正行为的目的是为纠正错误,以恢复被侵害的某种状态,其目的与处罚目的不同,因而不属于行政处罚。纠正违法行为一般包括:停止违法行为、限期治理或消除违法行为所造成的危害后果、恢复合法状态、赔偿违法造成的损害等。

（5）暂扣或者吊销许可证、暂扣或者吊销执照。

暂扣或者吊销许可证、暂扣或者吊销执照,是指暂扣留或者撤销违法行为人从事某种活动的凭证或者资格证明的处罚措施。如暂扣驾驶执照、吊销生产许可证、取水许可证、营业执照等。许可证或执照是相对人从事某种活动、享有某种资格的证明文件,许可证、执照被暂扣或者吊销,意味着相对人从事某种活动的权利或资格被限制或剥夺,由于这种权利或资格是通过行政许可取得的,因而该种处罚措施只适用于实施行政许可制度领域的违法行为。许可证或执照直接关系当事人的人身权和财产权,吊销或暂扣是一种比较严厉的行政处罚,为此《行政处罚法》对吊销许可证或执照规定了听证程序,以保护行政相对人的合法权益。

暂扣与吊销的区别在于:暂扣是暂时中止持证人从事某种活动的资格,待其改正违法行为后或者经过一定期限,再发还证件,恢复其资格,允许其重新享有该权利和资格。吊销是永远终止相对人从事某种活动或享有某种资格。

(6)行政拘留。

行政拘留,是公安机关依法对违反行政法律规范的人,在短期内限制其人身自由的一种处罚。行政拘留主要适用于严重的治安违法行为,是一种严厉的处罚形式,法律对它的设定与实施都做了严格的限制:行政拘留的设定权只能由全国人大及常委会行使;实施权只能由公安机关行使,并且此权力不能授权也不能委托其他机关或者组织行使;只有在使用警告、罚款处罚不足以惩戒违法时才适用。

行政拘留与刑事拘留、司法拘留的不同:刑事拘留是在刑事诉讼过程中,为防止现行犯或重大嫌疑犯逃避侦查、审判或继续进行犯罪活动,而由公安机关对其实施的刑事强制措施;司法拘留是为了保证诉讼程序的顺利进行,由人民法院对妨害诉讼活动的人实施的强制措施;行政拘留是公安机关对违反行政法律规范的人实施的行政处罚措施。三种拘留分别适用于不同情形,由不同的机关实施。

(7)法律、行政法规规定的其他行政处罚。

根据行政处罚法的规定,只有全国人大及其常委会的法律和国务院的行政法规才可以设定新的处罚种类。目前,我国法律、行政法规规定的其他行政处罚主要有劳动教养、驱逐出境、通报批评等。

劳动教养是对有轻微犯罪行为,但尚不够刑事处罚条件且有劳动能力的人实行强制性教育改造的行政处罚措施。根据《国务院关于劳动教养问题的决定》和《国务院关于劳动教养的补充规定》的规定,劳动教养的期限为 1 年至 3 年,必要时可延长 1 年,因而是一种十分严厉的处罚。为了避免乱施处罚,必须严格限制劳动教养的适用。《劳动教养试行办法》第 10 条明确规定了劳动教养的对象,第 11 条规定,需要实行劳动教养的人,均由省、自治区、直辖市和大中城市的劳动教养管理委员会审查决定。

驱逐出境是指公安、边防、安全机关对违反我国行政法律规范的外国人、无国籍人采取的强令其离开中国国境的处罚形式。这种处罚在《外国人入境出境管理法》《国家安全法》等有具体的规定。

通报批评是行政机关将对违法行为人的批评以书面形式公布于众,指出其违法行为,予以公开谴责和告诫,以避免其再犯的处罚形式。通报批评既有对违法者的惩戒和教育作用,也有一般的社会预防作用。

四、行政处罚的设定

行政处罚的设定,是指有关国家机关在法律规范中规定行政处罚的活动,即解决某种处罚由哪一机关通过何种形式来规定的问题。我国行政处罚法规定的设定权包括创设权与规定权两个方面,创设权是指在没有上位法对处罚加以规定的情况下自行规范处罚的权力;规定权是指在上位法已对处罚做出规定的前提下做出进一步具体规定的权力。

（一）法律的设定权

全国人大及其常委会制定的法律可以创设各种行政处罚,且对限制人身自由的行政处罚的创设拥有专属权。人身自由权是公民的一项最基本的权利,限制人身自由是最严厉的行政处罚,只能由法律进行创设,其他任何形式的规范性文件都不得加以设定。《行政处罚法》第 9 条规定："法律可以设定各种行政处罚。限制人身自由的行政处罚,只能由法律设定。"

（二）行政法规的设定权

国务院的行政法规关于行政处罚的设定权包括两个方面:一是创设权,行政法规可以设定除限制人身自由以外的行政处罚;二是规定权,法律对违法行为已经做出行政处罚规定,行政法规需要做出具体规定的,必须在法律规定的给予行政处罚的行为、种类和幅度的范围内规定。

（三）地方性法规的设定权

地方性法规的设定权也包括两个方面。
（1）创设权。地方性法规可以设定除限制人身自由、吊销企业营业执照以外的行政处罚。
（2）规定权,法律、行政法规对违法行为已经做出行政处罚规定,地方性法规需要做出具体规定的,必须在法律、行政法规规定的给予行政处罚的行为、种类和幅度的范围内规定。

（四）国务院部门规章的设定权

国务院部门规章主要是拥有行政处罚的规定权,特殊情况下可拥有一定程度的创设权。规定权方面,《行政处罚法》规定,国务院部、委员会制定的规章可以在法律、行政法规规定的给予行政处罚的行为、种类和幅度的范围内做出具体规定。创设权方面,《行政处罚法》规定,在尚未制定法律、行政法规的情况下,国务院部、委员会可以制定规章对违反行政管理秩序的行为设定警告或者一定数量罚款的行政处罚,但罚款的限额由国务院规定。

（五）地方政府规章

地方政府规章是指省、自治区、直辖市人民政府和省、自治区人民政府所在地的市人民政府以及经国务院批准的较大的市人民政府制定的规章。地方政府规章也主要是拥有行政处罚的规定权,特殊情况下可拥有一定程度的创设权。规定权方面,《行政处罚法》规定,省、自治区、直辖市人民政府和省、自治区人民政府所在地的市人民政府以及经国务院批准的较大的市人民政府制定的规章可以在法律、法规规定的给予行政处罚的行为、种类和幅度的范围内做出具体规定。创设权方面,《行政处罚法》规定,尚未制定法律、法规的,上述地方政府可以制定规章对违反行政管理秩序的行为,设定警告或者一定数量罚款的行政处罚。罚款的限额由省、自治区、直辖市人民代表大会常委会规定。

五、行政处罚的程序

行政处罚程序是指处罚主体在实施处罚过程中所遵循的步骤和方法,包括行政处罚决定程序和行政处罚执行程序。

(一)行政处罚决定程序

行政处罚决定程序,是整个处罚程序的关键环节,是保障正确实施行政处罚的前提条件。它包括简易程序、一般程序、听证程序。

1.简易程序

简易程序,也称当场处罚程序,是指国家行政机关或法律、法规授权的组织对符合法定条件的行政处罚事项,当场做出行政处罚决定的行政处罚程序。

适用简易程序必须符合以下三个条件:① 违法事实确凿。即当场能够有充分的证据确认违法事实,无须进一步调查取证;② 有法定依据。对于该违法行为,法律、法规或规章明确规定了有关处罚的内容,实施处罚的人员当场可以指出具体的法律、法规或规章的依据,如果没有法定的依据,即使违法事实确凿,也不能当场处罚;③ 符合行政处罚法及相关法律规定的处罚种类和幅度。根据《行政处罚法》规定,只有对个人处以50元以下、组织处以1000元以下罚款或者警告的处罚可以当场进行,其他处罚不能适用简易程序;根据《治安管理处罚法》规定,只有处警告或者200元以下罚款的违反治安管理行为可以当场做出治安管理处罚决定。上述三个条件必须同时具备。执法人员在行政执法过程中发现相对人实施的行政违法行为后,如认定相应行为符合上述法定条件,即不必适用调查取证程序,也不必更换时间和地点,可以立即当场予以处罚。

简易程序的步骤:① 表明身份,即执法人员当场做出行政处罚决定的,应当向当事人出示执法身份证件。这里的证件,既可以是工作证,也可以是特定的执法证,有时二者皆需出示,有时还要求附带出示执勤证章等其他标志。② 确认违法事实,说明处罚理由并告知权利。执法人员当场发现或有人当场指认某人违法的,如果违法事实清楚、情节简单,当事人对违法事实无异议,执法人员即可当场处罚,并说明处罚事实根据和法律依据。有时虽然违法行为的危害后果轻微,但违法者拒不承认,在这种情况下,执法人员应当尽量取得其他证据,以确认违法事实。要求说明处罚理由和依据,体现了保障相对人权利的原则,有利于违法者了解法律的有关规定,教育其严格遵守法律。给予当事人的陈述权和申辩权,既保护了当事人的合法权益,又有利于监督执法人员认真执行处罚法规,公正地实施处罚。③ 制作行政处罚决定书。行政处罚是要式行政行为,当场处罚必须有处罚决定书。处罚决定书应是由有关机关统一制作的,有预定格式和号码,由当场做出处罚的人员进行填写。行政处罚决定书应当载明当事人的违法行为、行政处罚的依据、处罚的决定、处罚时间、处罚地点以及做出处罚决定的机关、做出处罚的人员签名或盖章,在处罚决定书中,还要告知当事人申请复议或诉讼的内容。处罚决定书制作后,应当场交给当事人,并报送所属行政机关备案。

2.一般程序

又称普通程序,是指除法律规定应当适用简易程序和听证程序以外,行政处罚通常适用的程序。一般程序适用范围十分广泛,比简易程序复杂、严格,同时作为听证程序的前提程序和后续程序,是行政处罚程序中的基本程序。一般程序包括以下几个具体步骤。

（1）立案

行政机关以属于本机关管辖范围内并在追究时效内的行政违法行为或者重大违法嫌疑情况,认为有调查处理必要的,应当正式立案。

（2）调查取证

行政机关在立案后,应当对案件进行全面调查,对主要事实、情节和证据进行查对核实,取得必要的证据,并查证有关应依据的行政法律规范。调查取证的目的在于查明案件的真实情况,没有调查就没有充分的证据,没有充分的证据就不可能做出正确的处罚决定。因此,在没有取得足以证明应予处罚的违法事实存在的充分而确凿的证据以前,不能实施处罚。《行政处罚法》规定,行政机关发现公民、法人或者其他组织有依法应当给予行政处罚的行为的,必须全面、客观、公正地调查,收集有关证据;必要时,依照法律、法规的规定,可以进行检查。

（3）调查终结的决定

调查终结,行政机关负责人应当对调查结果进行审查,根据不同情况,分别做出如下决定:第一,确有应受行政处罚的违法行为的,根据情节轻重及具体情况,做出行政处罚决定。第二,违法行为轻微,依法可以不予行政处罚的,不予行政处罚;第三,违法事实不能成立的,不得给予行政处罚;第四,违法行为已构成犯罪的,移送司法机关。对情节复杂或者重大违法行为给予较重的行政处罚,行政机关的负责人应当集体讨论决定。

（4）说明理由、告知权利,听取陈述和申辩

行政机关在做出行政处罚决定之前,应当告知当事人做出行政处罚决定的事实、理由及依据,并告知当事人依法享有的权利。当事人有权进行陈述和申辩。行政机关对当事人提出的事实、理

由和证据,必须充分听取并进行复核;对当事人提出的事实、理由或者证据成立的,行政机关应当采纳。行政机关不得因当事人申辩而加重处罚。

（5）制作行政处罚决定书

行政机关负责人经过对调查结果的审查和听取当事人的陈述和申辩后,做出给予行政处罚决定的,应当制作行政处罚决定书。行政处罚决定书应当载明的事项包括:当事人的姓名或者名称、地址;违反法律、法规或者规章的事实和证据;行政处罚的种类和依据;行政处罚的履行方式和期限;不服行政处罚决定,申请行政复议或者提起行政诉讼的途径和期限;做出行政处罚决定的行政机关名称和做出决定的日期。行政处罚决定书必须盖有做出行政处罚决定的行政机关的印章。

（6）行政处罚决定书的送达

行政处罚决定书做出后必须依照法定的程序和方式交送当事人。行政处罚决定书一般应在宣告后当场交付当事人;当事人不在场的,行政机关应当在7日内依照民事诉讼法的规定,将行政处罚决定书送达当事人。行政处罚决定书一经送达,便产生一定的法律效果。当事人提起行政复议或者行政诉讼的期限,从送达之日起计算。

3.听证程序

听证程序是指行政机关在做出处罚决定之前,公开举行由利害关系人参加的听证会,对事实进行质证、辩驳的程序。听证的目的在于广泛听取各方面的意见,通过公开、合理的程序形式,将行政处罚建立在合法适当的基础上,避免违法或不当的行政决定给行政相对人带来不利或者不公正的影响。

适用听证程序必须同时满足两个条件:一是必须符合法定的处罚案件的种类,根据《行政处罚法》规定,对于责令停产停业、吊销许可证或者执照、较大数额罚款等行政处罚适用听证程序;二是必须有当事人听证的请求,听证对相对人而言是一种权利,只有相对人要求听证的,行政机关才能进行听证。

听证程序的具体步骤:

第一,告知听证权。对于属于听证适用范围的行政处罚,应当通过正式方式告知当事人有权要求听证。

第二,提出听证。当事人要求听证的,应当在行政机关告知后3日内提出。

第三,通知听证。行政机关应当在听证的7日前,通知当事人举行听证的时间、地点。

第四,举行听证会。听证由行政机关指定的非本案调查人员主持;举行听证时,首先由调查人员提出当事人违法的事实、证据和行政处罚建议,再由当事人进行申辩和质证,经过调查人员与当事人的相互辩论后,当事人可以做出最后的陈述。听证应当制作笔录;笔录应当交当事人审核无误后签字或者盖章。听证笔录是处罚决定的依据,处罚决定应在笔录范围内做出。

(二)行政处罚执行程序

行政处罚执行程序,是指确保行政处罚决定所确定的内容得以实现的程序。行政处罚决定一旦做出,就具有法律效力,处罚决定中所确定的义务必须得到履行。处罚执行程序的主要内容有:

1.行政处罚不停止执行的原则

行政处罚决定依法做出后,当事人应当在行政处罚决定的期限内,予以履行。当事人对行政处罚决定不服申请行政复议或者提起行政诉讼的,行政处罚不停止执行,法律另有规定的除外。

2.做出罚款决定的行政机关应当与收缴罚款的机构相分离

除依法可以当场收缴的罚款以外,做出行政处罚决定的行政机关及其执法人员不得自行收缴罚款。当事人应当自收到行政处罚决定书之日起15日内,到指定的银行缴纳罚款。银行应当收受罚款,并将罚款直接上缴国库。可以当场收缴罚款的情形包括：① 依法给予20元以下的罚款的；② 不当场收缴事后难以执行的；③ 在边远、水上、交通不便地区，当事人向指定的银行缴纳罚款确有困难，经当事人提出，行政机关及其执法人员可以当场收缴罚款。

3.行政处罚的强制执行

行政处罚决定做出后，当事人应当在法定期限内自觉履行处罚决定所设定的义务，如果当事人没有正当理由逾期不履行行政处罚决定，则导致强制执行。根据《行政处罚法》规定，实行强制执行有三种措施：①到期不缴纳罚款的，每日按罚款数额的百分之三加处罚款；②根据法律规定，将查封、扣押的财物拍卖或者将冻结的存款划拨抵缴罚款；③申请人民法院强制执行。如果当事人不是故意不履行，而是客观上不能履行时，应依法不予强制执行。《行政处罚法》规定，当事人确有经济困难，需要延期或者分期缴纳罚款的，经当事人申请和行政机关批准，可以暂缓或者分期缴纳。

第二节　水行政处罚概述

一、水行政处罚的概念

水行政处罚是指水行政处罚机关根据行政处罚法及相关水事法规的规定，针对水行政相对人的水事违法行为实施的水行政处罚措施。水行政处罚的特征：

（1）水行政处罚机关主要是指县级以上人民政府水行政主管部门以及法律、法规授权的组织。此外，县级以上人民政府水行政主管部门在其法定权限内委托具备法定条件的水政监察专职执法队伍或者其他组织也是水行政处罚的实施机关，但受委托组织必须以委托水行政主管部门的名义实施行政处罚。

（2）水行政处罚的主要依据是全国人大制定的《行政处罚法》及水利部颁布的《水行政处罚实施办法》。此外《水法》《水土保持法》《防洪法》《取水许可和水资源费管理条例》等法规中关于水行政处罚的规定,也是水行政处罚的根据。

（3）水行政处罚是针对水行政相对人的水事违法行为实施的水行政处罚。如未经批准擅自取水的违法行为,如拒不缴纳水资源费的违法行为等。

（4）水行政处罚措施主要有警告、罚款、吊销许可证、没收非法所得以及法律法规规定的其他水行政处罚措施。

二、水行政处罚的原则

水行政处罚的原则,是指对水行政处罚设定和实施具有普遍指导意义、贯穿水行政处罚全过程的行为准则。

（一）水行政处罚法定原则

水行政处罚法定原则,是指水行政处罚的设定、实施、处罚种类、内容和程序必须严格依据法律规定进行。该项原则的含义是:

1.水行政处罚权的设定必须依据行政处罚法

根据行政处罚法的规定,对于全国人大及常委会的法律可以创设符合行政处罚法规定的各种水行政处罚种类;国务院制定的水事行政法规可以创设除限制人身自由外的行政处罚;地方性法规可以创设除限制人身自由、吊销企业营业执照以外的行政处罚;行政规章只能创设警告和一定数额罚款的行政处罚。此外,下位法可以在上位法给予行政处罚的行为、种类和幅度内做出具体规定。我国现行的水事法律法规及规章关于水行政处罚的设定是符合行政处罚法规定的。

2.水行政处罚权的实施主体必须符合法律、法规及规章的规定

根据《水行政处罚实施条例》的规定,县级以上人民政府水

行政主管部门,法律法规授权的流域管理机构、地方性法规授权的水利管理单位、地方人民政府设立的水土保持机构可以以自己的名义实施水行政处罚权;县级以上人民政府水行政主管部门委托的机构可以以委托机构的名义行使水行政处罚权,除此之外的其他机关和组织无权行使水行政处罚权。

3. 水行政处罚所针对的水行政违法行为有法律明确规定

根据法无明文规定不处罚的原则,公民、法人或者其他组织的行为,只有在法律、法规及规章明确做出规定时才应处罚,否则,不受处罚。

4. 水行政处罚的种类、幅度及程序都有法律、法规及规章明确规定并依法实施

《水行政处罚实施条例》详细规定了水行政处罚的种类、幅度和程序,水行政处罚机关必须依法实施。

（二）水行政处罚公正、公开原则

水行政处罚公正原则,是指水行政处罚机关依法做出水行政处罚时,必须同等地对待相对人,不偏向任何人,不歧视任何人。《行政处罚法》及《水行政处罚实施条例》规定的听证制度、回避制度、职能分离制度、水行政复议制度和水行政诉讼制度都是公正原则的体现。

水行政处罚公开原则,是指水行政处罚的设定和实施及程序都向社会公开。公开是现代社会对行政的最重要的要求。只有公开,才能减少水行政机关行使职权时的违法行为,才能正确地保护水行政相对人的合法权益。《行政处罚法》及《水行政处罚实施条例》规定的行政处罚程序、行政处罚的种类都是公开原则的体现。

（三）以事实为依据,处罚相当原则

以事实为依据,处罚相当原则是指水行政处罚机关做出行政

处罚决定前必须实事求是,查明与案件有关的全部事实,处罚结果应该与违法行为的事实、性质、情节以及社会危害程度相当。水行政处罚机关在查明案件事实时,不仅应当查明与案件有关的违法事实,还要查明与案件有关的可以从轻或减轻处罚的情节。如果查明违法行为轻微并及时纠正,没有造成危害后果的,不予水行政处罚;如果当事人有主动消除或者减轻违法行为危害后果的、受他人胁迫而违法的及配合水行政处罚机关查处违法行为有立功表现的,应当依法予以从轻或减轻处罚。

（四）处罚与教育相结合原则

处罚与教育相结合原则,是指水行政处罚机关在进行水行政处罚时,要注意说服教育、纠正违法,实现制裁与教育的双重功能。行政处罚虽然是对违法行为的制裁,但水行政处罚机关不能只强调制裁,为处罚而处罚,而应加强对当事人的教育,使其真正认识自己行为的违法性、危害性,从而自觉守法,防止违法行为的再次发生。当然,处罚与教育相结合,并不是要以教育代替处罚而失去处罚应有的惩戒作用。

水行政处罚的其他原则,如《行政处罚法》规定的行政相对人权利保障原则,一事不再罚原则等,在水行政处罚中亦要遵守,鉴于本章第一节已经论述,在此不再重复。

三、水行政处罚的种类与适用

（一）水行政处罚的种类

《水行政处罚实施办法》规定的水行政处罚的种类有：警告、罚款、吊销许可证、没收非法所得以及法律法规规定的其他水行政处罚。与《行政处罚法》相比,水行政处罚的措施中没有行政拘留等对人身自由进行限制的行政处罚措施。

（1）警告。警告是水行政处罚机关对违反水法规的行为进行书面谴责以示防止其继续或重新违法的处罚措施。警告一般适用于情节比较轻微的水事违法行为,如申请取水人提供虚假材料骗取取水许可证的,水行政处罚机关可以对申请人给予警告处罚。警告属于要式行政行为,水行政处罚机关做出警告处罚时必须有书面处罚决定书,指明相对人的违法行为,并交送违法者本人。如果是口头警告,则属于一般的批评教育,对行为人不产生实质性影响,不具有强制力,也不属于行政处罚行为。

(2)罚款。罚款是水行政处罚机关要求水行政违法行为人交付一定数额金钱的处罚措施。

(3)吊销许可证。吊销许可证是水行政处罚部门依法撤销水事违法行为人从事某种活动的许可证的处罚措施。一经水行政处罚机关做出吊销许可证的处罚,则违法行为人将永远丧失取得某种活动的资格。如退水水质达不到规定要求,情节严重的,吊销许可证;如不执行审批机关做出的取水量限制决定,逾期拒不改正或情节严重的,吊销许可证。

(4)没收非法所得。没收非法所得是指水行政处罚机关将水事违法行为人的非法所得收归国有的处罚措施。非法所得是指水事违法行为人因其违法行为所获得的金钱或其他财物,如违法取水而获得的钱款等。没收非法所得和罚款的区别是:前者针对的是违法行为人的违法所得,后者针对的是违法行为人的合法收入。对于当事人的同一个水事违法行为,既可以没收非法所得,又可以并处罚款,如《取水许可和水资源费征收管理条例》第56条规定,伪造、涂改、冒用取水申请批准文件、取水许可证的,责令改正,没收违法所得和非法财物,并处2万元以上10万元以下罚款。

(5)法律法规规定的其他水行政处罚。责令停止违法行为、责令采取补救措施、恢复原状、责令停业整顿、责令停止执行业务、吊销行政许可证书、吊销执业资格证书或其他许可证、执照等法律法规规定的其他水行政处罚。

如《取水许可和水资源费征收管理条例》第51条规定,拒不执行审批机关作出的取水量限制决定,或未经批准擅自转让取水权的,责令停止违法行为,限期改正,处 2 万元以上 10 万元以下罚款;第 49 条规定,未取得取水申请批准文件擅自建设取水工程或设施的,责令停止违法行为,限期补办有关手续;逾期不补办或者补办未被批准的,责令限期拆除或者封闭其取水工程或设施。

《河道管理条例》规定:有下列行为之一的,县级以上地方人民政府河道主管机关除责令纠正违法行为、赔偿损失、采取补救措施外,可以并处警告、罚款;应当给予治安管理处罚的,按照《治安管理处罚法》的规定处罚;构成犯罪的,依法追究刑事责任:

(1)损毁堤防、护岸、闸坝、水工程建筑物,损毁防汛设施、水文监测和测量设施、河岸地质监测设施以及通信照明等设施;

(2)在堤防安全保护区内进行打井、钻探、爆破、挖筑鱼塘、采石、取土等危害堤防安全的活动的;

(3)非管理人员操作河道上的涵闸闸门或者干扰河道管理单位正常工作的。

需要强调的是,水事法律规范中多次使用"责令停止违法行为,限期改正""责令限期拆除"之类的用语,不是行政处罚措施。如《取水许可和水资源费征收管理条例》第 51 条规定,拒不执行审批机关做出的取水量限制决定,或未经批准擅自转让取水权的,责令停止违法行为,限期改正,处 2 万元以上 10 万元以下罚款;第 49 条规定,未取得取水申请批准文件擅自建设取水工程或设施的,责令停止违法行为,限期补办有关手续;逾期不补办或者补办未被批准的,责令限期拆除或者封闭其取水工程或设施。根据《行政处罚法》的规定,行政机关在实施行政处罚时,应当责令当事人纠正或者限期改正违法行为。事实上,行政机关在处理行政违法案件时,不论对违法行为人是否给予行政处罚或是处以何种处罚,都应首先要求违法行为人及时纠正违法行为,恢复原状。因此,水事法律规范中使用的"责令停止违法行为,限期改正""责令限期拆除"之类的用语,是行政相对人应当履行的纠正错误的行为,不是行政处罚措施。

（二）水行政处罚的适用

水行政处罚的适用是指水行政处罚机关对违法案件具体运用水行政处罚法规实施处罚的活动。

1. 水行政处罚的构成要件

水行政处罚的构成要件是确认某种行为是否受到水行政处罚所必须具备的条件。具体有四个构成要件。

（1）相对人必须已经实施了水事违法行为。水行政处罚机关处罚时,水事违法行为必须已经客观存在,不能将行为人主观想象或者计划设想当作违法行为。

（2）水事违法行为必须是违反水事法律规范的行为。水行政处罚机关进行处罚时必须指出当事人违反哪个水事法律规范的哪一条,如果没有法律规定,不能对水行政相对人进行行政处罚。

（3）实施水事违法行为的人是具有责任能力的行政管理相对人。受到水事行政处罚的相对人是公民、法人或其他组织,其中法人和其他组织都是具有责任能力的责任主体,可以适用行政处罚,而对于公民则必须是达到责任年龄、具备责任能力的,才能实施处罚。

（4）依法应当受到行政处罚。相对人有违法行为存在,但因有些违法行为可能尚未达到受处罚程度,或者因法律有特别规定而不应给予处罚的,行政机关不能对其实施行政处罚,只有法律明确规定应受到处罚的违法行为,才能适用行政处罚。

2. 不予处罚、从轻处罚或减轻处罚

不予处罚是指行为人虽然实施了违法行为,但由于具有特定的情形而不给予处罚。《水行政处罚实施办法》第5条第2款规定,违法行为轻微并及时纠正,没有造成危害后果的,不予水行政处罚。根据《行政处罚法》的规定,不予水行政处罚的情形还有:第一,不满14周岁的人实施的水事违法行为;第二,精神病人在不能辨认或者不能控制自己行为时的水事违法行为。

从轻处罚是指在行政处罚的法定种类和幅度内,适用较轻的种类或者处罚的下限给予处罚,但不能低于法定处罚幅度的最低限度。减轻处罚是指在法定处罚幅度的最低限以下给予处罚。根据《水行政处罚实施办法》规定,当事人有下列情形之一的,应当依法予以从轻或减轻处罚:一是主动消除或者减轻违法行为危害后果的,二是受他人胁迫而违法的,三是配合水行政处罚机关查处违法行为有立功表现的,四是其他依法应从轻或者减轻水行政处罚的。

(三)水行政处罚的追诉时效

水行政处罚的追诉时效是指对水事违法行为人追究责任,给予水行政处罚的有效期限。如果超出了这个期限,则不再实施水行政处罚。根据《水行政处罚实施办法》的规定,水行政处罚的追诉时效为 2 年,法律另有规定的除外。违法行为在 2 年内未被发现的,不再给予水行政处罚。时效的计算,从违法行为发生之日起计算;违法行为有连续或者继续状态的,从行为终了之日起计算。

四、水行政处罚的实施机关和执法人员

水行政处罚的实施机关是指能够享有水行政处罚权,从而对水行政相对人的水事违法行为进行处罚的机关或组织。水行政处罚的实施机关包括:

(一)水行政主管部门及地方人民政府设立的水土保持机构

水行政主管部门是最主要的行政处罚实施主体。水行政主管部门指的是县级以上人民政府水行政主管部门,包括县级人民政府水行政主管部门、设区的市级人民政府水行政主管部门、省、自治区、直辖市人民政府水行政主管部门及国务院水行政主管部门。水行政主管部门按照各自的职权范围行使相应的水行政处

罚权。此外,地方人民政府设立的水土保持机构也可以根据其职权范围行使水行政处罚权。水行政处罚权作为水行政管理的重要手段,应当由水行政机关行使,但并不是任何行政机关在任何水事违法行为发生时都可行使水行政处罚权,只有法律明确规定属于本级水行政机关处罚权时才可以行使,超越职权行使水行政处罚会导致处罚无效。

（二）法律法规授权的组织

除了水行政机关拥有水行政处罚权外,经法律、法规授权的组织也可以行使水行政处罚权。《行政处罚法》规定,法律法规授权的具有管理公共事务职能的组织可以在法定授权范围内实施行政处罚。《水行政处罚实施办法》规定,法律法规授权的流域管理机构及地方性法规授权的水利管理单位可以以自己的名义独立行使水行政处罚权。此外需要注意的是,授权只能是法律、法规的授权,规章不能授权,我国被授权享有水行政处罚权的行政组织主要是上述两类。

（三）受水行政主管部门委托的组织

基于水行政管理的需要,水行政机关可以依法将自己拥有的水行政处罚权委托给非行政组织行使。根据《水行政处罚实施办法》的规定,县级以上人民政府水行政主管部门可以在其法定权限内委托符合本规章规定条件的水政监察专职执法队伍或者其他组织实施水行政处罚。接受委托的组织必须具备的法定条件有:
（1）该组织是依法成立的管理水利事务的事业组织。
（2）具有熟悉有关法律、法规、规章和水利业务的工作人员。
（3）对违法行为需要进行技术检查或者技术鉴定的,应当有条件组织进行相应的技术检查或者技术鉴定。
委托实施水行政处罚,委托水行政主管部门应当同受委托组织签署委托书。委托书应当载明的事项包括:

（1）委托水行政主管部门和受委托组织的名称、地址、法定代表人姓名。

（2）委托实施水行政处罚的权限和委托期限。

（3）违反委托事项的责任。

（4）其他需载明的事项。

委托书自双方盖章之日起生效。委托书应当报上一级水行政主管部门备案。

受水行政主管部门委托的组织在行使水行政处罚权时，应注意：

（1）受委托组织在委托权限内应当以委托水行政主管部门的名义实施水行政处罚。

（2）受委托组织实施水行政处罚，不得超越委托书载明的权限和期限；超越权限和期限进行处罚的，水行政处罚无效。受委托组织不得再委托其他组织或者个人实施水行政处罚。

（3）委托水行政主管部门应当对受委托组织实施水行政处罚的行为负责监督，并对受委托组织在委托权限和期限内行为的后果承担法律责任。委托不免除委托水行政主管部门的水行政处罚权。

（4）委托水行政主管部门发现受委托组织不符合委托条件的，应当解除委托，收回委托书。

（四）水行政处罚的执法人员

根据《水行政处罚实施办法》的规定，水政监察人员是水行政处罚机关和受委托组织实施水行政处罚的执法人员。

五、水行政处罚的管辖

水行政处罚的管辖解决的是对于某个具体的水事行政违法行为由哪个享有处罚权的水行政处罚机关实施的问题，即解决处罚实施主体之间的权限分工问题。《水行政处罚实施办法》规定，除法律、行政法规另有规定的外,水行政处罚由违法行为发生地的县级以上地方人民政府水行政主管部门管辖。这确定了行政处罚的管辖原则,明确了有关行政处罚的地域管辖、级别管辖、指定管辖等问题。

（一）地域管辖

水行政处罚的地域管辖,是指在同级水行政处罚机关之间横向划分其各自辖区内受理水行政处罚的权限。水行政处罚的地域管辖以水事违法行为发生地的县级以上地方人民政府水行政主管部门管辖为一般原则,法律、法规另有规定除外。简单地说,违法行为发生在何地,就由当地的水行政主管部门来管辖。法律、法规授权组织管辖其职权范围内的水行政处罚。

（二）级别管辖

水行政处罚的级别管辖,是指上下级水行政处罚机关受理水行政处罚的分工和权限。根据《水行政处罚实施办法》的规定,国务院水行政主管部门及其所属的流域管理机构管辖法律、行政法规规定的水行政处罚;上级水行政主管部门有权管辖下级水行政主管部门管辖的水行政处罚。下一级水行政主管部门对其管辖的水行政处罚,认为需要由上一级水行政主管部门管辖的,可以报请上一级水行政主管部门决定。

（三）指定管辖

指定管辖主要是由于共同管辖的存在而产生的,两个以上水行政机关对同一违法行为均享有行政处罚权时,为共同管辖。共同管辖的处理规则一般是由行政机关相互协商或按惯例等方式解决,但当异议无法消除,行政机关就管辖权发生争议时,应当报请共同的上一级水行政机关指定管辖。《水行政处罚实施办法》第18条第4款规定,对管辖发生争议的,应当协商解决或者报请共同的上一级水行政主管部门指定管辖。

第三节 水行政处罚的程序

一、水行政处罚的决定程序

水行政处罚程序是水行政处罚主体在实施水行政处罚过程中所要遵循的步骤与方式,包括水行政处罚的决定程序和水行政处罚的执行程序。水行政处罚的决定程序分为简易程序、一般程序和听证程序三种。

（一）简易程序

水行政处罚简易程序,是指水行政处罚机关对于事实确凿的轻微水事违法行为当场进行处罚的程序。简易程序简单快捷,有利于提高水行政处罚的效率。

1. 适用简易程序的条件

适用简易程序必须同时符合以下三个条件：① 违法事实确凿。水行政处罚机关只有对于当场有充分证据确认违法事实,无须进一步调查取证的简单水行政违法行为才可以适用简易程序。②适用简易程序必须有法定依据。水行政处罚机关适用简易程序处罚时必须当场指出水行政相对人违反的具体的法律、法规或规章,如果没有法定的依据,即使违法事实确凿,也不能当场处罚。③符合《行政处罚法》和《水行政处罚实施办法》规定的处罚种类和幅度。根据上述法律规定,只有对公民处以50元以下、对组织处以1000元以下罚款或者警告的处罚可以当场处罚,其他水行政处罚即使违法事实确凿,有法定依据,但如果处罚种类和幅度不符合上述规定,也不准许使用简易程序。

2. 简易程序的步骤

（1）向当事人出示水政监察证件。实施水行政处罚的人员应当向当事人出示自己执行公务的身份证件,以证明自己有权对当事人做出处罚。在我国,水政监察人员是水行政处罚机关和受委托组织实施水行政处罚的执法人员,水政监察人员的证件是水行政处罚人员享有行政处罚权的证明。因此,水政执法人员在进行水行政处罚时必须首先出示自己的合法的水政监察证件。

（2）口头告知当事人违法事实、处罚理由和依据,并告知当事人依法享有陈述和申辩的权利。因为违法事实清楚,情节简单,所以水政监察人员在适用简易程序进行水行政处罚时可以口头告知当事人违法事实、处罚理由和依据。同时还需要告知当事人依法享有的权利,体现了对水行政相对人合法权益的保护,也有利于对水政监察人员的执法活动进行监督,这也是简易程序中必不可少的一个重要步骤。

（3）听取当事人的陈述和申辩。对当事人提出的事实、理由和证据进行复核,但当事人放弃陈述或者申辩权利的除外。听取当事人的陈述和申辩,有利于正确确定案件的违法事实,从而做出正确的行政处罚决定,所以简易程序也必须听取当事人的陈述和申辩。

（4）填写预定格式、编有号码的水行政处罚决定书。水行政处罚是要式行政行为,即使使用简易程序当场做出行政处罚,也必须出示水行政处罚决定书。所以,水政监察人员在使用简易程序决定进行水行政处罚时,必须填写预定格式、编有号码的水行政处罚决定书。

（5）将水行政处罚决定书当场交当事人。

（6）在五日内(在水上当场处罚,自抵岸之日起五日内)将水行政处罚决定报所属水行政处罚机关备案。

当场做出的水行政处罚决定书应载明下列事项:① 当事人的姓名或者名称;② 违法事实;③ 水行政处罚的种类、罚款数额和依据;④ 罚款的履行方式和期限;⑤ 不服水行政处罚决定,申请行政复议或者提起行政诉讼的途径和期限;⑥ 水政监察人员的签名或者盖章;⑦ 做出水行政处罚决定的日期、地点和水行政处罚机关名称。

（二）一般程序

水行政处罚的一般程序，是指除简易程序以外做出水行政处罚应适用的程序。一般程序的操作步骤是：

1. 立案

除依法可以当场做出水行政处罚决定的以外，公民、法人或者其他组织有符合下列条件的违法行为的，水行政处罚机关应当立案查处：① 具有违反水法规事实的；② 依照法律、法规、规章的规定应当给予水行政处罚的；③ 属水行政处罚机关管辖的；④ 违法行为未超过追究时效的。

2. 调查取证

对立案查处的案件，水行政处罚机关应当及时指派两名以上水政监察人员进行调查；必要时，依据法律、法规的规定，可以进行检查。

水政监察人员依法调查案件，应当遵守下列程序：① 向被调查人出示水政监察证件；② 告知被调查人要调查的范围或者事项；③ 进行调查(包括询问当事人、证人、进行现场勘验、检查等)；④ 制作调查笔录，笔录由被调查人核对后签名或者盖章。被调查人拒绝签名或者盖章的，应当有两名以上水政监察人员在笔录上注明情况并签名。

水政监察人员收集证据时，可以采取抽样取证的方法。在证据可能灭失或者以后难以取得的情况下，经水行政处罚机关负责人批准，可以先行登记保存。水行政处罚机关对先行登记保存的证据，应当在七日内做出下列处理决定：① 需要进行技术检验或者鉴定的送交检验或者鉴定；② 依法应当移送有关部门处理的，移送有关部门；③ 依法需退还当事人的，退还当事人；④ 法律、法规规定的其他处理方式。

水政监察人员进行取证或者登记保存，应当有当事人在场。

当事人不在场或者拒绝到场的,水政监察人员可以邀请有关人员参加。对抽样取证或者登记保存的物品应当开列清单,一式两份,写明物品名称、数量、规格等事项,由水政监察人员、当事人签名或者盖章,一份清单交当事人。当事人不在场或者拒绝到场的,应由邀请的有关人员签名或者盖章;当事人拒绝签名、盖章或者接收的,应当有两名以上水政监察人员在清单上注明情况。登记保存物品时,在原地保存可能妨害公共秩序、公共安全或者对证据保存不利的可以异地保存。

调查人员与水行政处罚案件有直接利害关系的,应当回避。被调查人认为调查人员与本案有直接利害关系的,可以向水行政处罚机关申请其回避;是否回避,由水行政处罚机关决定。

3. 调查终结的决定

对违法行为调查终结,水政监察人员应当就案件的事实、证据、处罚依据和处罚意见等,向水行政处罚机关提出书面报告,水行政处罚机关应当对调查结果进行审查,并根据情况分别做出如下决定:① 确有应受水行政处罚的违法行为的,根据情节轻重及具体情况,做出水行政处罚决定;② 违法行为轻微,依法可以不予水行政处罚的,不予水行政处罚;③ 违法事实不能成立的,不得给予水行政处罚;④ 违法行为依法应当给予治安管理处罚的,移送公安机关;违法行为已构成犯罪的,移送司法机关。法律、法规、规章规定应当经有关部门批准的水行政处罚,报经批准后决定。对情节复杂或者重大违法行为给予较重的水行政处罚,水行政处罚机关负责人应当集体讨论决定。其中“较重的水行政处罚”是指对公民处以超过三千元罚款、对法人或者其他组织处以超过三万元罚款、吊销许可证等。

4. 说明理由并告知权利

水行政处罚机关在做出水行政处罚决定之前,应当口头或者书面告知当事人给予水行政处罚的事实、理由、依据和拟做出的水行政处罚决定,并告知当事人依法享有的权利。当事人有权进行陈述和申辩。水行政处罚机关应当充分听取当事人的意见,对当事人提出的事实、理由和证据进行复核。水行政处罚机关不得因当事人申辩而加重处罚。

5.制作水行政处罚决定书

水行政处罚机关做出水行政处罚决定,应当制作水行政处罚决定书。水行政处罚决定书须载明下列事项。

（1）当事人的姓名或者名称、地址。

（2）违法事实和认定违法事实的证据。

（3）水行政处罚的种类和依据。

（4）水行政处罚的履行方式和期限。

（5）不服水行政处罚决定,申请行政复议或者提起行政诉讼的途径和期限。

（6）做出水行政处罚决定的水行政处罚机关名称和日期。水行政处罚决定书应盖有水行政处罚机关印章。经有关部门批准的水行政处罚,应当在水行政处罚决定书中写明。

6.水行政处罚决定书的送达

水行政处罚决定应当向当事人宣告,并当场交付当事人；当事人不在场的,应当在7日内按照民事诉讼法的有关规定送达当事人。

（三）听证程序

水行政处罚听证程序,是指水行政处罚机关在做出特定种类的水行政处罚决定前,根据当事人的申请,通过公开举行的听证会形式,听取当事人及利害关系人的意见,从而决定是否进行水行政处罚及进行何种种类何种幅度的水行政处罚的程序。听证程序是一般程序中的特殊程序,只适用于需要听证的水行政处罚案件。听证由做出水行政处罚决定的水行政处罚机关负责,具体工作由水政机构组织。

1. 听证程序的适用条件

适用听证程序必须同时满足以下两个条件：一是必须符合法定的处罚案件的种类。根据《水行政处罚实施办法》的规定，水行政处罚机关做出对公民处以超过 5000 元、对法人或者其他组织处以超过 50000 元罚款以及吊销许可证等水行政处罚案件可以适用听证程序；二是要有当事人听证的请求。水行政处罚机关在做出上述水行政处罚决定前，应当告知当事人有要求举行听证的权利；当事人要求听证的，水行政处罚机关应当组织听证。

2. 听证程序的具体步骤

（1）告知听证权。水行政处罚机关向当事人告知听证权利时，应当送达听证告知书。听证告知书应当载明认定当事人违法的基本事实，给予水行政处罚的依据、拟做出的水行政处罚决定和当事人要求听证的期限。

（2）提出听证。当事人要求听证的，可以在听证告知书的送达回证上签署意见，也可以在收到告知书三日内以其他书面方式向水行政处罚机关提出听证要求。当事人逾期未提出听证要求的，视为放弃听证权利。当事人放弃听证权利的，不得对本案再次提出听证要求。

（3）通知听证。水行政处罚机关应当在听证的七日前，通知当事人举行听证的时间、地点。除涉及国家秘密、商业秘密或者个人隐私外，听证应当公开举行。举行听证的三日前，水行政处罚机关应当将听证的内容、时间、地点以及有关事项，予以公告。

（4）确定听证主持人和听证参加人。听证主持人由水行政处罚机关指定水政机构非本案调查人员担任。听证记录人由听证主持人指定非本案调查人员担任。听证记录人负责听证记录和协助听证主持人办理有关事务。当事人认为听证主持人、听证记录人与本案有直接利害关系的，可以向水行政处罚机关提出回避申请；听证主持人是否回避，由水行政处罚机关决定；听证记录人是否回避，由听证主持人决定。听证参加人包括听证主持人、听证记录人、案件当事人及其委托代理人、案件调查人员、证人以及与案件处理结果有直接利害关系的第三人等。当事人委托代理人参加听证的,应当在举行听证前向水行政处罚机关提交委托书。当事人无正当理由不参加听证又不委托代理人参加听证的或者当事人及委托代理人在听证中无正当理由退场的,视为放弃听证权利。

（5）举行听证会。听证会按下列步骤进行：听证主持人宣布听证事由和听证纪律；听证主持人核对案件调查人和当事人身份；听证主持人宣布听证组成人员,告知当事人在听证中的权利和义务,询问当事人是否申请回避。当事人申请听证主持人回避的,听证主持人应当宣布暂停听证,报请水行政处罚机关负责人决定是否回避；申请其他人员回避的,由听证主持人当场决定；宣布听证开始；案件调查人提出当事人的违法事实、证据、法律依据和水行政处罚建议；当事人进行陈述、申辩和质证；听证主持人就案件事实、证据和法律依据进行询问；案件调查人、当事人作最后陈述；听证主持人宣布听证结束。听证主持人可以根据情况,做出延期、中止或者终止听证的决定。

（6）听证结束后听证主持人提出书面意见。听证主持人应当依据听证情况,向水行政处罚机关提出书面意见,书面意见应包括案件的事实、证据、处罚依据和处罚建议。

（7）转入一般程序。水行政处罚机关做出决定。水行政处罚机关根据听证笔录、听证书面意见,按照一般程序中调查终结的程序处理,做出是否进行水行政处罚的决定。

3.听证程序中当事人的权利和义务

案件当事人在听证中的权利和义务主要有：
（1）对案件涉及的事实、适用法律及有关情况进行陈述和申辩。
（2）对案件调查人员提出的证据进行质证和提出新的证据。
（3）如实陈述案件事实和回答听证主持人的提问。
（4）遵守听证会场纪律。

（5）对听证笔录进行核对、签字或者盖章。

（6）法律、法规规定的其他权利和义务。

4.听证笔录的内容

听证应当制作听证笔录。听证笔录应当载明下列事项：

（1）案由。

（2）当事人的姓名或者名称、法定代理人及委托代理人、案件调查人的姓名。

（3）听证主持人、听证记录人姓名。

（4）举行听证的时间、地点和方式。

（5）案件调查人提出的事实、证据、法律依据和水行政处罚建议。

（6）当事人陈述、申辩和质证的内容。

（7）其他需要载明的事项。

听证笔录交当事人和调查人员核对后签名或者盖章。听证笔录中有关证人证言部分应当经证人核对后签名或者盖章。听证笔录应经听证主持人审核后由听证主持人和记录人签名或者盖章。

二、水行政处罚的执行程序

水行政处罚的执行程序,是指确保水行政处罚决定所确定的内容得以实现的程序。水行政处罚一经做出,就具有法律效力,处罚决定书中所确定的义务必须得到履行。水行政处罚执行程序的内容包括：

（一）水行政处罚不停止执行的原则

水行政处罚决定依法做出后,当事人应当在行政处罚决定的期限内,予以履行。当事人对水行政处罚决定不服申请行政复议或者提起行政诉讼的,在复议或行政诉讼期间,水行政处罚不停止执行,法律另有规定的除外。

（二）做出罚款决定的水行政机关应当与收缴罚款的机构相分离

除依法可以当场收缴罚款的外,决定罚款的水行政处罚机关应当书面告知当事人向指定银行缴纳罚款。银行应当收受罚款,并将罚款直接上缴国库。但在以下情况下,可以当场收缴罚款:① 依法给予 20 元以下的罚款的;② 不当场收缴事后难以执行的;③ 在边远、水上、交通不便地区,当事人向指定银行缴纳罚款确有困难,经当事人提出,水行政处罚机关及其水政监察人员可以当场收缴罚款。前两种情形当事人提出异议的,不停止执行。但法律、法规另有规定的除外。

（三）水行政处罚的强制执行

水行政处罚决定做出后,当事人应当在法定期限内自觉履行处罚决定所设定的义务,如果当事人没有正当理由逾期不履行行政处罚决定,则导致强制执行。根据《水行政处罚实施办法》的规定,水行政处罚的强制措施有两种:① 到期不缴纳罚款的,每日按罚款数额的百分之三加处罚款;② 申请人民法院强制执行。当事人逾期不履行水行政处罚决定的,做出水行政处罚决定的水行政处罚机关可以申请人民法院强制执行。根据《行政处罚法》的规定还可以采取另外一种强制措施,就是将查封、扣押的财物拍卖或者将冻结的存款划拨抵缴罚款。同时,强制执行不是绝对的,如果当事人不是故意不履行,而是客观上不能履行时,应依法不予强制执行。如当事人确有经济困难,需要延期或者分期缴纳罚款的,经当事人申请和行政机关批准,可以暂缓或者分期缴纳。

参考文献

[1] 张国庆. 公共行政学 [M]. 北京：北京大学出版社,2007.

[2] 郭小聪. 行政管理学 [M]. 北京：中国人民大学出版社,2008.

[3] 张康之. 公共行政学 [M]. 北京：经济科学出版社,2010.

[4] 吴春华. 行政管理学 [M]. 天津：南开大学出版社,2008.

[5] 晁根芳,王国永,张希琳. 流域管理法律制度建设研究 [M]. 北京：中国水利水电出版社,2011.

[6] 王国永,张希琳. 水行政执法研究 [M]. 北京：中国水利水电出版社,2012.

[7] 王国永,晁根芳等. 水法概论 [M]. 郑州：河南人民出版社,2010.

[8] 陈柏荣. 水政水资源管理 [M]. 北京：中国水利水电出版社,2005.

[9] 王庆伟等. 水行政管理与执法典型案例 [M]. 北京：中国法制出版社,2013.

[10] 胡锦光. 行政法学概论 [M]. 北京：中国人民大学出版社,2011.

[11] 彭斌,迟道才. 水法规与水政管理教程 [M]. 郑州：黄河水利出版社,2008.

[12] 樊万辉. 实用水法学 [M]. 郑州：黄河水利出版社,2008.

[13] 浙江水利厅编. 水行政执法人员培训教材 [M]. 北京：中国水利水电出版社,2014.

[14] 李亚平,曹东平. 水利行政权力与其运用实务 [M]. 北京：中国法制出版社,2015.

[15] 王庆伟,谷秀英等. 水行政执法与管理实用手册 [M]. 北

京：黄河水利出版社,2013.

[16]俞衍生.水利管理分册[M].北京：中国水利水电出版社,2004.

[17]穆宏强.水法规与水行政[M].北京：中国水利水电出版社,1999.

[18]钱燮铭,裘江海.水政监察实务[M].北京：中国水利水电出版社,2000.

[19]章柏岗,刘星.实用水政学[M].南昌：江西人民出版社,1993.

[20]任顺平,张松,薛建民.水法学概论[M].郑州：黄河水利出版社,1999.

[21]柯礼聘.中国水法与水管理[M].北京：中国水利水电出版社,1998.

[22]韩洪建.水法学基础[M].北京：中国水利水电出版社,2004.

[23]夏书章.行政管理学(第四版)[M].北京：高等教育出版社,广州：中山大学出版社,2008.

[24](美)古德诺著.政治与行政——政府之研究[M].丰俊功译.北京：北京大学出版社,2012.

[25]竺乾威.公共行政学(第三版)[M].上海：复旦大学出版社,2008.

[26]郭济.中国公共行政学[M].北京：中国人民大学出版社,2003.

[27]张康之,王传军.公共行政学[M].北京,北京大学出版社,2007.

[28](美)戴维.H.罗森布鲁姆,罗伯特.S.克拉夫丘克.公共行政学：管理、政治和法律的途径(第五版)[M].张成福等译.北京：中国人民大学出版社,2002.

[29(美)尼古拉斯·亨利.公共行政与公共事务(第八版)[M].张昕译.北京：中国人民大学出版社,2002.

[30] 陈瑞莲. 行政案例分析 [M]. 广州：中山大学出版社，2001.

[31] 江超庸，黄丽华. 行政管理学案例教程(第二版)[M]. 广州：中山大学出版社，2006.

[32] 陈振明. 公共行政管理学 [M]. 北京：中国人民大学出版社，1997.

[33] 王乐夫，许文惠. 行政管理学 [M]. 北京：高等教育出版社，2000.

[34] 何颖. 行政学 [M]. 哈尔滨：黑龙江人民出版社，2007.

[35] 丁煌. 西方公共行政管理理论精要 [M]. 北京：中国人民大学出版社，2005.

[36] （美）费革尔·海迪著. 比较公共行政 [M]. 刘俊生译. 北京：中国人民大学出版社，2006.

[37] 齐明山. 行政学导论(修订版)[M]. 北京：中国人民大学出版社，2010.